U0474064

哈佛百年经典

科学论文集：物理学、化学、天文学、地质学

[英]迈克尔·法拉第 / [德]赫尔曼·路德维希·费迪南·冯·赫姆霍兹 /
[爱尔兰]威廉·汤姆森 / [美]西蒙·纽科姆 / [英]阿奇博尔德·盖基◎著
[美]查尔斯·艾略特◎主编
翟　蓉◎译

北京理工大学出版社
BEIJING INSTITUTE OF TECHNOLOGY PRESS

图书在版编目（CIP）数据
科学论文集：物理学、化学、天文学、地质学 /（英）法拉第等原著；翟蓉译. —北京：北京理工大学出版社，2013.12（2019.9重印）
（哈佛百年经典）
ISBN 978-7-5640-8355-7

Ⅰ. ①科… Ⅱ. ①法… ②翟… Ⅲ. ①物理学－文集 ②化学－文集 ③天文学－文集④地质学－文集 Ⅳ. ①N49

中国版本图书馆CIP数据核字（2013）第224091号

出版发行 / 北京理工大学出版社有限责任公司
社　　址 / 北京市海淀区中关村南大街 5 号
邮　　编 / 100081
电　　话 /（010）68914775（总编室）
82562903（教材售后服务热线）
68948351（其他图书服务热线）
网　　址 / http: //www.bitpress.com.cn
经　　销 / 全国各地新华书店
印　　刷 / 三河市金元印装有限公司
开　　本 / 700 毫米 × 1000 毫米　1/16
印　　张 / 18.5
字　　数 / 255千字
版　　次 / 2013年 12 月第1 版　2019 年 9 月第 2 次印刷
定　　价 / 50.00元

责任编辑 / 钟　博
文案编辑 / 钟　博
责任校对 / 周瑞红
责任印制 / 边心超

出版前言

人类对知识的追求是永无止境的，从苏格拉底到亚里士多德，从孔子到释迦摩尼，人类先哲的思想闪烁着智慧的光芒。将这些优秀的文明汇编成书奉献给大家，是一件多么功德无量、造福人类的事情！1901年，哈佛大学第二任校长查尔斯·艾略特，联合哈佛大学及美国其他名校一百多位享誉全球的教授，历时四年整理推出了一系列这样的书——《Harvard Classics》。这套丛书一经推出即引起了西方教育界、文化界的广泛关注和热烈赞扬，并因其庞大的规模，被文化界人士称为The Five-foot Shelf of Books——五尺丛书。

关于这套丛书的出版，我们不得不谈一下与哈佛的渊源。当然，《Harvard Classics》与哈佛的渊源并不仅仅限于主编是哈佛大学的校长，《Harvard Classics》其实是哈佛精神传承的载体，是哈佛学子之所以优秀的底层基因。

哈佛，早已成为一个璀璨夺目的文化名词。就像两千多年前的雅典学院，或者山东曲阜的"杏坛"，哈佛大学已经取得了人类文化史上的"经典"地位。哈佛人以"先有哈佛，后有美国"而自豪。在1775—1783年美国独立战争中，几乎所有著名的革命者都是哈佛大学的毕业生。从1636年建校至今，哈佛大学已培养出了7位美国总统、40位诺贝尔奖得主和30位普利策奖获奖者。这是一个高不可攀的记录。它还培养了数不清的社会精英，其中包括政治家、科学家、企业家、作家、学者和卓有成就的新闻记者。哈佛是美国精神的代表，同时也是世界人文的奇迹。

而将哈佛的魅力承载起来的，正是这套《Harvard Classics》。在本丛书里，你会看到精英文化的本质：崇尚真理。正如哈佛大学的校训："与柏拉图为友，与亚里士多德为友，更与真理为友。"这种求真、求实的精神，正代表了现代文明的本质和方向。

哈佛人相信以柏拉图、亚里士多德为代表的希腊人文传统，相信在伟大的传统中有永恒的智慧，所以哈佛人从来不全盘反传统、反历史。哈佛人强调，追求真理是最高的原则，无论是世俗的权贵，还是神圣的权威都不能代替真理，都不能阻碍人对真理的追求。

对于这套承载着哈佛精神的丛书，丛书主编查尔斯·艾略特说："我选编《Harvard Classics》，旨在为认真、执著的读者提供文学养分，他们将可以从中大致了解人类从古代直至19世纪末观察、记录、发明以及想象的进程。"

"在这50卷书、约22000页的篇幅内，我试图为一个20世纪的文化人提供获取古代和现代知识的手段。"

"作为一个20世纪的文化人，他不仅理所当然的要有开明的理念或思维方法，而且还必须拥有一座人类从蛮荒发展到文明的进程中所积累起来的、有文字记载的关于发现、经历以及思索的宝藏。"

可以说，50卷的《Harvard Classics》忠实记录了人类文明的发展历程，传承了人类探索和发现的精神和勇气。而对于这类书籍的阅读，是每一个时代的人都不可错过的。

这套丛书内容极其丰富。从学科领域来看，涵盖了历史、传记、哲学、宗教、游记、自然科学、政府与政治、教育、评论、戏剧、叙事和抒情诗、散文等各大学科领域。从文化的代表性来看，既展现了希腊、罗马、法国、意大利、西班牙、英国、德国、美国等西方国家古代和近代文明的最优秀成果，也撷取了中国、印度、希伯来、阿拉伯、斯堪的纳维亚、爱尔兰文明最有代表性的作品。从年代来看，从最古老的宗教经典和作为西方文明起源的古希腊和罗马文化，到东方、意大利、法国、斯堪的纳维亚、爱尔兰、英国、德国、拉丁美洲的中世纪文化，其中包括意大利、法国、德国、英国、西班牙等国文艺复兴时期的思想，再到意大利、法国三个世纪、德国两个世纪、英格兰三个世纪和美国两个多世纪的现代文明。从特色来看，纳入了17、18、19世纪科学发展的最权威文献，收集了近代以来最有影响的随笔、历史文献、前言、后记，可为读者进入某一学科领域起到引导的作用。

这套丛书自1901年开始推出至今，已经影响西方百余年。然而，遗憾的是中文版本却因为各种各样的原因，始终未能面市。

2006年，万卷出版公司推出了《Harvard Classics》全套英文版本，这套经典著作才得以和国人见面。但是能够阅读英文著作的中国读者毕竟有限，于是2010年，我社开始酝酿推出这套经典著作的中文版本。

在确定这套丛书的中文出版系列名时，我们考虑到这套丛书已经诞生并畅销百余年，故选用了“哈佛百年经典”这个系列名，以向国内读者传达这套丛书的不朽地位。

同时，根据国情以及国人的阅读习惯，本次出版的中文版做了如下变动：

第一，因这套丛书的工程浩大，考虑到翻译、制作、印刷等各种环节的不可掌控因素，中文版的序号没有按照英文原书的序号排列。

第二，这套丛书原有50卷，由于种种原因，以下几卷暂不能出版：

英文原书第4卷：《弥尔顿诗集》

英文原书第6卷：《彭斯诗集》

英文原书第7卷：《圣奥古斯丁忏悔录 效法基督》

英文原书第27卷：《英国名家随笔》

英文原书第40卷：《英文诗集1：从乔叟到格雷》

英文原书第41卷：《英文诗集2：从科林斯到费兹杰拉德》

英文原书第42卷：《英文诗集3：从丁尼生到惠特曼》

英文原书第44卷：《圣书（卷Ⅰ）：孔子；希伯来书；基督圣经（Ⅰ）》

英文原书第45卷：《圣书（卷Ⅱ）：基督圣经（Ⅱ）；佛陀；印度教；穆罕默德》

英文原书第48卷：《帕斯卡尔文集》

这套丛书的出版，耗费了我社众多工作人员的心血。首先，翻译的工作就非常困难。为了保证译文的质量，我们向全国各大院校的数百位教授发出翻译邀请，从中择优选出了最能体现原书风范的译文。之后，我们又对译文进行了大量的勘校，以确保译文的准确和精炼。

由于这套丛书所使用的英语年代相对比较早，丛书中收录的作品很多还是由其他文字翻译成英文的，翻译的难度非常大。所以，我们的译文还可能存在艰涩、不准确等问题。感谢读者的谅解，同时也欢迎各界人士批评和指正。

我们期待这套丛书能为读者提供一个相对完善的中文读本，也期待这套承载着哈佛精神、影响西方百年的经典图书，可以拨动中国读者的心灵，影响人们的情感、性格、精神与灵魂。

目

Contents

录

法拉第物理论文

Dialogues Of Plato

〔英国〕迈克尔·法拉第　著

主编序言

1791年9月22日，迈克尔·法拉第出生于伦敦附近纽因顿的一个铁匠家庭。他早年给一个装订商兼文具店主当跑差，后来成了店主的学徒。在这行业待了八年后，他被汉弗里·戴维爵士聘为英国皇家学院的助理试验员。1813—1815年，法拉第随同戴维赴欧洲大陆进行科学考察旅行，并结识了一些欧洲当时著名的科学家。回到皇家学院之后不久，他开始进行科学研究，并在1816年发表了第一篇科学论文。由于法拉第的科研成果数量众多而且意义重大，他的职位提升迅速。1825年他出任实验室主任，1833年成为皇家学院化学教授。但是法拉第的工作压力太大，1841年他的身体出现了状况，有近三年的时间他完全不能工作。法拉第恢复健康后，取得了一些重要的成果。有人邀请他同时担任皇家学会会长和皇家学院院长之职，但他婉拒了。1867年8月25日，法拉第与世长辞。

法拉第志在拓展人类的知识。他发现电磁感应后，放弃了一份原本可以增加他那微薄收入的商业性工作，以便全身心地投入到科研之中。后来英国政府每年发给他300英镑补贴，弥补了他的一些经济损失。

法拉第的父母均是一个叫作“桑德曼”的不太有名的教派的信徒。法拉第婚后不久，30岁的他也加入了这一教派，他一生都信奉桑德曼教，直至去世。法拉第把宗教和科学严格区分开来，他相信，科学数据和上帝与灵魂的直接交流本质上完全不同，这也正是他的信仰所在。

法拉第的成果实在太多，而且往往要精通化学物理的人才能读懂，在此不可能一一描述或列举出来。其中，最重大的当数电磁感应、电化学分解法、光磁化以及抗磁性的发现。他的任何一个发现，都已发展成有着众多分支的学科。它们时至今日都是科学知识的重要组成部分。法拉第的成就是如此巨大，以至于他的后继者廷德尔说："基于他做的一切，我想法拉第终将被承认为全世界最伟大的实验哲学家。另外，我还要加上一句，未来研究所取得的进展不仅不会有损或是减少这位伟大研究者的劳动成果，反而会增强和美化它。"

尽管法拉第平时做的都是高深的研究工作，但他在科学知识的大众普及方面也极具天赋。他在皇家学院所做的演讲，尤其是针对年轻观众的演讲尤为有名。下面这些经典之作都选自其中，其均是清楚明了、引人入胜的科学论述。

查尔斯·艾略特

物质之力

1859年到1860年圣诞节期间，为英国皇家学院的青年学者所做的讲座

迈克尔·法拉第

第一讲　万有引力

因为展示我从事的研究是我自己再愿意不过的事儿，所以一想到可能会打乱你们的圣诞安排①，我就感到非常不安。但是，事情并不总在我们的掌控之中，当它发生时我们也只好顺其自然地接受。今天，我会尽我所能。如果我笨拙得说不出话来，请大家宽容我；当然，我会尽力将这些例子讲得详细彻底。在本次讲座快结束时，如果我们觉得可以继续讲下去，那么下周的演讲就会加大力度。到那时，我会根据大家的意见来决定演讲是继续还是停止。尽管现在因为轻微感冒，我的表达能力和思维清晰度都有所减弱，但在这里我还是要坚持向年轻人表述我的思想的权利。因此，尽管一个年老体弱的人看起来可能已经不大能胜任这个任务，但只要我身处年轻人当中，我就会像以前那样，重新焕发青春活力。

① 由于法拉第生病，这个公开讲座先后两次延期。

现在，让我们稍微想一下，我们活在这世上是件多么美妙的事。我们出生、孕育、生活，但我们却对周遭发生的事漠不关心，缺乏敬畏之心。我们实在是太缺乏好奇心了，对什么都不感到意外。我确实认为，对于一个十岁、十五岁或是二十岁左右的年轻人来说，第一眼看见大瀑布或大山所带来的惊奇，也许要比关注他自身存在的方式所带来的惊奇多得多。人是怎样来到这个世上，又是怎样生存下来的？人是怎样直立起来，又是通过什么方式从一个地方迁移到另一个地方的呢？我们来到这世上，生活，然后离开人世，并没有特别去思考这一切是如何发生的。如果不是少数爱探索的人早就对这些做过观察和研究，并已发现了我们生存在这世上的美丽法则和条件，我们可能很难意识到世间还有美好的事物存在。学者们很早就开始研究这些我们生长、生存以及享受生活的法则，一直研究到今天。他们的研究揭示了一个事实，即所有这一切都是由于受到了某种力量的影响。这种力量十分平常，再平常不过了，没有什么比使我们站得笔直的力量更为普通的了，这是人类赖以生存，不可或缺的一种力量。

今天我就是想让大家对这些力量有所了解，不是那些最重要的力，而是一些简单初级的，也就是我们所说的物理之力。最开始我能做的，就是在大家脑中多多少少植入一个我称为“力量”或“力”的概念。设想一下，我拿着一张纸，把它竖着靠在我面前的一个支架上（就当是我讲的最粗略的例子），然后我拉一下连在纸上的线，这张纸就被我拉倒了。我们来分析一下便知道，刚才我就使用了一个力，很明显，是我手的力量通过线作用到纸上。借助这些合力（这里存在多种力量）的作用，我把纸拉倒了。当我在纸的另一边推它一下，我又使用了一个力量，一个完全不同于刚才的力量。或者，我拿起一根虫胶棒（一根长12英寸[①]、直径为1.5英寸的橡胶棒），用法兰绒布摩擦它，然后握着它靠近竖着的纸张，约距1英寸时，这张纸马上就被虫胶棒吸过来了。如果我把虫胶棒拿开，这张纸在没有与任何东西接触的情况下，自己就倒下去了。大家看，在第一个例子当

① 1英寸=0.0254米。

中，我所展现的是再平常不过的现象。后来我把纸片拉倒了，没有用那根线，也没有用手去推，而是使用了这根虫胶棒。由此可见，这根虫胶棒对这张纸有一个力的作用。如果我还要展示一种力的作用的话，我可能要用火药把这张纸给炸回去了。

我希望大家能明白，当我说力量或力时，我指的是刚才用来把纸片拉倒的那个力，我不想用那个力量的名字来为难大家。显然，虫胶棒里有一种东西在起作用，使纸片倒下了，这个东西就是我们称为力量或力中的一种。现在不管我用什么样的方式来展示它，大家都能认出它了。我们不会设想世间存在很多很多不同的力量，相反，在我们看来，如果所有的自然现象都是由那么几种力量来支配着的，这是一件多么好的事。那盏灯展现了另外一种力量——热的力量，但它又不同于拉倒那张纸的力。这样，我们渐渐发现周遭各种事物中确实存在其他的力（也不是很多）。从最简单的推拉实验开始，我会逐渐把这些力区分开来，并比较它们起作用的方式。我们脚下的世界（我们大可不必为了阐述这门学科而去环游世界，我们可以自由思想，但身体却会受到限制，因此就有人外出旅行，去到力所能及之处，尽情地观察这个世界）近乎于一个圆球，它的表面布局正如我旁边的地球仪——当然，这只是个大概的模型，一部分是陆地，一部分是水。看看这个，一张地图，或者说是一张图片，看看地球表面都是由什么构成的。然后我们继续深入，我建议大家参考这个地球地层分布图，这上面有关于地球内部成分的更详尽的说明。当我们深入了解时（正如人们经常因个人兴趣或利益而采取各种方式一样），我们发现它受到数种力的作用，由许多不同物质组成，组成方式是如此奇异而美妙。它向人类展示了一段历史，一段蕴藏在岩脉、岩石、泉水、周围的大气层以及各种各样的物质（所有这些物质在力的作用下簇聚成一个直径为8000英里[①]的大球体）之中的历史。只要细想这段历史，人们就会折服于岩层（有一些只有纸那么薄）的美妙形成史——在我所提到的那些力的作用下形成。

---

① 1英里=1609.344米。

现在请大家将注意力集中到我今天要讲的一种力上。当我说到“物质”这个词时，你知道我在说什么？所有我可以用手抓住或是用袋子装起来的东西（我可以用一个袋子将空气装起来）只是物质中的一部分。根据这门课的要求，我有时讲得概括些，有时讲得具体些。你们看这是水，这是冰块，细颈瓶中沸腾的也是水，从细颈瓶口蒸发出来的是水蒸气。不要以为这块冰和这瓶里的水是两种完全不同的物质，也不要认为那些冒着气泡不断蒸发出来的水蒸气和瓶子里液态的水是两种完全不同的物质。它们所蕴涵的能量可能有些不同，然而，它们在本质上是一样的，海里的水也一样。我提到水，是因为它可以为我将要谈到的所有的力提供范例。举个例子，这里有点水，它有重量，让我们来测测它的重量或者说它的重力。我面前有一个小量杯和一个天平盘（类似于托盘天平，一端放着容量为半品脱[①]的量杯），量杯这一端目前是比较轻的一方，但我现在加一点水到量杯中，大家看见了吧，天平这一端立刻就倾斜下来了，说明它重了（我之所以使用日常用语，是因为我觉得到目前为止大家并没有非常严格地进行操作），我再把剩下的水加到天平的另一端，如果量杯能够装下足够多的水并向下倾斜，我一点都不会感到惊讶。（法拉第往杯子里加了更多的水，它又一次向下倾斜了。）为什么我要在量杯的上方拿着瓶子往里倒水呢？你会说，日常经验告诉我必须得这样做。我有一个更好的理由：因为水落向地面是一个自然规律，所以我使用的水进入量杯的原理就是水下落的原理。那个力就是我们所说的重力，大家看这儿（指着天平），大量的水正受着重力的作用向地表运动。现在这儿（拿出一小片铂[②]）是跟那些水一样重的另外一种物质。看看就这么一小点儿铂，就这么一小点儿，就比那么多的水还要重（将铂片放在一端放有水的天平的另一端）。跟这一小点儿铂比起来，半品脱的量杯需要装满水，这一边才能向下沉，这太奇妙了。这一次，我把这点儿金属放上去（一小条铝[③]，体积是刚才那一片铂的8

① 1品脱=5.6826分升。

② 铂是已知金属中第二重的物质，比水重21.5倍。

③ 铝比水重2.5倍。

倍），我们看到水同样能够使天平保持平衡，就像刚才放铂片时一样。所以一开始，我们就得到了一个我们很想知道的关于力或力量的实验。

我已说过水了，它的属性之一就是向下落。大海是如何环绕地球的？那些像衣服一样覆盖在地球表面的水是如何在地表潮起潮落的？此外，水还有其他属性。例如，这儿有些生石灰，我加些水进去，然后你会发现水中的另外一种力量与属性[①]。现在它变得非常热了，开始冒蒸汽了，也许我可以用它点着磷或是一根火柴。如果水没有这种力，这种现象就不会发生，但这种力又与它向下落的力完全不同。另外，这儿有一些无水硫酸铜[②]，它会展现出另外一种力。（法拉第向装有白色无水硫酸铜的杯子里倒了一些水，溶液马上变成蓝色的，同时释放出大量的热。）水与这种物质反应而释放出的热量，几乎等同于它与生石灰反应所释放的热量，但是，看看它们有多么不同。就这点生石灰而言，释放出来的热实在是很大了，有时它能点着一根木头。所以我们会听说满载生石灰的大船在河里突然起火的事，那就是因为水渗漏进船里，促使生石灰的热能起了作用。当我们细想这些事物时，就会明白，事物发生了多么奇特的变化——由于在生石灰上倒入水而产生的热的力量以及水将铜盐从白色变为蓝色的力量。

要知道，这种物质之力最简单的表现，就是“重量”或“重力”。物体本身是有重量的，从我把水放在天平上的例子就可以看出。我这里有一个叫作重物的东西（一块半英担[③]重的铁），叫它重物是因为它受到重力会狠狠向下压的特点很适合用来称物体的重量。我从这堆充气气球中拿出一个，它很普通却非常美丽（大多数美丽的东西都很普通），我要把这个重物放在这个气球上面，好让你们看清楚这块铁向下的压力，并且对于这个压力，空气也有一个相应的阻力。这个气球可能会爆炸，但我们要尽量避

---

① 水的力量与属性：这种力量，就是水保持液态所需的热能。一般说来，它是潜在的，不易被感知的。然而，当水改变其存在的形态，与生石灰或硫酸铜晶体化合时，水蕴涵的热量就释放了出来。

② 无水硫酸铜：将硫酸铜晶体中的水分蒸发（在坩埚里煅烧蓝色硫酸铜晶体）后所得。

③ 1英担≈50.802千克。

免这种情况。（试了几次之后，法拉第成功地将这半英担重的铁块稳稳放在了充气橡胶球上，结果它压出了一道奶酪样的圆形印痕。）一个充气球承受了近50磅[①]的重量，你们一定能想到，这儿肯定有一个奇妙的力在向下拽这个重物，使它陷在气球里。

让我再讲一个关于这个力的例子。大家知道钟摆是什么吧，这儿就有一个（图1），我让它摆起来，它就会一直前后摆动。为什么它会一直前后摆呢？注意观察，如果我把这根棒子水平放在与小球来回摆动的两端相同高度的位置，我们会看到，小球在两端时的位置要比它在中间时高一些。从棒的一端开始，小球向中心靠拢，接着又向另一端上升，它不断地想要落到最低点。这美妙的摆动还伴随着其他美妙的因素，比如往复振动的时间。现在我们还不必了解这些。

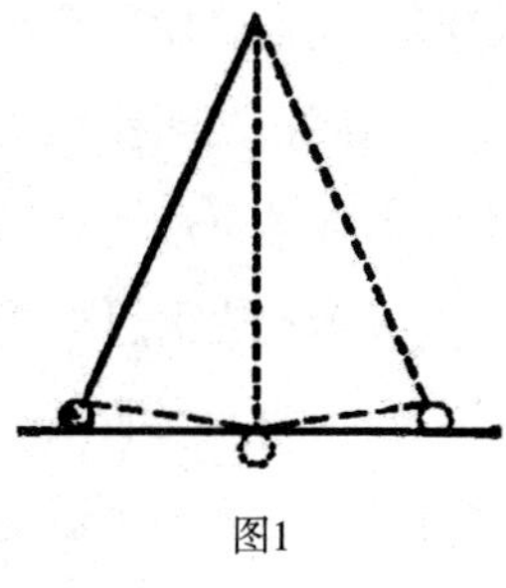
图1

如果换作一片金叶、一根线头或是其他任何物体，挂在那小球的位置，它也会像小球一样一直前后摆动，并且连摆动的时间都一样长。大家不要吃惊，我重复一下，方式相同，时间也相同，不久你们就会知道这是怎么一回事了。那个使天平上的水往下沉的力、那个使铁块陷进气球里的力、那个使钟摆前后摆动的力，就是存在于下落物体与地球之间的引力。让我们慢慢地、仔细地来理解它。不是说地球对那些下落的物体有着特殊的吸引力，而是所有的物体间都存在相互的吸引力。不是因为地球具有那些小球所不具有的魔力，只是因为地球有足够的力量来吸引这两颗小球（法拉第投下两颗白色小球），只是因为它们有与自身体积成比例的吸引力。为什么它们朝着地球下落得如此之快？唯一的原因就是小球自身的大小。现在我把这两个小球放得很近，即使精心使用最精密的仪器，也不能让你们或是我自己感受到这两个小球之间确实存在相互吸引的力。但是如果我们的对象不是这个白色小球，而是一座山，然后放一个这样的小球靠

① 1磅≈0.454千克。

近它，我们会发现，相对于这个小球，这座山体积庞大，使得小球轻微地向大山移动了一点。由此看来吸引力确实存在，就像那张被虫胶棒（我摩擦过的）翻过去的纸与虫胶棒之间也存在吸引力一样。

一开始就把这些东西讲得非常清楚并不容易，而且我还必须小心以免遗漏。我得让你们清楚所有物体都受到地球的吸引作用而运动——换个学术性的词，其叫作引力。当我说这一便士受到引力而运动时，我就是指它在朝着地球下落。如果没有什么东西拦截住它的话，它会一直下落一直下落，直到到达我们所说的地球的中心，之后我会解释这个的。

我希望大家明白引力是永远不会消失的，每一物质都具有这一属性，并且其引力大小永远不会改变。我要用这块大理石来作讲解。大理石有重量，我把它放在托盘里它就把天平的一边压下去了，我把大理石拿走，天平又恢复了平衡。就像把冰变成水，把水变成水蒸气一样，我可以同样把这块大理石给分解了。我可以轻松地把其中的一部分转换为气体，并向你们展示由这块大理石转换出来的气的一个属性，它能在常温下保持在原来的位置，而水蒸气并没有这个属性。如果我们倒一些液体在大理石上来分解大理石，就能够得到气体，你们看……（法拉第把几小块大理石放进细颈瓶中，加入一点水，然后再注入酸，碳酸气立刻开始逸出，并伴随着大量的气泡。）沸腾的表面只是大理石各部分间的隔断。现在，这个大理石蒸气与那个水蒸气，以及其他所有气体，都像其他物质一样受到地球引力的作用而运动着。它们都被地球吸引着，落向地球。我想让你们看的就是，这个气体也在受引力作用。这儿就有（图2）一个大容量的容器挂在天

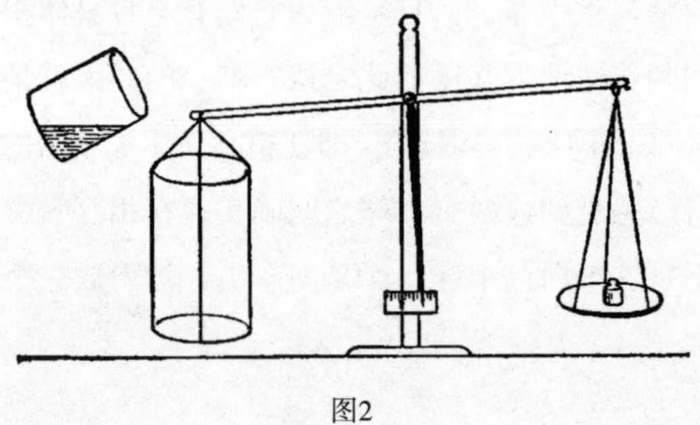

图2

平一端，我把这碳酸气倒进去的时候你们就能看见它在受到引力的作用。看着这个指针就好，看它会不会倾斜。（法拉第这时将刚才制得的碳酸气从量杯中倒进悬挂在天平上的大容器中，此时碳酸气的重力作用明显地显示了出来。）看这碳酸气是怎么下沉的。漂亮！除了这点大理石产生的看不见的气体——叫它蒸气或者叫它气，我什么都没有放进去啊，但你们看这原本属于大理石的一部分虽然变成了气体，但仍然像以前一样受到重力的作用。它会不会比那张纸重一些呢？（在天平的另一端放上一张纸）是的，它比那还重，而且比这两张纸还要重（又放上一张纸）。现在大家看见了，除了固体与液体，其他形态的物质也会落向地球，因此，你们应该能接受我所说的：不管形态与条件，所有物体都受到地球引力而运动。这儿还有一个我很想讲的化学试验。将一些碳酸气倒入一个装有一根燃烧着的蜡烛的容器中，这根蜡烛立即熄灭，这一结果证明了碳酸气的存在，同时也告诉大家碳酸气受到了引力作用。所有这些向大家讲解的实验，天平上的实验，把碳酸气像水一样倒进一个容器中的实验，都说明了这蒸气或叫气的物质，跟其他事物一样，都被地球吸引着。

还有一点需要大家注意。我手上有一些弹丸，当我让它们零散地落在一张纸上时，你们会感觉到它们每一颗都有向下的重力。我把它们装在一个瓶子里，使它们聚集在一起，就像一个整体。学者们发现在这些弹丸所形成的整体中心有那么一个点可以被看作所有弹丸的重力的集中点，他们把它叫作重心。这名字还不赖，相当精练——重心。现在我手中拿了一块纸板，当然其他比较好操作的东西也可以，然后用锥子在纸板的一个角钻了一个小孔，标记为*A*（图3），安德森先生把它高高地举了起来，然后我用带着小球的细线穿过去，在小孔位置将它挂起来，这时纸板、小球与细线的重心都在同一条直线上，也就是说，地心对其整个的引力就集中在这块纸板的一点上，并且这一点就在这个悬挂点的下方。因此现在我要做的就是沿着这条细线画一条线，记为*AB*。我们发现重心就在这一条线的某一点上，但在哪儿？要想找到它，就得在纸板上再钻一个孔，再把带着小球的细线挂起来，做同样的实验（图4），这里，*C*点的位置就是重心

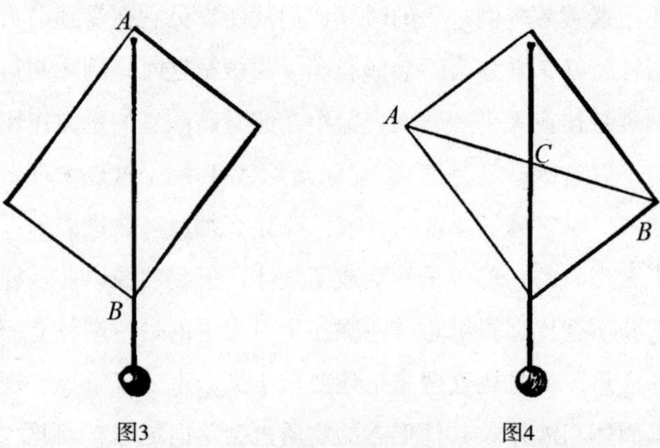

图3　图4

所在，就在我所画的两条线的交点处。如果我用锥子在纸板的重心处打一个孔，你会发现不管它被放在哪里，它都能稳住。当我试着用一只脚站立的时候，知道我做什么了吧？有没有看见我把身体向左倾斜，轻轻抬起了右腿，于是使得身体的某一中心点移动到了身体的左侧？我所移动的那一点是什么呢？大家知道它就是重心——我身体的整个重力就集中在那一点上，就在我脚上方的一条线上。

这是我几天前碰巧看见的一个玩具，我想它对我们讲的这一课会有所帮助。这个不倒翁本应该像这样躺着（图5），如果这个不倒翁的材质是通体均匀的话，它就能像这样躺在地上。但正如你们所看见的，它不会躺着，它会立起来。现在这个学问就能帮助我们啦，不用看这不倒翁的内部，我也能完全确定，它的重心就在它立起来时底部的最低点。我可以肯

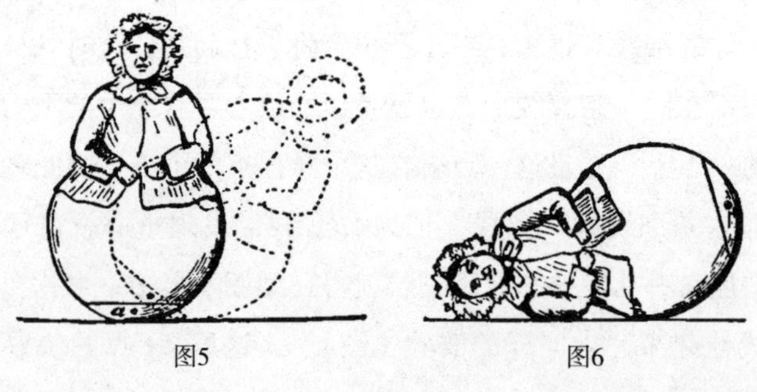
图5　图6

定当我把它斜放的时候（图6），它的重心升高了。这些都是由于在不倒翁的底部放了一小块铅，然后把底部做一个大大的弧度，现在所有的秘密你们都知道了。如果我把这个不倒翁放在一个尖端上面，会发生什么呢？请大家注意，我必须把这个尖端对准不倒翁的重心，否则它就会掉下来（法拉第努力尝试都不能使它保持平衡。），这还真难办，我不能使它稳稳地立在那儿。但在这个麻烦的世界里，如果我来冒犯一下这位可怜的老太太，把两端挂有弹丸的线缠在她的脖子上，那么非常明显，不倒翁的重心降低了，现在她就能站在这个尖端上了（图7）。另外，她能斜立这一事实也证明了我们的观点是正确的。

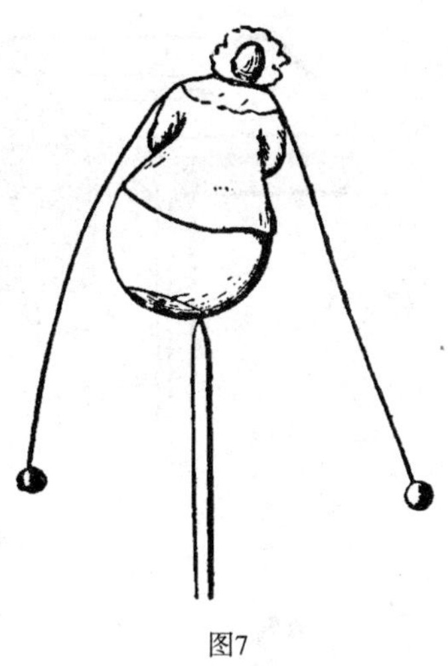
图7

我还记得小时候有个非常困扰我的实验，我是在一本魔术书上读到的，问题是这样的：怎样用一块木板将一桶水挂在桌子的边上？（图8）现在有一张桌子，一块木板，一个桶，这个问题就是怎样把桶挂在桌子的边上。你们能不能预计一下，我要做什么准备才能成功地做到这样？哦，其实是这样的。我拿一块木板，把它放进桶里，卡在桶底与另一块水平的木板之间，这样就形成了一个支撑点，就像这样。另外，我往桶里加越多的水，它就挂得越稳。在我完全成功之前，我非常不幸地弄坏了好几只桶的桶底，但是现在，它就牢牢地挂在这儿（图9）。现在你们知道怎样按照魔术书上的要求把桶挂在桌子边上了吧。

如果大家真的非常感兴趣，我希望你们是真的喜欢，你们会在这里面发现许多道理。（法拉第拿出一个软木塞和一块约1英尺[①]长的削尖的细木条。）不要去看你们的玩具书，告诉我以前你们就明白这个吗？当我还是个孩子的时候这个实验对我来说简直妙极了。以前我常常拿起一个软木

① 1英尺=0.3048米。

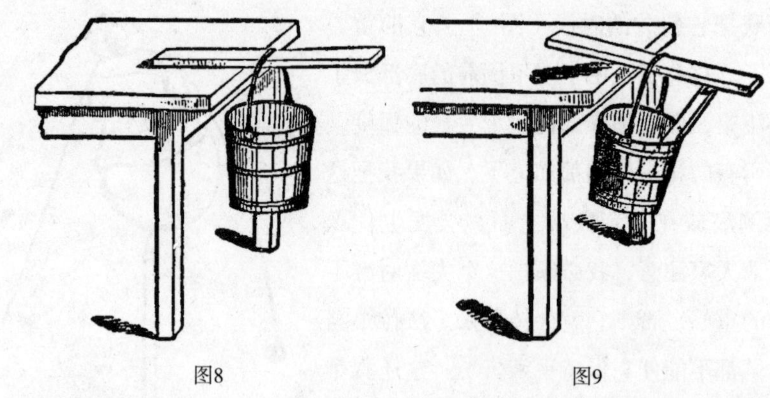

图8　　图9

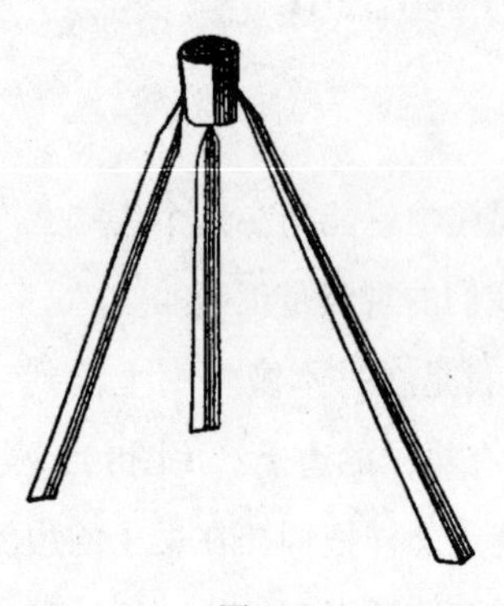

图10

塞，我还记得，最开始我认为把软木塞削成一个人的形状非常重要，但渐渐地我不再那样想了。问题就是怎么才能让它在尖尖的木条上保持平衡。现在大家看到，我只需要在两边各放一块削尖了的木条——就像是两只翅膀，这样，美丽的状态就形成了（图10）。

我们现在讲下一点。所有物体，不管是重还是轻，都受到我们称为重力的力，落向地面。通过观察，我们还发现，不同物体下落相同高度所需的时间并不相同。你们能看见这张纸和这个桌球是以不同的速度落向桌面的（丢下纸片和桌球）。如果现在我拿起一根羽毛和一个桌球，让它们自由下落，你会看见它们在不同的时间到达桌面或地面，也就是说，桌球要比羽毛下落得快一些。事情不应该是这样的啊，因为所有物体确实是以相同的速度落向地球的，然而得有一到两个美妙的条件这句话才有意义。首先，很明显，一盎司[①]、一磅、一吨或是一千吨的物体，它们都以相同的速度下落，没有任何一个比其他的更快。这里有两个铅球，一个非常轻，一个非常重，你们能感觉到它们会用相同的时间落向地面。如

① 1盎司≈0.0283千克。

果我把足够多的这样的小球放在一个包包里，让它的体积看起来跟这个大球一样大，它们还是会以相同的时间下落。山上发生雪崩时，那些岩石、雪、冰，不管大小如何，都会以相同的速度一起落下来。

用金叶子为例来讲这个最好不过了，因为它会告诉我们为什么物体下落的时间会有明显差异。这儿就有一片金叶子。现在我让一块金子和这片金叶子一起从相同的高度落下，你们看见这块金子——这枚沙弗林金币，或者说硬币——比金叶子下落得快很多。这是为什么呢？不管是金币还是金叶子，可都是金子啊，为什么它们不以相同的速度下落呢？它们本来可以的，但在下落过程中，金叶子较大的面积使周围的空气对它产生了较大的阻力。我会向大家演示，当空气阻力被排除在外时，金叶子也能下落得像其他物体一样快。我把一片金叶子挂在一个瓶子里，于是金叶子、瓶子以及瓶子里的空气，都能够以同样的速度下落，这时金叶子和其他东西下落得就一样快了。如果我把这个带有金叶子的瓶子挂在一根线上，让它像钟摆一样摆动起来，不管我如何摆动它，瓶子里的金叶子都不会乱晃，而是像铁片那样平稳地摆动。我用不同方向的力让它在我头部周围摆动，金叶子仍然保持平稳。或许我可以尝试另外一个实验：我把金叶子升高（借助滑轮和一段细绳将瓶子拉到演讲厅的天花板上，然后突然让它下落到距讲桌几英尺的地方），再让它落下来（我会放个东西在下面接住它，因为我有点笨手笨脚的），你们会发现这片金叶子一点都不受影响。空气阻力已经避免了，瓶子和金叶子下落所用的时间一模一样。

还有一个例子：我已将金叶子挂在了这个长玻璃容器内部的上方，在它顶部有个机关，通过机关可以使金叶子松开。松开金叶子之前，我们需要先用抽气机抽走空气。这些都做好了，现在我来为你们演示一个与之同类的实验。拿一便士或是半克朗，还有一张直径比这硬币稍小一点的圆形纸片，让它们一起下落，看看下落时间是不是相同（松手使其下落）。大家看见了，它们花的时间并不相同——这一便士先到达桌面。现在，我把这个纸片放在硬币上面，这样纸片就不会受到任何的空气阻力，然后让它们下落。大家看见，它们下落的时间是相同的（展示结果）。我敢说，如果在这硬币上放的是这片金叶子，而不是这张纸片，实验结果也是一样的。不过要把金叶子放平以避免下落时空气的浮力影响还真不好办啊，我相当怀疑这能成功，因为金叶子是有褶皱的。得冒险做这个实验了（让它们下落）。它们是一起的！它们同时到达了桌面！

我们已经将容器里的空气抽出来了，你们马上就能明白金叶子在真空中和硬币在空气中下落得一样快。我马上就要松开它了，大家要仔细看它落得有多快，看好了！（法拉第松开金叶子。）大家看，金叶子就应该落得这么快嘛！

这次课快完了，离别将至，我感到非常难过。下次继续的时候我打算在身后的木板上写上几个字，好让你们回想起已经学过的内容。我会把“力”这个字作为标题，然后根据我们学习的顺序，把那些特殊的力的名字添加到下面。尽管我担心没有向大家讲更多有关重力的重要知识，尤其是地心引力作用的规律（对于这个，我想下次我会花些时间来讲的），但我仍会把那个字写在木板上。希望你们能够记住，在某种程度上我们已经学习了万有引力——那个使所有物体在相隔不远处相互吸引的力。

第二讲　引力与内聚力

请大家像上次那样认真听讲，这样我才不会感到遗憾。除非我们时时专注于自然规律，并对此形成一种清晰的认识。否则，想去研究它们及它们的影响对我们来说是不可能的，现在认真听我讲课，我相信今天结束时，大家就不会对这些自然规律和它们起作用的方式一无所知了。请回忆一下上次的讲座，我说所有物体都存在相互吸引力，我们把这个力叫作万有引力。我告诉过大家，当我把这两个物体（两个用绳子悬挂着的相同大小的桌球）靠近的时候，它们之间相互吸引着，我们假设它们之间的吸引力作用于它们的重心之间。此外，我还告诉大家，如果我拿的是一个大球而不是一个小球，就像这个一样（换了一个大很多的球），这样就会产生更大的吸引力，或者说，如果我让这个球变得越来越大，越来越大，可能的话，让它变得和地球本身一样大——或者说我就把地球本身比作这个球——那么这个吸引力就会大到让它们两个像这样撞在一起（松手放开桌球）。大家直直地坐在那儿，我直直地站在这儿，因为相对于地球，我们恰好保持着自己的重心的平衡。不用我说大家也知道，在地球的另一边，人们也站着，移动着，但他们的脚朝向我们的脚，方向跟我们相反。我们都在引力作用下指向地球中心。

然而，在告诉大家一些引力的规律与法则之后，我不能不把引力这个课题抛开。首先，讲一讲物体间的距离对引力的影响。如果我拿起一个球，把它放在距离另一个球1英尺以内的地方，它们之间存在确切的力相互吸引着。如果我把它拿得更远一些，它们之间的吸引力就减弱了一些；我再把它拿远些，它们之间的吸引力就会继续减弱。这个事实影响重大，因为知道了这个规律后，学者们发现了最美妙不过的东西。大家知道有一个叫天王星的行星，和地球一起环绕太阳运行，距离太阳18亿英里。距太阳30亿英里远的地方还有另外一颗行星，因为事物间相互吸引的规律，或者说引力在那儿依然运行良好，学者们才能通过引力的作用发现这颗更远的行星：海王星。现在我想让大家清清楚楚地知道这个规律是什么。他们说（他们是正确的）“两物体相互吸引但与距离的平方成反比”，除非你能理解这句话的意思，不然你会觉得这是乱七八糟的几个字，但我相信我们很快就能理解这个规律了，还有“与距离的平方成反比”这几个字是什么意思。

这儿有一盏灯*A*（图11），强烈的灯光照射在圆盘*BCD*上，这灯光就像太阳光一样。当我把隔板*BF*（只是一块正方形的小纸板）靠近圆盘时，灯光隔板投射出一个与它本身几乎一样大的影子。现在我拿起这块纸板*E*，它与隔板*BF*的大小一样，把它放在灯与大圆盘之间居中的位置。现在投影*BD*的大小是原来的4倍，这就与距离的平方成反比。*AE*之间的距离是1，*AB*之间的距离是2，纸板*E*的大小是1，投影*BD*的大小是4而不是2，这就是距离的平方。如果我把纸板放在距离灯三分之一处，那么在大圆盘上的投影大小就会是它本身的9倍了。如果我把纸板放在BF的位置上，会有

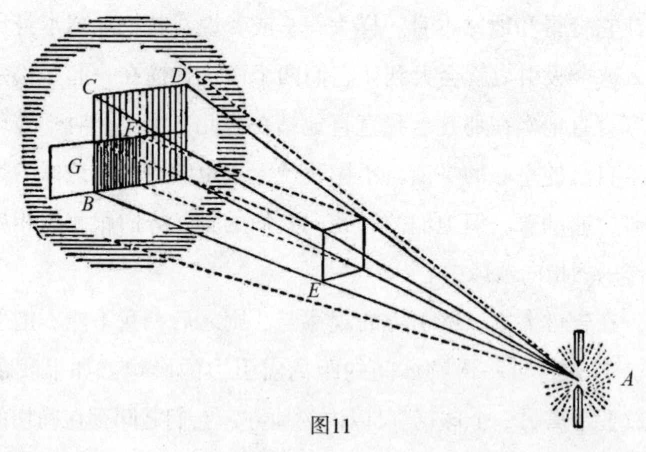

图11

一部分灯光打在上面，我再把它拿得离灯近一点，放在E的位置上，就有更多的灯光照在上面。大家马上就可看见有多少——*BD*盘上面所隔离出来的光的量，就是阴影部分。此外，如果我在阴影部分的边缘*G*的位置上放一块板，它只能接收到被挡住光线的四分之一。这就是距离平方反比定律的意思了。纸板*E*最明亮，因为它距离灯最近。这就揭开了这个奇怪的平方反比定律的整个秘密。大家回家后如果不能很好地想起这个定律来，拿一根蜡烛做一个投影——把你的轮廓，如果你们喜欢这样的话——投到墙上，然后你逐渐向后退或是向前走，你会发现你的影子大小与你和墙之间的距离的平方成比例。如果你想想，隔开一段距离有多少光照在你身上，再隔开一段距离又有多少光照在你身上，你就能得到一个反比的关系。就两个小球之间的吸引力而言也是这样，它们之间的吸引也和距离的平方成反比。我希望大家尽量记住这些话，记住了你们就能够加入到天文学家之中，进行关于行星以及其他天体的计算，就能知道它们为什么运动得如此之快，它们为什么会绕太阳运行而不落向太阳，你们就能为探究大自然中其他有趣的事物做好准备。

现在我们离开我写在木板上的“力”字下方的主题——引力，进入一个新的主题：在一定距离内所有物体都相互吸引。上次我给你们演示了电所产生的吸引力——尽管我没这样叫它，它在一定距离内起作用。为了让我们的进展更有层次一点，我拿了一点铁屑（撒了一些很小的铁屑在桌子上），瞧，我已经告诉过大家了，现在是这些铁砂受到了牵引。你可以这样想，假设这些散开的细小颗粒被放大，直到肉眼看起来比较清楚。它们相互之间关系松散，它们都受到地心引力，都朝向地面，因为地心引力永远不会消失。现在有一个力的中心——我现在还不会给它命名，当这些铁砂被放在它上面时，看看它们之间有怎样一个吸引力。

我在这儿就搭起了一个铁屑组成的拱形（图12）。铁屑有规律地组合在一起，就像一座铁桥一样，这是因为我把它们放在一个作用力的范围内——能让它们相互吸引的作用力。看！我能让一只老鼠从下面钻过去。但是，如果我在这儿（在桌子上）做同样的事，它们并不会相互吸引在一起。让它们聚在一起的，是那个（磁铁）。就像这些铁屑连接在一起形成一个椭圆形的桥一样，构成这颗铁钉的不同铁粉也能连在一起，组成一个钉子。为何这是一条铁棒？仅仅因为经过锻造后，这铁棒每一部分的铁粉依靠彼此间的吸引力紧紧连接在一起，形成了一个整体。事实上，仅仅靠铁粉之间的吸引力，它们就能保持在一起，这就是我现在想要阐述的观点。如果我拿起一块火石，用一个锤子敲打它，并且把它打碎（敲碎一块火石），我所做的仅仅是把火石的颗粒分开了，现在他们之间的吸引力太小而不足以再将分开的部分组合在一起，就是这个原因它们现在是两块而不是一块。我会做个试验来证明这些细末之间的吸引力是仍然存在的。这儿有一片玻璃（火石、铁棒、玻璃以及其他固体，都是因为物体各个部分之间的吸引力而组合起来的），我能向你们演示分离的细末之间的吸引力。如果我拿起这些很细的玻璃粉末，事实上我能用两块表面很平的东西把这些粉末做成固态的类似于一面墙的东西。我做成这面墙的力应归功于这些粉末之间的吸引力——像胶水一样把它们粘在了一起。在这个实验中我没费多大力气就把这些细末给连接到了一起，

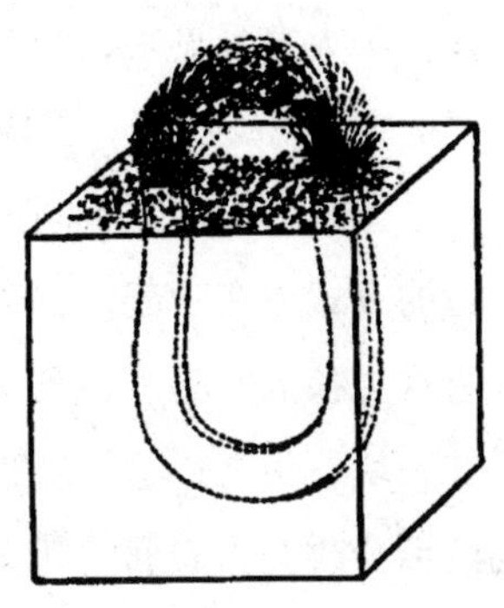

图12

你们或许可以看见两盎司捣碎的细玻璃像墙一样直立起来，这个吸引力难道不是最美妙的吗？那根1平方英尺铁条的内部有这样大的吸引力，要是给它施加外力的话，这片狭小空间内的颗粒在分开之前，足以支撑起20吨的重量。吊桥和铁链正是这样由它们内部的颗粒连接起来的。我要做一个实验来演示一下这些颗粒间的吸引力有多强大。（法拉第此时将自己的脚踩在一圈固定在支架上的线圈之上，整个身体的重量都压上去，荡了一会儿。）大家看见啦，当我挂在这儿的时候，我身体的所有重量都被组成这线的颗粒所支撑着，就像童话剧中的绅士和少女荡秋千一样。

怎样才能把颗粒间的吸引力说得更简单一点呢？许多物质，如果以合适的方式放在一起，都会显示出这样的吸引力。这是一个男孩的实验（我喜欢男孩的实验），拿一根烟管，在里面装满铅，把它融化，然后将其倒在一块石头上，这样就得到了一块平整的铅块。（这比去刮它要好，刮它的话会改变铅表面的状态。）这儿有几块铅，为了使它们表面平整，我早上就做好了。现在这些铅块由于它们内部颗粒间的吸引力而紧贴在一起。如果我把两块分离的铅块紧紧地压在一起，直到这些颗粒被挤压在它们的吸引力范围之内，大家会看见它们合二为一得多快！我只是把它们狠狠地压了一下，再将上面的这一块轻轻地向相反方向拉了一下，这样他们就合成了一块。现在不管我怎么拉怎么扯都不能把它们分开了，我把铅块结合在一起了，没有焊接而是通过铅的颗粒间的吸引力完成的。

然而，这还不是把这些颗粒结合在一起的最好方法，我们还有许多比这更好的方法，我会向你们演示一个非常有效而又适合青少年的实验。这儿有些很美的天然明矾晶体（因为所有事物的自然形态都要比加工后的美得多），还有一些同样的明矾捣成的细末。在这细末当中，我已经破坏了那个我写在黑板上的力——凝聚力，或者说存在于物体内颗粒间的、将这些颗粒团结在一起的吸引力。现在我要向大家演示，如果我拿起这些明矾细末和一些热水，把它们混合在一起，我就把明矾给溶解了。比起处在细末状时，所有的颗粒都将被水分开得更远，但是，在水中，当水冷却（因为这种条件有利于明矾颗粒的结合）的时候，它们还有机会重新结合在一起而形成一个整体[①]。

现在我已经把这些明矾粉末放进热水中了，接下来我把它倒进这个玻璃盆。这些我放进水中的、被水分开的非固体状的明矾细颗粒，到了明天早上，在水冷却之后，就会重新结合在一起，到时我们会看见大量的明矾析晶出来——也就是说它们又变回固态了。（法拉第此时倒入了一点热明矾溶液在玻璃盘内，玻璃盘因此变热了，接着又把剩下的明矾溶液加进去了。）如果你们用的是一个玻璃容器，现在我做的也就是建议你们去做的，即慢慢地、逐步地给它加热，要重复这个实验，就像我这样——轻轻地将液体倒出来，将残渣留在盆里。记住：在家里，你越是仔细越是轻轻地做这个实验，它就结晶得越好。明天大家就能看见明矾颗粒又结合在了一起。如果我放两块焦炭在这溶液之中（首先这焦炭应该洗得非常干净，然后还要保持干燥），明早你们会在这焦炭上发现美丽的晶体，就像是天然的矿物。

观察这些凝聚的吸引力让我们的思维都开阔了，罕见的开阔！除了地心引力，它还带给我们如此多的新现象！且看它是如何带给我们伟大力量的。在这个地球上我们用以建造的事物都充满了力量，我们使用钢铁、石头以及其他具有伟大力量的东西，再想想在你脑中的所有的建筑物——你乐意的话，想想这“大东方”，它的规模以及力量几乎是超乎人类想象的，这些都是凝聚力与吸引力产生的结果。

我这儿有一个东西，我相信大家能在它完成的时候，看见其在凝聚状态中发生的一个变化：最开始它是黄色的，然后变成了漂亮的深红色。我把这两种液体倒在一起的时候，你们只管看好，两种液体都和水一样，是无色的。（法拉第此时将氯化汞溶液与碘化钾溶液混合在一起，当黄色的碘化汞沉淀物沉下去的时候，它立刻就变成了深红色。）现在这儿就有一种非常美丽的物质，看看它的颜色是怎样改变的。开始它是黄中带红的，

① 明矾结晶：溶液必须是饱和的，也就是说，必须是最大限度地溶解了明矾。要制作这种饱和溶液，最好的方式是，在明矾还在溶解时，就将明矾细末继续添加到热水里面，直到它不能再溶解了，让这溶液放置几分钟，然后倒出溶液，留下未溶解的残渣。

但现在它变成了红色[①]。我先前准备了一点这种红色物质——就是大家看见的在这溶液中生成的这种，在纸上放了一点（拿出几张涂有猩红色碘化汞的纸[②]）。好了，大家看，同样一种物质在纸上散开，那儿是，这儿有更多（拿出同样大小的纸，但这纸上只有一点红色，其他部分呈黄色），“还有‘更多’！”你们也许会这样说。别弄错了，那几张纸上和这张纸上的是一样多的。大家所看见的黄色和红色的物质其实是一样的，只是在某种程度上它的内聚力改变了。因为，如果我把这个红色物质加热（你们可能会看见一点烟升起来，但这无关紧要），你看着它，首先它会变黑，但要看它是如何变黄的。现在我把它们都变黄了，而且，它们还会一直保持这个颜色。但是如果我拿起任何硬的东西来摩擦黄色的部分，它又会变红了。（演示这个实验）好了，大家看见了，因为物质发生变化，这个红色并没有被“放回去”，而是被“带回去”。现在在酒精灯上给它加热，它又变回黄色了，这都是因为它内聚的吸引力改变了。如果我告诉大家这块木炭就和你们戴的钻石一样，只是结构不一样，你们会有怎样的感想呢？我把一根用特殊方法烧焦了的稻草样本放在了外面——就像黑色的铅一样。这烧焦了的稻草、这块木炭以及这些钻石，都是同一种物质，只是各自内聚力不同，以致属性不同。

这是一块玻璃（拿出一块面积约为2平方英尺的玻璃板），我待会还要查看并检查它的内部结构，这儿有一些相同的玻璃，只是它们的内聚力不一样而已，因为在融化时它们被放进了冷水中［展示一块“鲁伯特王子

① 红色碘化汞沉淀：要得到这个沉淀物得小心一点，应当将碘化钾溶液小心地、逐渐地加入到氯化汞（升汞）溶液中。轻轻搅动溶液时，最先沉淀的红色沉淀物会溶解，此时再加一点碘化钾进去，就会生成浅红色沉淀，继续加入碘化钾，会进一步形成鲜艳的猩红色的碘化汞。如果加入过多的碘化钾，猩红色沉淀会消失，溶液变成无色的。

② 涂有猩红色碘化汞的纸：要将碘化汞固定在纸上，必须先将碘化汞与稀胶水混合，然后再涂在纸上，注意不能通过加热使其干燥。据说碘化汞是双晶的，也就是说，它能呈现出两种不同的形态。

的玻璃滴”[①]（图13）]。如果我拿起一小块这种眼泪形状的玻璃，并且从尖顶上将其打破一点点，这整块小玻璃立刻就会爆炸成碎渣。现在我就要敲碎一块。（法拉第将一小块鲁伯特玻璃从尾部夹断，于是整块玻璃立刻爆得粉碎。）哈哈！大家看见了，这块固体玻璃瞬间变成了碎末，不仅如此，它还把盛它的玻璃容器炸了一个洞。在这瓶水里可以更好地展示这个效果，但很有可能这整瓶水就没了。（型号为A6-0Z的小玻璃瓶里装满了水，水中有一块鲁伯特玻璃，只有末端露出来。法拉第将其末端敲碎，这块玻璃爆炸了，这个冲击力通过水传递到了玻璃瓶上，将玻璃瓶炸了个粉碎。）

这个实验还有另外一种形式。我这儿还有更多没有退火的玻璃，如果我拿起一个这样的玻璃容器并放一块碎玻璃进去[展示一些厚玻璃瓶[②]（图14）]，或是放一些无色水晶——它们就是要比玻璃更坚硬一些，所以只要轻轻划到瓶子里，这个瓶子就要变成碎片了——再也不是一个整体了。（法拉第在这里选择的是一些无色水晶碎片，将其放进其中的一个玻璃容器里，容器底部马上脱落，落在平板上。）你瞧！它穿过玻璃瓶就像穿过一个滤网一样。

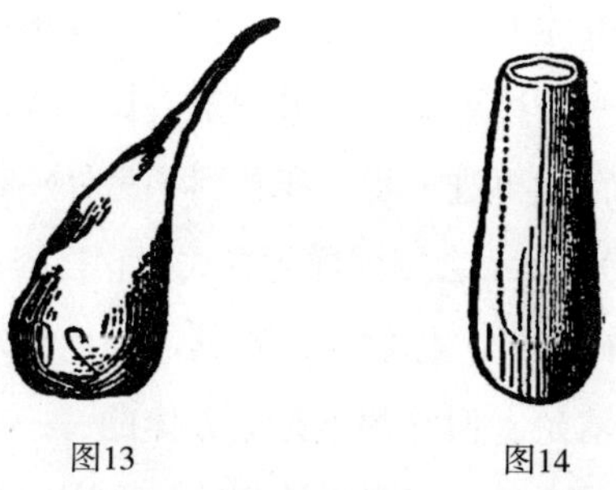

图13　　　　图14

① 鲁伯特王子的玻璃滴：将融化了的绿色玻璃滴滴落在冷水里制得。它不是大家认为的那样由鲁伯特王子发明，而是在1660年最先由鲁伯特王子引进到英国的。它激发了许多人的好奇心，并被认为是“自然界中的一种奇迹”。

② 厚玻璃瓶：也叫小药瓶或博洛尼亚小药瓶。

做这些实验的目的就是要告诉大家，物体能够结合在一起靠的不仅仅是内聚力，物体还是以非常奇特的方式结合在一起的。假设我拿了一些靠这个力结合在一起的物体，让我们以更精密的方式对它们进行测试。这是一小块玻璃，如果我用锤子敲打它，会把它敲碎。大家见过了，我把火石打碎的时候是怎么一回事。玻璃会如你们所料，发生和火石一样的事。如果我继续敲击玻璃，它就会变成你们以前看见过的那种——一堆细小的不规则的玻璃碴儿。但假设我拿的是另外一种东西——比如说这块石头（图15）（拿起一块云母[①]），如果我要砸碎这块石头，我必须使劲猛砸一会儿才行，我甚至只能砸弯而砸不碎它——也就是说，某一个方向都弯了，但还是没砸开，尽管我的手都砸得有点疼了。但是现在，如果我从它的边缘地方砸起，就会发现，它以一种非常奇怪的方式破裂了，裂得就像是一片片树叶。它为什么会裂成那个样子呢？并不是所有的石头或者水晶都会裂成这样。那是因为云母里面有一种盐（图16），大家知道食盐是什么[②]，这儿就有一块这种盐，在自然环境下它的颗粒可以自由结合或是合并在一起。如果我拿起这块盐把它敲碎（用锤子轻轻地压碎它），它没有碎成火石那样，也不像云母这样，而是棱角分明、表面清晰，像闪闪发光的钻石一样美丽。这儿有一块正方体的菱柱，我要把它打碎成小块立方体。大家看这些小块都是直角的，一条边可能要比另一条边长一些，但他们只会分裂成正方体或长方体。现在我再进一步，我找到了另外一种石头（图17）——冰洲石（又名方解石）[③]，我会用同样的方式把它打碎，但是结果却不同。这儿有一块我已经打碎了的，你们看，跟其他的比起来，这些小碎块的表面非常规则、平整、清楚，但它却不是立方体的——它是一种我们叫作长菱形的形状。它也是美丽地、有规律地朝着三个方向裂开，具有光滑的表面，但跟那盐不一样的地方在于，它的边是倾斜的。为什么不一样呢？因

① 云母：一种氧化铝和氧化镁的硅酸盐。因具有明亮的金属光泽，因此它的名字就是“发光”的意思。

② 食盐：或者说氯化钠，结晶成固态立方体并簇聚形成一整块，也可能分裂成小块。

③ 冰洲石（又名方解石）：当地原始晶体形态的碳酸钙。

图15

图16

图17

为这些颗粒间一个方向对于另一方向的吸引力，要比它对其他方向的吸引力要少一些。我面前的桌子上有一些方解石，建议大家带一点回家，用刀沿着任何一面的方向将它划开，很容易就能将它划开。但是如果你们尝试着横着切开它，那你们就办不到了。如果用锤子，你们可能会将它打破，但也只能将它打碎成这种美丽的长菱形的小块。

现在我想让大家更清楚地知道这是怎么一回事儿，为了这个我将再次用到电光。大家知道，我们不能像观察这玻璃一样看到一个物体的内部。即使我们看透了它，知道了物体外部及内部的组成，但是我们却不很清楚这是怎么形成的。因此，我想给你们上一堂使用光线的课，目的就是要看看物体的内部到底是什么。光会被所有受重力作用的物质所吸引——我们还不知道有不受到重力作用的物质存在，所有物质多多少少都会对光有影响，我们把这看作一种吸引力。为了说明这个问题，我在房间的地上安排好了一个非常简单的实验（图18）。在这个盆里我放了一些东西，这个礼堂里的人都看不见它，接下来我要运用到的是物质对光线的吸引力。如果

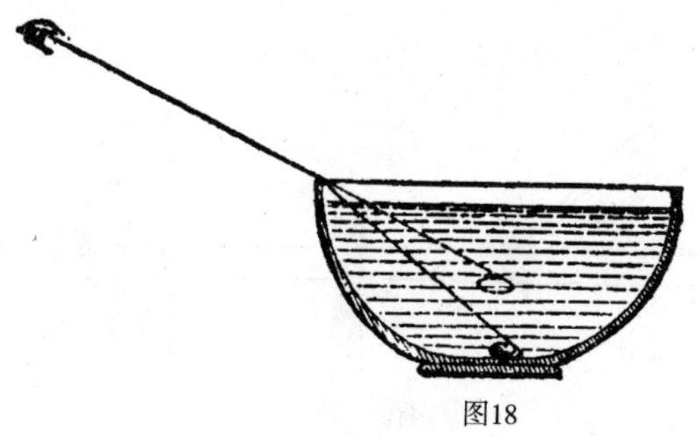
图18

安德森先生轻轻地、平稳地向盆里注入一些水，水就会将光线吸引下来。然后，原先不够高因而没能绕过盆沿看见盆底的人，现在却能发现一块银子和一块封蜡出现在视线里。（安德森先生此时将水倒进了盆里，法拉第问是否有人看见了银块和封蜡，他听到了所有人的肯定回答。）我想所有看见它们的人并不觉得惊讶，当它们浮现的时候，你们会以为盆的底部和里面的东西有两英尺厚，尽管它们只是我放进去的一块银子和一块封蜡。通过银块到达你们眼里的光线，在盆里没有水的时候就被盆的边给挡住了，所以盆里的东西你们就什么都看不见。但是当我们加入水的时候，光线就被水吸引下来，越过盆的边，这时你们就能看见盆底部的东西了。

我来演示一个实验，你们也许就能明白玻璃是怎样吸引光线的了，接着就明白其他物质像岩盐、方解石、云母，还有其他石头是怎样影响光线的了。如果廷德尔博士能再让我们用一下他的光，我就要向你们演示，光是怎样通过玻璃变弯的（图19）。（电灯再次亮起，电灯散发出来的平行光束一通过棱柱就弯曲并分散了。）现在大家看，如果我让光线通过一块防护白玻璃*A*，它就会直直地通过这块玻璃不会变弯，除非这块玻璃被斜拿着，如果那样，这个现象就会变得更复杂了。但是如果我拿这块玻璃*B*——一个棱柱，你们看它会显示出一个完全不同的结果。光线不能再到达那面墙了，它被弯曲到了屏幕*C*这儿，现在它更加美了。（棱柱形的光谱投射在了屏幕上。）透过玻璃的光线被玻璃的吸引力变弯曲并脱离了原来的方向，你们看，只要我愿意，我就可以将这光线来来回回地扭转到这间屋子的各个方向去，看，它到了那儿，又到了这儿。（法拉第向讲堂四

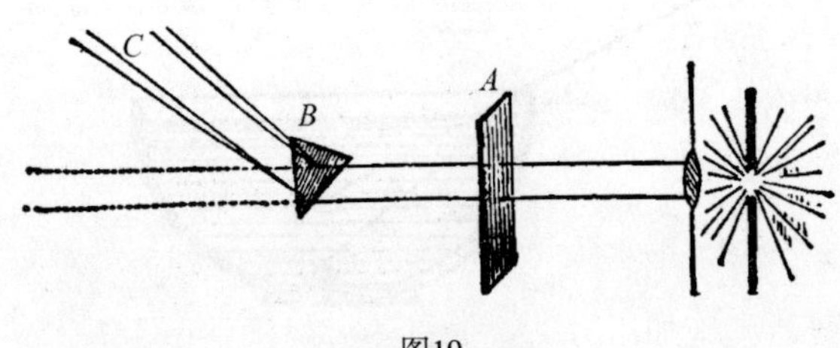

图19

周投射棱柱形的光谱。）现在我又把这个光投射在屏幕上，大家看这是多么奇特美妙，因为那块玻璃不仅通过它的吸引力将光线弯曲了，而且还将它分成了不同的颜色。现在我想让大家明白，这块玻璃（这个棱柱）的内部结构完全一致，而其他内部结构不完全一致的物体——它们不仅是聚合在一起，而且在其不同的部位具有不同程度的内聚力——才会有多种力将光线吸引并致其弯曲。刚才我展示给大家看的那些破裂得很奇特的物质，现在要让光线穿过其中的一种或是两种。我拿起了一块云母，再看这儿，就是我们的光线。首先，我们要使光波产生所谓的“偏振”，对于这个你们没必要为难自己，提到它只是为了让实验更清楚一些。在这儿，我们得到了偏振光，可以调节它，以至于它投在屏幕上的光不会太亮或太暗，虽然我没有拿什么东西挡住光线，但它确实可以透过物质（将分析仪转过来）。现在我要把它调节得非常暗，先拿一片普通玻璃放在偏振光这里，好让你们看见，光线不能透过这片玻璃。大家看见这个屏幕依旧是很暗的吧，因此，这块玻璃内部对光没有影响。（玻璃被拿走了，换上一块云母。）这是那块云母，我们曾将其砸裂成一片片奇怪的叶子状。现在看看它是怎样让光线穿透并到达屏幕上的。当廷德尔博士将它在手中转动时，看看它是怎样让这些不同颜色——粉色、紫色、绿色——出现又消失的。这并不是因为云母比那块玻璃更透明，而是因为内聚力使它们内部颗粒间的排列方式不同。

现在我们来看看方解石在这光线下会有怎样的表现——就是破裂成棱柱体的，你们每个人都要带一点回家的石头。（云母被拿掉，在A的位置换上一块方解石。）看看它是怎样让光线转变方向并产生这些光圈的，还有那黑色的叉又是怎么回事（图20）。看看这些颜色，它们对你对我来说，难道不是最美的吗？因为我和大家一样喜欢这些东西。它们以如此美妙的方式，向我们展现了在内聚力的作用下，这块方解石内部颗粒的排列状况。

现在我再来演示一个实验。这是刚才那片在光线前面没有起任何作用的玻璃，如果我给它施加压力，它会怎样呢？这是我们的偏振光，我先让

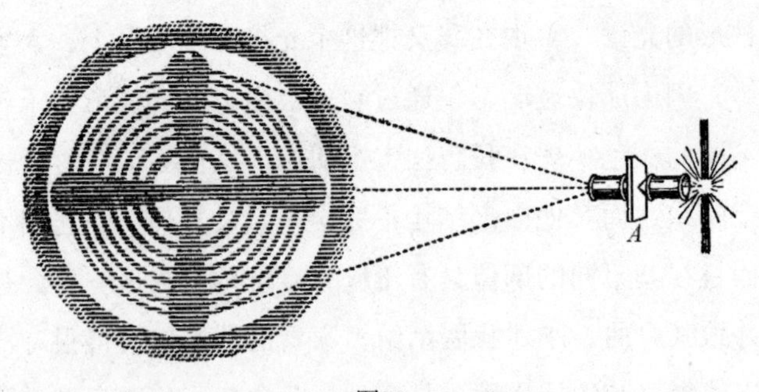

图20

大家看看，这片玻璃在正常状态下对偏振光没有影响。我把它放在光的前面，屏幕还是黑暗的。廷德尔博士现在将这一小块玻璃按压在这三点之间，一点紧靠另外两点，这样才能对这些部位有力的作用，你们会看见这将有怎样奇特的效果。（屏幕上渐渐出现了两个白色的点。）哈！这些点显示了这个力的位置，跟这片玻璃的其他部位相比，这部位的内聚力以一种不同的状态存在，因此它才能让光线通过。多漂亮啊！它让光线通过其中一部分，其他部分却还是黑暗的，这是因为我们减弱了这部分玻璃内部颗粒间的内聚力。不管你是用这种机械的压力还是用其他方式，我们都会得到同样的结果。而且事实上，我还要做另外一个实验来展示它。如果我们将这块玻璃的一部分加热，它就会改变其内部结构而产生一个相似的结果。这儿有一片普通的玻璃，如果我将它放在偏振光的位置上，我相信这一点用都没有，事实上没有光线通过它，屏幕还是相当黑。但是我马上就在这灯上给它加热，你们都知道向玻璃加热水时，如果施加压力，有时候它会破裂——这有点像鲁伯特王子的玻璃滴。（法拉第在酒精灯上加热这片玻璃，再把它放在偏振光处。）大家现在看见了，光线是如何奇妙地穿过加热了的这一部分玻璃，形成了水晶一样明明暗暗的线条，这是因为我改变了其内部结构。这些黑暗部分与明亮部分证明了固体物质之中各个方向上都存在力。

第三讲　内聚力与化学亲和力

我先用几分钟回顾一下昨天做的一个实验，大家还记得实验中我们把什么混合在一起了吗？是明矾粉和热水。这是当时用过的一个容器，实验后就没再管它。现在大家观察一下，可以发现容器里面已经没有粉末了，只有许多晶体。这是我放在另一个容器中的几块焦炭。现在它们周围有许多晶体。那一个烧杯我们暂时不管它。我不会倒掉里面的水，因为它将向你们表明，这些明矾的微粒不仅结晶在一起，还把周围的杂质挤了出去，挤到了底部晶体的外部。这些杂质是被明矾微粒彼此间的相互吸引力挤出去的。

现在开始另一个实验。我们已经了解到固态物体相互吸引的方式，这种方式使方解石等以常见的形式结晶成为晶体。接下来我将引导大家掌握稍微改变（使之增强或减弱）这吸引力的方法，或者明显地破坏这吸引力的方法。我们将用到这根铁棒（长约2英尺，直径约0.25英寸）。由于内聚力的吸引作用，这根铁棒现在非常坚硬，但等到安德森把它的一部分放在火焰上加热到红热时，我们将看到铁棒正如蜂蜡受热后那样变软。而且加热的时间越长，铁棒变得越软。但“软”是什么意思呢？为什么这些微粒间的吸引力如此弱以至于无法抵制我们加在上面的力量？（安德森先生把一端红热的铁棒递给法拉第，然后法拉第用一对钳子轻而易举地弯曲了铁棒。）你们看，我能毫不费力、随心所欲地弯曲铁棒热的这一端，但却一点儿也弯曲不了未加热的部分。人家都知道为了打造出想要的东西，铁匠们是如何将一块铁加热并使之变软的。他们正是运用了加热减弱微粒间的内聚力这一原理，尽管他们并不知道这一原理的术语。

在接下来的一个实验里，这水将再一次成为我们良好的例证（作为学者，不管它是冰还是气态，我们都称之为水）。为什么水会变得如此坚硬？（法拉第指着一块冰。）因为水微粒之间的相互吸引力足以使他们维持原来的位置，并能抵御外力。但当我们把这些冰加热，情况又会怎样呢？哎呀，在这种情况下，水分子之间的相互作用力被大大地削弱了，固态的冰竟然全都融化了。下面我将以一个炽热的铁球（安德森先生用一对钳子递给法拉第一个直径大约2英寸的炽热铁球）作为简便的热源。（法拉第把炽热的铁球置于冰块的正中央。）大家可以看到：铁球所接触到的冰正在融化，铁球陷入了冰团之中。当一部分冰融化为水的时候，铁球身上的热能也在迅速消失。有一些水分子之间的相互作用力被削弱到不足以维持液态，所以我们看到一部分水变成了蒸气升腾在空中。同时热铁球的热量不足以将所有的冰都融化掉，在短短的时间内，我发现热铁球已经变得相当冷了。

这是我们通过破坏冰的微粒间的相互作用力而得到的液态水。当温度低到某个点，水分子间的相互作用力就会增强从而凝固成冰；当温度高于某个点，水分子间的相互作用力又会减弱，液态水随之变为气态水。准确点说，同样的现象也会发生在金属铂上，而且几乎可以发生在自然界的所有物质上。如果温度升高到某一温度点，它就变成液态，温度再继续升高，它就气化了。我们看海、河流等，同样的东西在北部地区是冰或冰山，而在这儿，一个相对温暖的地方，这种物质因为内部微粒间的相互作用被减弱而变成了液态的水。知道了这些，对我们而言难道不是件非常令人愉快的事吗？嗯，在减弱冰块微粒间相互作用力的过程中，我们使用到另外一种叫作热的力量。我希望大家能够明白，在水从固态转变为液态的过程中总是要涉及热量。如果我用其他的方法融化冰，也是离不开热量的作用的（不用热而把冰变成水的办法，也就是不把热作为直接原因而已）。为了说明这点，我用这张锡箔纸做成一个容器（将锡箔纸折成盘子的形状），之所以采用金属材料，是想将热能便捷地传递到容器中。现在我倒一些水在木板上，再把锡箔纸做的容器放在上面。往这个金属容器里放一些冰块，然后使用我们能使用的任何方法让容器里的冰融化。这仍然需要从另外一个物体那儿吸取足够的热量。在这个例子里，冰从容器那儿吸收热量，从容器下面的水那儿吸收热量，从它周围的物体那儿吸收热量。好了，往冰块上面加点盐就能让它融化，我们很快就会发现容器里的冰盐混合物在慢慢融化，而盘子下面的水会结冰——因为它被迫释放出使自身保持液态所必需的热量，而这些热量刚好能使冰融化。我记得当我还是一个小男孩的时候，听说了一个乡间酒馆的小把戏，把戏的关键就是怎样使冰在一品脱的罐子里融化并且将罐子冰冻在一张凳子上。他们是这样做的：往罐子里放些碎冰，再加些盐进去。当冰与盐混合时，冰就在罐子里融化开了（他们并未提起盐的作用，他们还把罐子放在火上，只为让一切变得更神秘），没过一会儿罐子就和凳子就冻在一块儿了，就和我们马上会看到的一样。这个实验的原理就是：盐能够减弱水微粒间的相互作用力。现在大家可以看到锡箔容器已经粘在了木板上，我还能通过锡箔容器将这个小木板提起来。

我想，这个实验定能让大家牢牢记住：无论什么时候，固态物质失去维持固态所需要的相互作用力时，都须吸收热量；相反，物质由液态转变为固态时，比如水转变成冰时，会释放一定的热量。我有实验为证。这儿（图21）是一个充满空气的球体*A*，球体*A*上的导管浸入到装满有色液体的容器*B*中。我敢说如果我把手放在*A*上面焐热*A*，导管*C*里面的有色液体就会向前移动。通过仔细研究各种物质的特征，我们发现了一种方法。准备一种盐溶液[①]，摇一摇、搅一搅，它会变成固体。正如我刚才解释的那样（对水成立的道理，对其他液体同样成立），液体变成固体释放热量，我可以通过将盐溶液倒在充气球体上来证明。好！它正在凝固，看这导管中的有色液体是如何被挤出，并在导管末端冒出气泡的。通过这个实验我们认识到一个经典的理论：不管什么时候减弱微粒间的相互作用须使之吸热，增强微粒间的相互作用要使之放出热量。对于已经知道万物彼此相吸的你们来说，这又是一大进步！但是大家不能这样想：它们是液体，所以就已经失去了内部的相互吸引力。这儿有一些液态汞，如果我把它从一个容器倒入另一个容器，它就像水流一样从瓶子流向杯子——汞微粒间的凝聚力足以使其在下落过程中彼此凝聚在一起形成一条连续的汞流；我从一个水壶

① 一种盐溶液，即饱和或接近饱和的醋酸钠溶液，且溶液的温度达到沸点。将溶液搁置不动，使之冷却，直至实验结束，就可出现上文所说的结果。

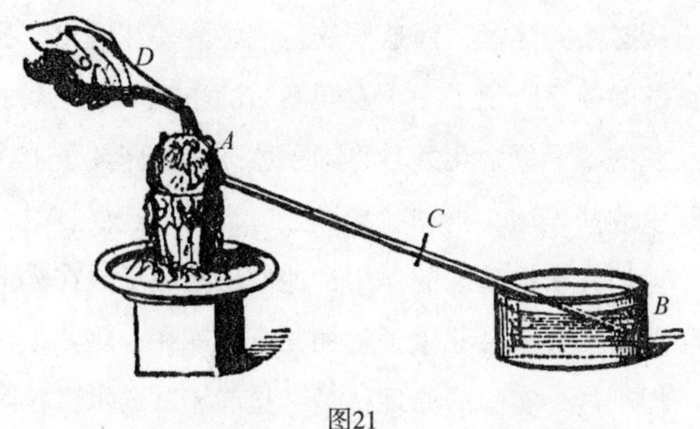

图21

中轻轻倒出水，它同样能形成一股持续的水流。再来一次，我倒一点水在这个玻璃板上，再拿一块玻璃板放在这水上面。好了！上面的玻璃板可以在下面的玻璃板上自由移动，从一边滑到另一边，微粒间的作用力竟如此之大，以至于我拿起上面的玻璃片，下面的也一并被拿起来了，不会掉下去。当我移动上面的玻璃片时，下面的玻璃片也跟着滑动起来。这都是由于水微粒间强大的相互作用力。我来为大家演示另外一个实验。如果我拿一小块肥皂和一点水——不是说肥皂能增强水微粒间的吸引力，而是它能让水分子间的相互作用力以更好的方式延续下去。我建议大家，用肥皂泡做实验时，最好保证所有东西干净并且沾满肥皂水。我现在要吹一个泡泡，我也能边说边吹。（法拉第拿起一块沾有一点肥皂水的玻璃板，在小管子的末端蘸一点肥皂水，然后在玻璃板上吹一个泡泡。）我们的肥皂泡泡吹好了，为什么它们会以这种方式连在一起呢？为什么呢？这是因为泡沫间水微粒的相互作用力，太神奇了！事实上，水还赋予了肥皂泡弹性橡胶球一样的能力。你们看着，如果我把玻璃管子的一端伸入到肥皂泡里，它具有如此强大的收缩力可以将导管里的空气挤出，并将一根燃烧的蜡烛吹灭（图22）。烛火被吹灭了。看！泡泡正在消失，看它是怎样变得越来越小的。

我还将向大家演示大约20个实验来说明液体微粒间的凝聚力。例如，我的瓶塞掉了，而我想用手边的什么东西立马把瓶给塞上，你们会建议我用什么呢？一张纸不行，但一块亚麻布却可以，或者是我们这儿刚好有的脱脂棉也行。我放一小团脱脂棉在酒瓶的瓶颈中，我把酒瓶倒置过来，大家看，酒没有流出来，瓶口被塞得很好，空气能通过，但酒却不能。如果我用的是油瓶，效果也一样。因为早些时候他们曾经用棉花堵住长颈瓶，从意大利为我们运送油（现在是油运到之后再用棉花塞住瓶口，但先前是塞着运过来的）。如果不是因为液体微粒的内聚作用，酒必然会洒出来。如果时间够的话，我还可以向你们演示一个由于液体的内聚力，用一个顶部、底部和四周都像滤网一样的容器来盛水的实验。

大家现在已经明白了通过加热减弱微粒间的吸引力可以使冰融化为液体，但是你们看，它仍然保持有一定的吸引力。现在我要带你们更进一步。我们看到如果给水继续加热（正如我们现在正在对冰做的这样），我们最后就破坏了把液态水维持在一起的吸引力。为了形象地呈现内聚力被破坏后会出现的现象，我还得使用其他液体（任何液体都行，但是我觉得乙醚可以呈现更好的实验效果）。现在，这种液体乙醚如果被暴露在一个温度极低的环境下，将会凝固成为固体；但如果我们给它加热，它就会变成气体。我将给大家演示乙醚气化后体积大得不可思议。当冰融化成水，体积缩小了，然而当水转变成水蒸气，体积却会增长到相当之大。大家很清楚当我给液态乙醚加热的时候，分子间内聚力的吸引作用被削弱了，现在它正在沸腾。接下来我点燃乙醚的蒸气，以便大家通过火焰的形状大小来判断乙醚蒸气的体积所占空间的大小。大家现在看见了，那一点点乙醚蒸气产生出了体积这么庞大的火焰！酒精灯燃烧产生的热被耗掉了，用来把乙醚气化，而不是把乙醚的温度升高。如果我想收集这些乙醚的气体并

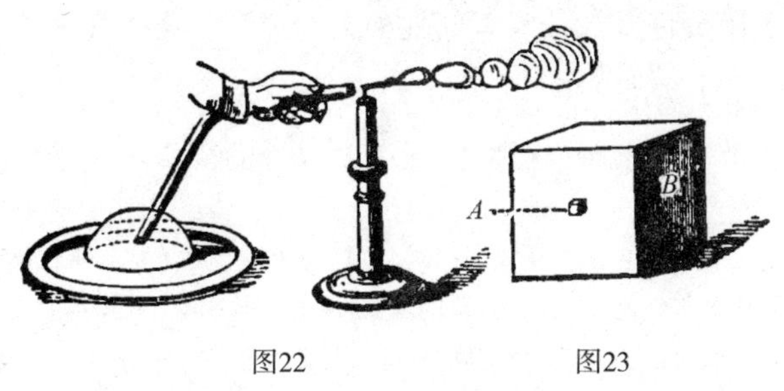

图22　　　　图23

使之浓缩的话（这对于我来说并不难），我得像把水蒸气转变为水，把水转变为冰那样做。冷却也好，不管怎样，在乙醚这个实验里，我们就是要增强微粒间的吸引力。削减微粒间的吸引力，微粒所占的体积就大大增加了。假使我拿1立方英寸的水（*A*，图23），将之加热就能得到体积如B一样的水蒸气（1700立方英寸，差不多1立方英尺），水内聚力的吸引作用被热量削弱得这样厉害，但它还是水。你们可以很容易想到水由于受热而发生体积变化的后果——水蒸气强大的力量，有时还会由于水的这种力量而发生惊人的爆炸。现在我想让大家看另外一个实验，一个能够更好地阐释物体处于气态时所占体积的实验。这儿有一种我们称为碘的物质，就像我对水和乙醚做过的加热处理一样，我将对它进行加热（把一点儿碘的颗粒放进一个热玻璃球中，玻璃球内的空间立刻被紫色的蒸气占据了），你们看，同样的现象出现了。不仅如此，这个实验还让我们看到了由这种黑色碘产生的紫色气体，或者说它与空气的混合气体，是多么美丽。我不想让大家认为这个玻璃球里面充满的全是碘蒸气。

如果刚刚我是把液态乙醚变成乙醚蒸气——我能轻易办到，那么接下来我们将得到一种完美的透明气体。因为大家一定都知道这一点，气态物质几乎都是透明的，不会是混浊的，雾蒙蒙的，而且大多数气态物质是有色的，我们很少能用无色的微粒混合得到有色气体，如同接下来的实验那样。（法拉第将一个装满二氧化氮[①]的圆柱形玻璃瓶倒置在一个装满氧气的圆形玻璃瓶上，深红色的连二次硝酸蒸气立刻就生成了。）大家也将看到自然界中另一种力量效果的完美展示，虽然现在我们尚未涉足，但它已经在我们的课程安排中了——化学亲和力。因此，你们看，我们可以得到紫色蒸气或者橘黄色蒸气，或者其他种类的蒸气。这些气体都是完全透明的，不然就成不了蒸气。

现在我要带领大家研究微粒间吸引力以外的东西。大家都已明白，我

---

① 二氧化氮和连二次硝酸：二氧化氮由硝酸、一点水和铜刨花生成。一接触到空气，二氧化氮就和空气中的氧气化合产生深红色的烟雾——连二次硝酸。二氧化氮含有2份氧和1份氮；连二次硝酸则由1份氮和3份氧构成。

们以水为例，不管它是冰，是水，还是水蒸气，我们都认为它是水。那么，大家请准备好，我们要更进一步地探讨这一主题。除了加热的方法，我们有很多方法来研究水的构成，其中最重要的方法就是使用伏打电。上一次我们曾用它照明，我们当时是用电线将其引进这间屋子的。这种力量是由我身后的电池产生的。我现在还不会讲到电池，我们做完实验之后，对电池就会有更多了解，但是我们知识的增长要依靠将要做的实验。这儿，在小容器*C*（图24）中有一点儿水，旁边是两片金属铂片。两金属片分别与延伸到容器外的两根金属丝（*A*，*B*）相连。我将检测水，检测水微粒以液态形式排列的状态以及条件。如果我对水加热，大家都知道我们会得到什么东西。它将呈现出水蒸气的状态，但仍然是水，热量退去就会变为液态。现在通过这些导线（它们与我身后的电池接通，并从地板下向上延伸，穿过桌子，出现在桌面上），我们将获取一定量的新型能量。大家看，就是这样（将导线末端相接），这是我们昨天用过的电。通过这些导线，我们能使水屈从于这种能量的作用。大家看，我一把它们（*A*，*B*）接通，容器*C*中的水就开始沸腾了，我还能听到导管（*D*）口的气泡声。看我是如何将这水转变为气体的。如果我拿一个小试管，装满水，并置于水槽中导管（*D*）的末端，新生成的气体就会上升汇集到小试管。大家知道，水蒸气遇到冷水时会冷却，会再度成为液态水，所以小试管里收集到的气体一定不是水蒸气，因为它在水槽中的冷水中冒泡。但是，其生成的是气

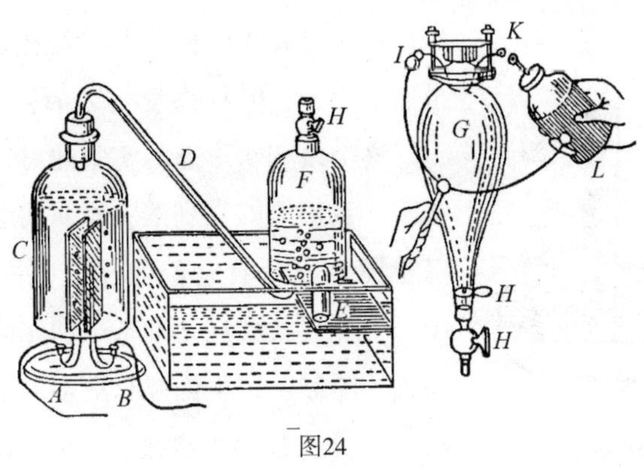

图24

态物质。我们得仔细检查一下，看看水以什么方式发生了变化。为了证明它不是水蒸气，我将演示给大家看，该气体能燃烧。我把小试管靠近火焰，可以听到试管里气体的爆炸声，而水蒸气永远不会这样。

现在我把玻璃钟罩*F*装满水，并让气体进入其中。接着我们要用这里制得的气体重新生成水。这儿有一个牢固的玻璃容器*G*，我让*F*中的气体进入到*G*中，再用电火花点燃*G*中的气体。在听到爆裂声后，大家可以看到我们用这些气体制得了水，并不多。还记得吧，我们当时只用了一点水就制得了那么多气体。安德森先生现在要排出*G*中的所有气体。而当我把G拧到*F*上并且打开三个活塞（H_1，H_2，H_3），大家将看到水槽中的水向上进入到*F*中。这意味着F中的一些气体进入到了*G*中。关闭活塞，通过导线（*I*，*K*），用电火花点燃容器*G*上部的气体，大家能看到气体燃烧成猛烈的火焰（安德森先生拿来一个莱顿瓶，使导线*I*、*K*通过密闭气体放电并产生电火花。）大家看到了火焰，而且还可以看到，既然*G*中已没有了任何气体，那么我把*G*放在*F*上，再打开活塞，气体又会上来，我们能再做一次燃烧实验。我可以这样一次次地操作，不断积累由这些气体还原生成的水。这难道不神奇吗？在这个容器（*C*）里，我们可以继续制得所谓的永久气体，也可以用刚才那种方法将其还原成水。（安德森先生拿来了另一个莱顿瓶，因为某种原因不会把气体点燃。因此当爆炸正如我们期待的那样发生的时候，它重新充电了。）只要我们的实验进程正确，得到的结果是多么漂亮呀！有时候我们自己会犯错，这并不是客观原因。现在我把这个容器（*G*）取下来放在右手边，大家要仔细观察，虽然水不多，但足够大家看清楚。

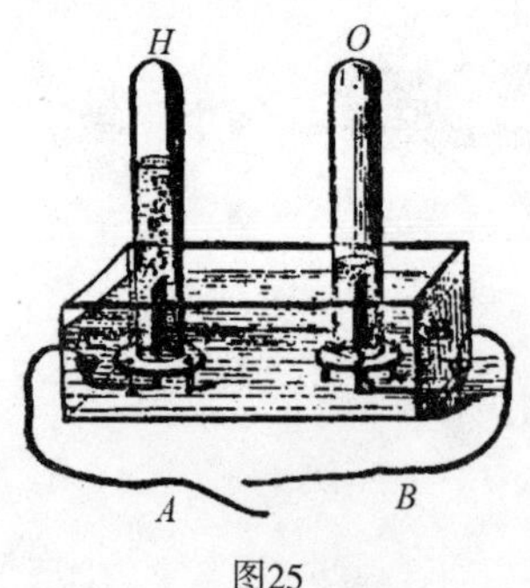

图25

这个改变水形态的实验的另一个奇妙之处在于：我们能够得到某一物质的组成成分，可以检测它们，看它们像什么，以及它们有多少。为此，我在这儿准备了和先前略有不同的装置（图25），里面装有更多的水，把它与电池用导线（*A*，*B*）接通，我们将在铂金属片处得到同样的水的分解物。现在我把这个小试管（*H*）放在这儿用来收集从这边（*A*）出来的气体，而这个试管（*O*）用来收集从另一边（*B*）出来的气体，我相信很快我们就能看见其中的不同之处。这个装置中*A*、*B*导线彼此分得很开，似乎他们都能从水中吸取微粒并能把它们释放出来。大家看到一个试管（*H*）中微粒的增加速度是另一个试管（*O*）中的两倍。在那儿（*H*处），水里出来的东西能够燃烧，而这儿（*O*处）出来的气体虽然本身不能燃烧，但很能支持燃烧。（法拉第将一根带火星的火柴伸进*O*中，火柴马上就复燃了。）

在这里，我们从水中得到了两种物质，单独而言它们都不是水，但都是从水里得到的物质。因此，水由两种不同于水本身的物质组成，当水屈从于我用这些电线导出的能量时，这两种物质在不同的地方分别生成。当我倒置一个装满水的试管（*H*）来收集这气体时，大家会看到这气体与在先前的装置中收集的气体完全不一样（图24）。先前那个装置中收集到的气体被点燃时有响亮的爆裂声。而H中收集到的气体却能安静地燃烧，它被称为氢气，另一试管中的气体被称为氧气——它支持所有可燃物的燃烧，自身却不能燃烧。所以，现在大家知道水是由两种相互吸引的微粒组成的，这种吸引力不同于万有引力或者内聚力。这种新的吸引力叫作“化学亲和力”或者不同物质间的化学反应力。我们现在研究的不再是相同物质之间的吸引力，就像铁对铁、水对水、木头对木头等，我们现在研究的是另外一种吸引力——不同性质的微粒间的吸引力。化学亲和力完全取决于不同微粒之间相互吸引的能量。氢元素和氧元素是两种完全不同的东西，这两种元素间的相互吸引，使它们发生化学反应，生成了水。

现在我要更细地演示什么是化学亲和力。就像用水能制氢气和氧气一样，我还能用其他东西制得氢和氧。现在我们来制一些氧气。这是另一种含氧元素的物质氯酸钾，放一些到玻璃曲颈瓶中，安德森先生会给它加热。这儿有多个装满水的容器，等加热之后氯酸钾开始分解时，倒置这些装满水的容器能收集制得的气体，替换掉原有的水。

用电池这种方法来研究水的时候，没有往电池中加入别的物质，也

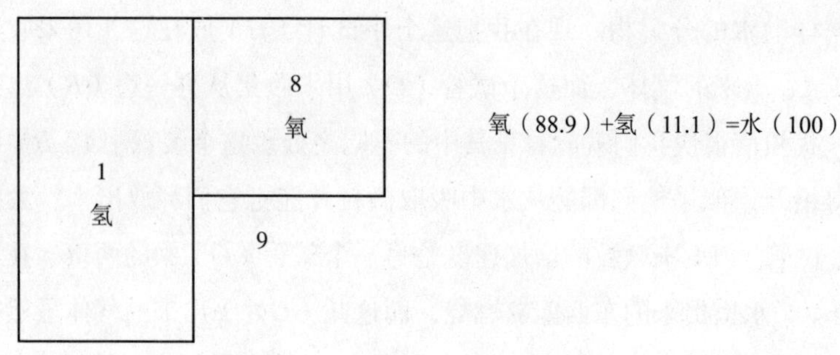

没从中取出什么物质——我是说物质不是说能量，也没有往水里加什么物质，它就这样发生着变化。刚才大家看到的燃烧的气体，叫氢气，释放的体积较大；另一种气体，叫氧气，释放的体积只有氢气的一半。因此这两种气体代表了水，而且永远遵照着它们之间的比例。

但氧原子的重量是氢原子的16倍。在水中氧元素所占的重量是氢元素的8倍。因此大家就知道了，水的重量，9份中有1份是氢、8份是氧，其结果是：

氢气……………46.2立方英寸= 1格令[①]

氧气……………23.1立方英寸= 8格令

水（蒸气）……69.3立方英寸= 9格令

现在安德森先生已制好了一些氧气，我们继续研究这种气体的性质。大家还记得吗？我在前面提到过氧气自身不燃烧，但却能支持其他物质的燃烧。现在我点燃一根小木条的顶端，再把它伸入到氧气瓶中。大家会看到瓶中的气体的的确确增加了燃烧的亮度。氧气不能燃烧，不能像氢气那样燃烧，但这根火柴燃烧得多么生动呀！另外，如果我点燃这根蜂蜡小蜡烛，再把蜡烛倒置在空中。因为烛蜡流到烛芯的缘故，蜡烛可能会自己

① 1格令=6.479891×10^{-5}千克。

熄灭。（法拉第倒置点燃的蜡烛，儿秒钟后蜡烛熄灭了。）同样的做法，在氧气中蜡烛却不会熄灭。大家即将看到氧气带来的不一样的实验结果（图26）。（蜡烛再次被点燃，倒悬，伸入到氧气瓶中。）看啊！看这同一根蜡烛是怎么燃烧的吧，还伴有一串耀眼的掉落的火花。氧气的助燃能力是如此强大！还有一个实验可以用来证明氧气的力量（如果我可以这样说的话）。这儿我有一个环形火焰酒精灯，我将用它为大家演示铁的燃烧方式，因为它可以很好地用来比较铁在氧气和空气中燃烧的区别。如果用这个环形火焰酒精灯，我就能用筛网将细小的铁屑筛到火焰上。请大家观察铁屑的燃烧情况。（法拉第筛落一些铁屑到火焰上，铁屑被点燃了，并伴有闪亮的火花掉落下去。）但如果把环形火焰灯放到氧气瓶正上方（法拉第在氧气瓶上方重复刚才的燃烧实验，当铁屑落到氧气中时，燃烧所发出的火光立刻变得极其刺眼，让人难以忍受），大家看到了，瓶内的反应与刚才是多么不同，因为瓶内不是普通的空气而是纯氧。

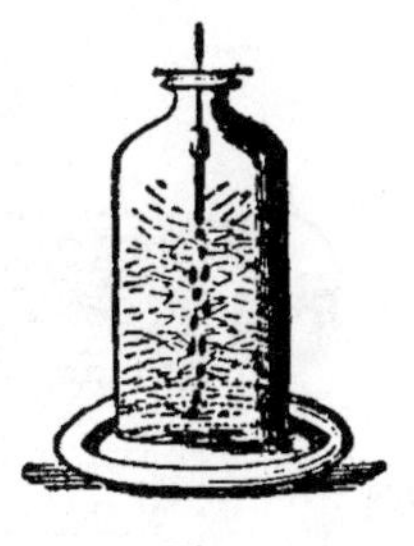
图26

第四讲　化学亲和力与热

讲课之前，我们再回顾一下水内部的两种作用力。除了水粒子间的相互吸引力使水聚集在一起形成液体或固体外，还有另外一种力。昨天我们用伏打电池破坏了这种作用力，从水中分解出两种物质。当用电火花点燃的时候，这两种物质相互吸引，再度化合成水。我提议今天继续探索化学亲和力的各种现象。因此，像昨天研究氧的性质一样——我这儿有两罐氧气（氧气是从水中提取的能助燃的物质），现在我们来研究水的另一组成成分——氢的性质。为了避免让大家对制得氢气的方法太过迷惑，我就从氢气的普通制法讲起（昨天我称之为氢，是因为它能通过化学反应生成水）。我将一些锌、水和浓硫酸加入到这个曲颈瓶中，反应即刻开始了，产生了大量气体。像昨天我们收集氧气时一样，氢气在水槽中冒泡并进入

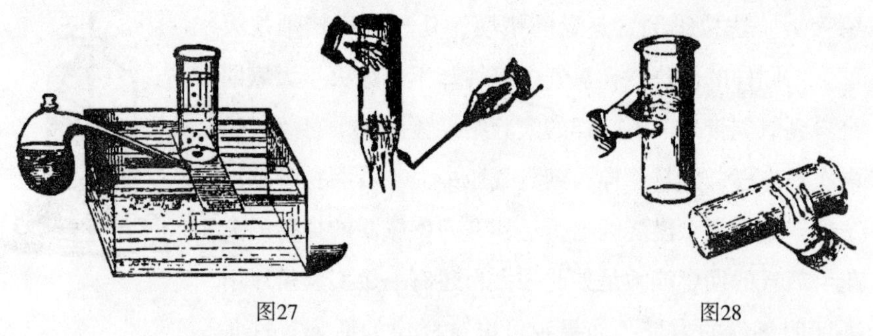

图27　　　　　　　　　　　　　　图28

到集气瓶中（图27）。

尽管这个过程与电解水有所不同，但结果都一样，制得了我们想要的气体——氢气。昨天我为大家演示了这种气体的一些性质，现在来演示它的一些其他的属性。氢气与氧气不同，氧气能支持可燃物燃烧，自己本身却不能燃烧，而氢气是可燃物。这儿是一个充满氢气的集气瓶，我这样拿着它，点燃，大家看到氢气被点燃了（图27），火焰不是很亮。但对于这燃烧，大家即使看不见，也能清楚地听到声音。这是一种与氧气完全不同的气体，它非常轻。昨天大家看到伏打电池电解水时，氢气的体积是另一端制得的氧气的体积的两倍，重量却只有氧气的八分之一。我为什么要把这个集气瓶倒过来呢？因为它非常轻，像这样把集气瓶倒置过来，氢气就能好好地装在集气瓶中，就像水好好地装在正常放置的容器中那样。当把装有氢气的集气瓶倒置的时候，我也能把氢气从一个集气瓶倒入另一个集气瓶，如同把水从一个容器倒入另一个容器。看我是怎样操作的。目前这个集气瓶里是没有氢气的，而我要把另一个集气瓶里的氢气向上倒入这个集气瓶里（图28），然后再来检验这两个集气瓶中的气体。用火苗点燃的方法测试，我们就会发现，氢气已从起初的那个集气瓶向上倒入了这一个集气瓶中。

大家现在应该明白了，一种物质之中可以有不同的微粒，且不同的微粒体积不同，重量不同。我这儿有两到三个有趣的实验能够证明这点。例如，我用自己体内的气体来吹肥皂泡，大家将看到吹出的肥皂泡在空气中下落。因为我吹入肥皂泡的是普通的空气，而肥皂水的重量使得肥皂泡在空气中下落。但如果我先吸入一些氢气到自己的肺部（尽管氢气对肺部没什么好处，但也没什么坏处），会有什么现象发生呢？（法拉第吸入一些氢气，在一到两次不成功的尝试后，他成功地吹出了一个漂亮的泡泡，庄严地、慢慢地上升至天花板，并在那儿破裂了。）尽管混合着来自我肺部的较重的有害气体以及肥皂水，氢气肥皂泡还是在上升。因此这个实验告诉我们氢气是一种多么轻的物质。我希望大家通过这个有关重量的实验认识到不同微粒间的巨大差别。接着我将演示这些很普通的东西——空气、水、最重的东西——铂，以及氢气，观察它们在这方面的差别。取这样大小的一点儿铂（图29），它的重量等于这部分水、空气以及装在球形容器中的氢气的重量。我相信这个分析实验能让大家更好地体会到，相同重量的不同物质所占的体积会有很大差别。（下面的表格列举出了图板上展示的内容，可供大家参考。）

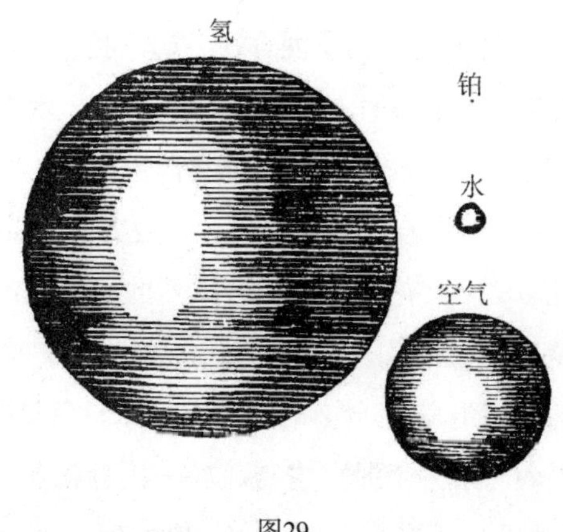

图29

氢气	空气	水	铂
1	14.4	11943	256774

任何时候氧与氢结合都能生成水，大家已经见证了水在外表特征和体积上与构成它的氢氧元素的巨大差别。现在我们还不能将氧气或氢气浓缩

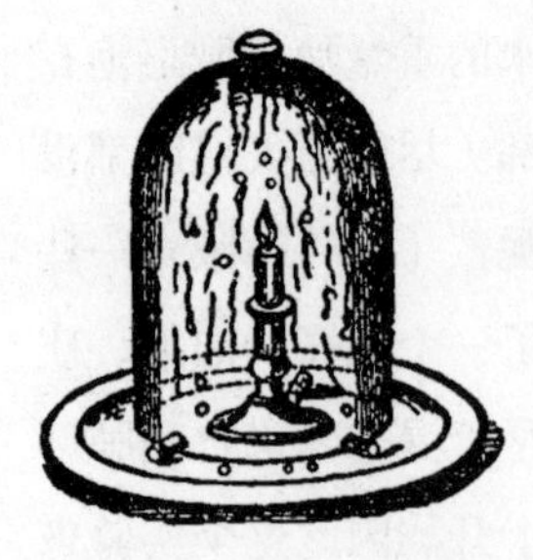

图30

成液态，但是当氢氧化合的时候，它们首先呈现出的就是液态，然后是固态。我们使氢氧这两种东西化合时，总是生成水。令人奇怪的是，大家经常在做氢氧化合生成水的实验，自己却毫无察觉。例如，点燃一根蜡烛，拿一个干净的银汤匙（一个干净的锡汤匙也行），把汤匙放到烛焰上方，很快汤匙上就会有水珠出现——不是烟，因为水珠不久就会消失。这个集气瓶会让大家看得更清楚，安德森先生将在蜡烛上罩一个集气瓶，大家将看到集气瓶上很快会出现水（图30）。瓶壁上那些微暗的地方很快就会形成水珠，然后水珠滴到盘子上。嗯，瓶壁上的雾气和盘子中的水珠就是空气中的氧与蜡烛中的氢结合生成的水。

我从一开始就让大家思考化学亲和力的概念，现在，我必须让大家明白，所有物质之间都有这种力，因为这种力总是以这样或那样的奇特方式改变物质的属性，而且还伴随着一些奇妙的现象。这里有一些氯酸钾和硫化锑[①]，我们要将这两种不同的物质混合在一起。我想告诉大家，在一般情况下，不同的物质在一起反应时，会发生一些现象。现在我能用好几种方法让这些物质发生反应。在本例中我要对混合物这样；但如果用锤子对混合物进行敲打，也能得到同样的实验结果。（法拉第用点燃的火柴接触混合物，混合物立刻爆发出火花，还伴随着浓烈的白烟。）你们看见的就是化学亲和力对抗微粒间的吸引力的结果。再做一个实验，这里有一点儿糖[②]，它是一种与黑色硫化锑完全不同的物质，你们会看见把这两种物质混合在一起会产生什么现象。（混合物与硫酸一接触就起火，渐渐烧完，并产生了比上个例子中更明亮的火焰。）看！化学亲和力作用于这些物质，使其着火，并使其投入到如此美妙的反应之中。

---

① 混合氯酸钾和硫化锑这两种物质时须特别小心，因为混合物非常危险，容易爆炸。必须分别把它们制成粉末，用羽毛将其在纸上混合，或者用小漏勺，分数次漏下。

② 氯酸钾与糖的混合物不需要与刚才相同的预防措施，可以把它们放在研钵里一起研磨而无需担心。1份氯酸钾和3份糖就好。混合物只能用玻璃棒滴入浓硫酸。

在接下来的一些例子里，我必须仔细考虑一下了。我们已经演示过化学亲和力的一种作用了，但要更清楚地认识它，我们还得了解一些。这儿有两种溶于水的盐[①]，它们都是无色的，像这样装在玻璃容器中大家根本看不出它们有什么不同。但如果我将它们混合，马上就会有化学反应发生。我把它们都倒入这个玻璃容器中，大家马上就能看见一些变化。看，它们已经变成乳白色了，但它们反应得比较慢，不像其他反应那样快，因为化学反应的速度各不相同。现在，我对它们进行搅拌好让它们充分接触，你们很快就能看见，结果完全不一样了。伴随着我的搅动，它们变得越来越浓稠。而且这液体开始变硬了，用不了多久它就会变得相当硬，在本次讲座结束之前，它会变成坚硬的石头——当然是一块湿的石头，但至少是坚硬的，这就是化学亲和力所带来的结果。两种液体发生反应，生成一种固态物质，这难道不是对化学亲和力的完美呈现吗?

关于化学亲和力还有一种值得注意的情况，那就是它要么能反应但不反应，要么马上就反应。这一点很奇怪，因为我们不知道这是引力还是内聚力的作用。例如，这儿有一些氧气，还有一块炭。我把炭放进氧气之中，它们能反应，却并没有反应，就像没点燃的蜡烛静静地立在桌子上，直到我们去点燃它。但在另一个例子中却不是这样。这儿有一种气态物质，就像氧气一样，如果我将这金属微粒放进去，它们马上就化合了。铜和氯通过化学亲和力的作用相结合，生成一种与它们都不同的物质。在刚才那个例子里，炭与氧气没有反应，并非由于它们之间的化学亲和力不够。因为如果我改变反应条件，使它们间的化学亲和力发挥作用，大家就会看到不同的实验结果了。（点燃木炭，伸入到氧气瓶中，木炭燃烧起来，伴随着闪亮的火花。）

现在木炭与氧气的化学反应正在自由地进行，就像我点燃蜡烛，就像佣人添煤点火。这些物质需要我们人为的启动，才会发生反应。还有比木炭在氧气中燃烧更漂亮的景象吗？不言而喻，正如大家所看到的，每一个

① 两种溶于水的盐：指硫酸钠和氯化钙。为了实验成功进行，溶液必须饱和。

小火星都是一点点黑色的木炭微粒在氧气中剧烈燃烧而产生的。现在我再讲一件事，不然大家也许就不能全面理解化学亲和力的效果。大家看到木炭在氧气中燃烧，嗯，一块铅也能在氧气中燃烧，事实上还会更加剧烈，它一与氧气接触就发生反应，就像那个容器中的铜粉和氯气那样反应。这儿有一块铁，如果我将其点燃，并伸入到氧气瓶中，它会像木炭那样燃烧掉。我要拿一些铅，为大家演示金属铅能与常温下空气中的氧气反应。这是我们那天用过的铅块——两块铅粘在了一起。现在我拿起它们，用力挤压，发现它们并没有粘在一起，因为这些金属铅吸引了空气中的氧气，在其表面生成了致密的薄膜——铅的氧化物，就像被刷了一层清漆，这是在铅块表面发生的一种燃烧或化合反应的结果。大家看到铁在氧气中燃烧得很好，接下来我要为大家解释为什么平常我们放在桌子上的剪刀以及这里的铅不会着火燃烧呢？这里的铅是块状的，表面还覆盖着它的氧化物膜。大家将看到铁表面的氧化物融化消失后，越来越多的铁开始燃烧。而在这个容器中（手持一个装有自燃铅[①]的玻璃试管），铅被精心地制成了粉末，密封在玻璃试管中，以便完好地保存。马上大家就会看到它着火燃烧。这是一个月前就做好了的，为了让它有足够的时间恢复到常温，大家将看到的实验现象仅仅是化学亲和力的效果。（试管末端被打破，铅粉被洒在一张纸上，立刻就着火了。）看！这些铅燃烧起来了！哇！它点燃了那张纸！这不过就是非常干净的铅与空气中的氧气之间存在的化学亲和力而已。而铁平常不会燃烧，除非我们把它加热到红热的时候，它才会与空气中的氧气发生反应，其原因是：常温下铁的表面形成了它的氧化物膜，阻止了铁与氧气的继续反应——像表面被刷了一层清漆，表面的氧化物完全阻止了物质间化学亲和力的发生。

现在我必须把对化学亲和力的阐释，或者说对它的思考给大家讲得再深入一点。令人非常好奇的是，不同的微粒，在已经和其他物质化合了的

① 自燃铅：这是一种酒石酸铅，在玻璃试管中加热后变红，水汽逸出。一旦试管中的环境不再变化，应封住试管口并冷却。

情况下，它们之间还可能存在这种吸引力。这儿是一点内含氧元素的氯酸钾，昨天我们发现可以用它制得氧气。它之所以含有并固化氧，是因为氧与其他物质的化学亲和力，但正如大家看到的那样，它含有的氧依然能与糖化合。这就证明了化学亲和力可以跨物质产生。接下来我想让大家观察化学亲和力的作用——燃烧的奇妙现象。我拿一块磷，点燃它，再在上面罩一个集气瓶，我们看见了，由于化学亲和力的缘故，此刻磷正在燃烧（燃烧就是物质之间存在化学亲和力的结果）。磷正在以气态形式散逸，这次讲座结束的时候这种气体物质将凝成白色块状。但是，如果我隔绝了空气，它会怎样呢？哇，磷甚至会熄灭。这儿有一块樟脑，在空气中能很好地燃烧，即使被扔进水里也能在水中到处浮动，因为其中一些微粒能接触到空气，所以也能燃烧。但如果用一个广口瓶罩在它上面来限制氧气的量，就像现在这样，大家看到樟脑丸会熄灭。嗯，那么它为什么会熄灭呢？不是因为缺少空气，钟罩内已经有足够的空气。大家都很聪明，也许你们会说那是因为缺氧。

因此，这就引导我们思考，是否氧气能无限工作。这里的氧气（图30）不能供无限的蜡烛来燃烧，因为正如大家看到的那样，氧气已经消耗完了。所以氧气的化学亲和力也是有限的，不像万有引力那样能减弱或者增强。大家可以迅速地破坏引力，或重力，或存在的任何事物，就像破坏氧气所产生的力一样。而当我说出8份重量的氧气与1份重量的氢气结合生成水，我的意思是它们之间不会以别的比例进行反应。我们无法使10份重量的氢气与6份重量的氧气完全反应，或是10份重量的氧气与6份重量的氢气完全反应，而必须是8份重量的氧气对应1份重量的氢气。现在我就用这种方式来限制反应。大家看到这块脱脂棉在空气中能很好地燃烧，而且我还知道有这样的事情：当纺织厂里散布在空中的细小棉花颗粒碰巧遇着了火苗时，纺织厂就会像点着了火药一样燃烧起来，从一头烧到另一头，并且爆炸开来。那是因为棉花对氧气的化学亲和力的缘故。但是如果我给裹得紧紧的棉花点火，它就不会燃烧了，因为我们限制了氧气的供给，裹在里面的棉花接触不到空气中的氧气，就像铅的表面覆盖了氧化物。但这里有一些棉花，其周围充满了氧（现在不谈这种棉花的制作方式），它叫作火棉[①]。大家快看它是如何燃烧的（点燃一片）。因为需要的氧气被提前包裹在其周围，这种棉花的燃烧与其他棉花非常不同。我这儿有几张制作方式类似火棉的纸[②]，纸的内部充满了氧；这儿有一些在硝酸锶中浸泡过的纸，大家将看到它燃烧时产生的漂亮的红色火焰；这是一些我认为含有氧化钡的纸，其燃烧时会发出绿光；这儿还有更多在硝酸铜溶液里浸泡过的纸，它的火光没有那么明亮，但也很漂亮。上面所列的这些纸的燃烧都不需要用到空气中的氧气。这儿有一些火药，为了向大家演示它能在水里面燃烧，我们把它放进一个盒子中。大家知道，我们平时把火药放进枪里，隔绝了空气，但它本身自带微粒所需的氧气，如果没有这些氧气，化学反应就不能进行。这个容器里已经装满了水，我把引火线放入水中，大家看水会不会让引火线熄灭。看这儿，它在空气中燃烧，在水里它还在继续燃烧，它将像这样一直在水中燃烧，直到烧尽，因为它本身附带着足够的氧气。正是由于不同微粒间的这种吸引力，我们才能探索到化学亲和力以及对化学亲和力的各种运用。

接下来，我想让大家仔细观察如何运用这种非常重要的、被称为“化学亲和力”的能力来制造热和光。大家都知道，物体燃烧会放出热量。令我们好奇的是这种热量无法保持，燃烧结束后热量也消失了。如我们所见，热量存在的时间长短取决于燃烧进行的时间长短。它不像万有引力，一直都存在，铅块从掉落到桌子上的那一刻起，就一直对桌子有压力。掉落的动作一旦完成，什么事都不会发生，压力会一直存在，直到我们把铅块从桌子上拿走。但是，对于发光发热的化学反应来说，反应结束，光与

---

① 火棉是通过把脱脂棉浸入硫酸和最强的硝酸的混合溶液里，或浸入硫酸和硝酸钾的混合溶液里制成的。

② 制作方式类似火棉的纸：纸应当是吸水纸，必须在10份浓硫酸加5份冒烟的强硝酸的混合溶液里浸泡10分钟；随后，纸必须用温热蒸馏水彻底洗干净，然后小心地以温热烘干；最后，把纸浸入一些盐的热溶液，使之浸透氯酸钾，或氯酸钡，或硝酸铜。（参见《化学新闻》第1卷，第36页。）

热的释放也随即结束。这盏灯似乎不断地释放光与热，事实上这是由于空气流不断地从各个方向为它输送氧气，只要停止了氧气的供给，这个发光发热的化学反应也就停止了。那么这还能算是持续的热吗？噢，这是另一种物质之力的演化——一种对我们来说全新的力。我们得像第一次接触到它时那样来审视它。热是什么？热能把固体变成液体，把液体变成气体，能够引发化学反应，还能经常阻止化学亲和力。那么我们怎么获得热呢？其有各种各样的方式，最主要的是通过化学亲和力的方式。当然还有其他很多方式。摩擦能生热，印第安人摩擦木头，直至热得足够生火；类似的还有，用两根树枝使劲地互相摩擦以致使树木着火；我想我还不能通过摩擦使这两块木头着火，但能容易地制造出足够的热量来点燃一些磷。（法拉第用了一分钟时间用力地摩擦两块雪松木，然后在它们上面放了点儿磷块，结果磷块立刻就着火了。）如果把一枚光滑的金属纽扣粘在一块软木上，再把它和软木相互摩擦，结果金属纽扣会热得能烫坏纸，能点燃火柴。

接下来我为大家演示，不靠化学反应而是利用气压来获取热量。我取一个棉花球，用醚液润湿棉花，然后把棉花放入玻璃试管（图31），再用一个活塞迅速地向下压缩试管里的空气，我想这样应该能够烧掉一点试管里的醚。动作必须迅速，不然就达不到预期的实验效果。（活塞被用力压下，醚液被点燃了，试管底部出现了可见的火焰。）我们需要做的就是将醚变成气体，每次补充新鲜空气，这样我们就能一遍又一遍地重复，通过压缩空气产生足够点燃气体醚的热量。

图31

关于怎么制造热量，这个实验加上大家以前看过的那些，应该已经足够了。关于这种力的功效，我们现在不需要考虑太多，因为之前在观察冰融化为水，水蒸发为气体的时候就已经了解到运用热的两种主要结果。现在我想让大家看看热能使所有物体膨胀的作用，在有限环境下的物体除外。安德森先生会把灯拿到曲颈瓶下面，由于瓶内空气受热膨胀的原因，大家会看到大量的气体从水线以下的瓶颈跑出。这儿有一个铜棒

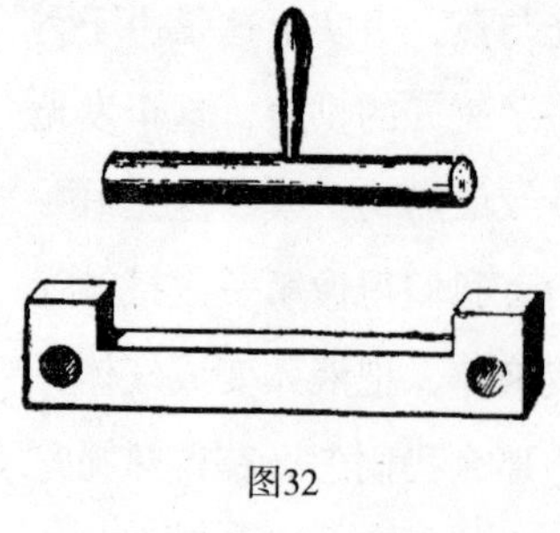
图32

（图32），刚好能通过这个口径，也刚好能插进这个仪器。但如果我用酒精灯给铜棒加热以后，它就只能勉强地通过这个口径或插进这个仪器；而如果我把它放入热水中浸泡之后，它就完全不能通过了。而热量一旦散去，物体又会收缩：看安德森把酒精灯拿开后瓶内气体的收缩情况，瓶颈聚满了水珠。大家还可以看到，当我把热铜棒放到冰水中冷却后，它就能通过这个口径或插入仪器了。因此我们有很好的证据证明，热有能力使物体膨胀和收缩。

第五讲　磁与电

我在想，今天是否应该讲些深奥的东西。还记得我们讲过的万有引力吗？世界上的所有物质仅仅靠近就会相互吸引。还记得我们讲过的同种物质内部微粒间相互吸引的力吗？这种吸引力使相同的微粒聚成一团，铁吸引铁，铜吸引铜，水吸引水。还记得吗？我们研究水的时候发现两种不同性质的微粒相互吸引，这是一种比简单的万有引力进了一大步的力，因为它存在于不同性质的物质之间。氢能吸引氧化合生成水，但氢分子之间却不能相互吸引发生化学反应，这便是我们搜集到的存在两种吸引力的第一个例证。

今天我们要研究的是一种比化学亲和力更加令人好奇的，一种有着双重性质的力——令人好奇的双重性质。首先，我想让大家明白这种双重性质是什么。有时候物体被赋予了神奇的魔力，尽管正常情况下人们并没有发现它的这种神奇力量。例如，这儿有一根紫胶棒，它有重力和内聚力，如果给它点火，它还会表现出对空气中的氧气的化学亲和力，以上这些力似乎都与紫胶棒这种物质本身有关；但是虫胶还具有一种性质，待会儿我会用这个球——这个气球（一个充满了气体并用线挂在空中的轻的弹性橡胶球）来证明。现在，这个球与紫胶棒之间没有吸引力，可能是房间里的风轻微地吹动了橡胶球，但现在橡胶球与紫胶棒之间确实是没有吸引力的。但如果我用一块法兰绒布来摩擦紫胶棒（摩擦紫胶棒，接着让它靠近橡胶球），看紫胶棒经过摩擦后释放出来的吸引力，而我把紫胶棒放在手掌中轻轻拉动就可以将其消除掉。（法拉第重复了刚才使紫胶棒带上吸引力的实验，又在手掌中拉动紫胶棒从而消除了该吸引力。）大家看，我还能用另一种物质来做刚才的实验。我用一块表面有"汞齐"的丝绸来摩擦一根玻璃棒，看看它会产生什么样的吸引力，它又是怎样将小球吸引过来的，然后我像刚才那样让玻璃棒在手掌中轻轻摩擦，吸引力就消失了，而再用丝绸摩擦，它又会产生吸引力。

现在我们再来演示一个实验。我拿一根紫胶棒，通过摩擦让它具有吸引力。记住，不论什么时候我们获得了重力、化学亲和力、内聚力或者电（就像这个实验一样），产生吸引的物体同时也在被吸引，正如这个橡胶球被紫胶棒的力吸引的同时，紫胶棒也被橡胶球以同样大小的力吸引。现在我要把这块摩擦过的紫胶棒悬挂起来，挂在一个小小的纸马镫里，像这样（图33），以便让它轻易移动。我再拿一根紫胶棒，用法兰绒摩擦，再让这两根紫胶棒靠近，你们可能会以为这两根紫胶棒会相互吸引，但现在发生了什么？它们并没有相互吸引，相反，它们强烈地互相排斥着，因此我可以让悬挂着的紫胶棒任意转动。所以，结论是这两根紫胶棒互相排斥，尽管它们都带有很强的吸引力——相互间强烈的排斥使得悬挂着的、并不轻的紫胶棒可以在空中任意转动。但如果将一根被法兰绒摩擦了的紫

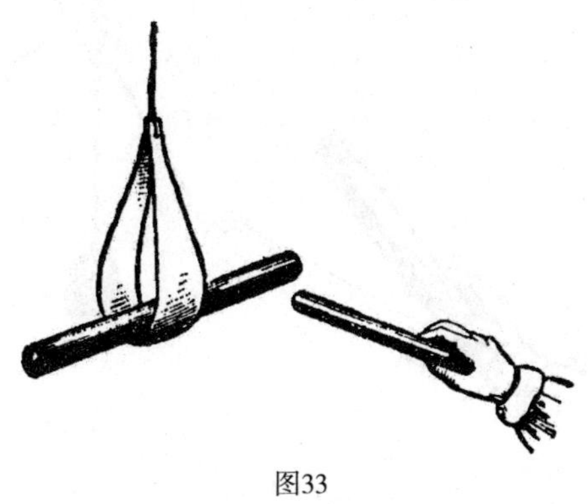

图33

胶棒与一根被丝绸摩擦过的玻璃棒靠近，大家认为又会怎样呢？（法拉第把摩擦过的玻璃棒靠近摩擦过的紫胶棒，只见它们立刻便吸引在了一起。）大家看，这两种吸引力的区别是多么明显。这两种力与我们之前讲过的那些力有显著的区别，但是这两种力应该是同一性质的力。因此在这儿，我们得到了一种双引力——双重效果作用力——吸引和排斥。

我们再做一个实验，以帮助大家理解。我来做个粗略的指示装置（悬挂着的纸马镫里放了一根摩擦过的紫胶棒）：虽然只是个简易装置，但它足以为我们的实验提供足够精确的指示。我拿另一根紫胶棒，在手掌中轻轻除去静电，再取一块已做成帽子状并且已烘干的法兰绒（图34），接下来我把这根紫胶棒放进这个法兰绒帽子中，将会出现一个漂亮的实验结果。让紫胶棒与法兰绒摩擦（我可以通过转动紫胶棒来实现），然后让它们保持接触，再将它们靠近这个指示装置，这个使其相互吸引的力究竟是什么呢？什么都不是，没有反应。但如果我将它们分开，然后分别检测，又会有什么样的反应呢？为什么紫胶棒会像之前一样被强烈地排斥，而法兰绒帽却被强烈地吸引？如果我将紫胶棒与法兰绒帽放在一起，它们之间又不存在吸引力，其全都消失了（重复刚才的实验）。因此实验得出的结论是，紫胶棒与法兰绒摩擦之后，两者都带有了那种吸引力。尽管把它们放在一起检测时没有反应，但大家都见证了它们被分别拿去检测时是有吸

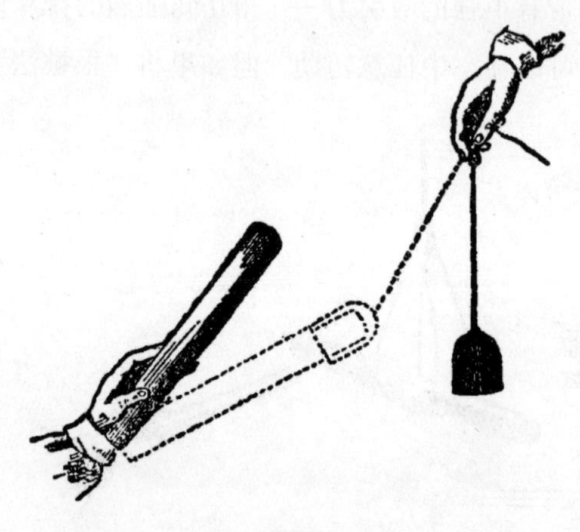

图34

引力的。

那么，这些足以让大家对这种叫作“电”的力量的性质有一个初步认识。我们能从不计其数的物体那里获得这种力量。你们回家后，可以用一条封蜡棒——我这儿有一个比较大的，但小号的就行了——做一个这样的指示装置（图35）。取一块玻璃，大家的手表就行，只需要一个表面是圆形的东西就可以了。在其表面上放一块平板玻璃，这样就做好了一个容易转动的装置。如果我取一块木板条放在平板玻璃上（大家看我在找木板条的重心，好让它在平板玻璃上保持平衡），木板条要转动很容易。现在取一块封蜡，把它在我外套上摩擦，然后试试它是否带电（将它靠近木板条），大家看到吸引力很强，我甚至能以此拖动木板条。现在，大家已经见识过一个非常精准的指示装置了，因为我用封蜡和外套就拖动了那样一块木板条，大家就不必再使用其他装置去证明这种吸引力的存在了。我们几乎是要物尽其用了，这里有一些指示装置（图36）。我将一个纸条弯曲成了一个圆环，就做成了一个很好的指示装置了。看看它是如何跟在封蜡条后面滚动的！如果将圆环做得更小些，它就会滚动得更快，甚至可能被吸引得飞起来。这儿是一个火棉胶气球，它太容易带电了，以至于它几乎不会离开我的手，不是这只手就是那只手。电是一种多么神奇的东西啊！当我去触碰带电的东西时，自己往往也会带电。这个带电小条会吸引所有靠近它的东西，还不容易掉下来。这儿有一些薄条状的胶木胶，真令人惊讶，与手掌摩擦，它居然能带电。由于时间关系，我们现在不能对其进行深入的研究。现在大家清楚地知道了通过紫胶棒与法兰绒摩擦以及玻璃棒与丝绸摩擦，我们可以获得两种电。

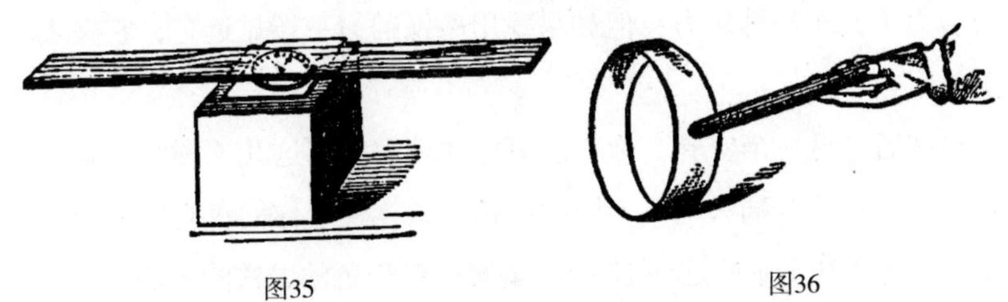

图35　　图36

自然界中还有一些神奇的物体（桌上有两个样品），我们叫它磁铁或者天然磁石。这儿有很多，都是从瑞典带来的。它们不仅具有重力、内聚力、某种化学亲和力，而且还具有强大的吸引力，看这个小钥匙被这块磁石给吸起来了。这种力不是化学吸引力，不是化学亲和力，不是微粒间的聚集力，也不是内聚力，更不是电（因为当它与橡胶球靠近时它并没有吸引球），它是一种独立的双重吸引力，另外，这种力不会轻易地从磁石上消失，因为在地下，磁石的这种力已经存在了无数岁月。现在我们已经能做出人造磁铁了（明天大家就能看我做一块力量强大的磁铁），我们要拿一块人造磁铁检查一下，看看这个吸引力在这个物体的什么地方，看看它是不是双重的力。你们看它吸起了两三把钥匙，它还能吸起更大的一块铁呢。事实上，它与紫胶棒实验中的力完全不同，紫胶棒只能吸起一个非常轻的小球，而这个磁铁能吸起好几盎司的铁。如果进一步研究这个吸引力，我们还会发现它与其他的力有明显的区别。大家看，这个磁铁的一端吸起了这些钥匙（图37），而磁铁中间却没有吸起钥匙。因此，我们认为不是整个磁铁都能吸引东西。如果我将这个小钥匙放在磁铁中间，它不能附在磁铁上；但是如果我将小钥匙放在这儿，更靠近磁铁末端的地方，它就被吸住了，尽管不是很稳。那么，得出“磁铁两端具有吸引力而中间没有”这个结论就不十分奇怪了，因此，一条磁石的两端才具有吸引力。如果我在这个磁条上找到某个点使其平衡，它就能自由转动，我就能测试出这块铁对它有什么影响了。哇！它的一端能吸引铁块，另外一端也一样，就像大家在紫胶棒实验和玻璃实验中看到的一样，只是磁条中间不能吸引铁块。但是现在，我拿的不是铁块，而是一块磁铁，我用同样的方法对其进行测试。你们看到其中一端在排斥这个悬挂的磁条，这个力就不是吸引力了，而是排斥力；但如果我用磁铁的另一端靠近它，它又表现出吸引作用。

也许通过另一个实验，你们能更好地理解它。这儿（图38）是一个小磁针，我将它的两端涂上了不同的颜色，这样便于你们将它们区分开来。这个磁条（图37）中的这一端（*S*）能吸引没染色的磁铁的末端。大家看，

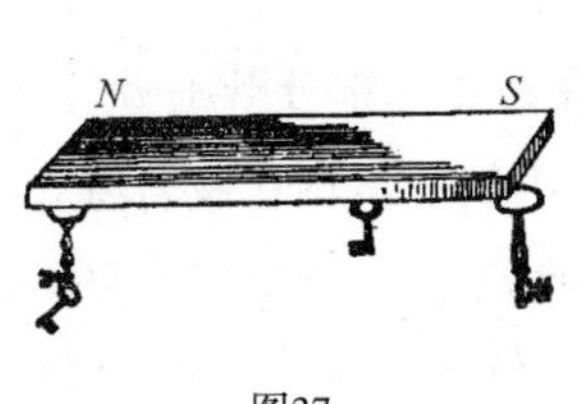

图37

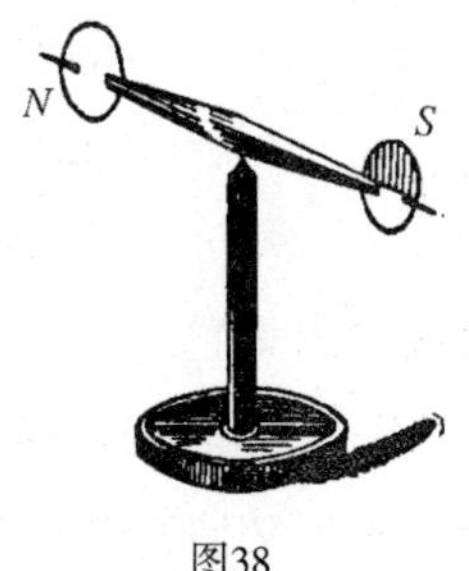

图38

它强力地将磁铁吸引过去。我让磁条转动起来，这个没染色的磁铁仍然紧随其后。但是现在，我若渐渐让这个磁条的中间部位靠近这个针的没染色的一端，一点儿反应都没有，不论是吸引还是排斥，直到另外一端（*N*）靠近它时，你们看，这个染色的针端被吸引了过去。现在，我们遇到的是分别吸引磁铁两端的两种不同的力——一种双重的力，它们以吸引和排斥的形式存在于这些磁石之中。现在我给它们贴上磁力这个标签，你们要明白我说的就是这种双重的力。

使用天然磁石可以人工制造磁铁。这里就是一块人造磁铁（图39），它的两端被弯在了一起，这样可以增加磁力。这块磁铁可以将那块铁吸起来，另外，将这个叫作衔铁的东西放在磁铁上方，拿起这个把手，它的磁力足以将自己提起来，这个磁力还真是强大啊！如果你拿一根针，将针的一端在磁铁的一端上拖动，然后将针的另一端在磁铁的另一端拖动，然后轻轻地将它放在水面上（通常情况下，针会因为从手上粘得的少许油脂而附在水面），你可以使用另外一根被磁化了的针，来充分感受所有关于吸引力与排斥力的现象。

图39

尽管我向大家演示过，在磁铁里这种双重力主要集中在它的两端，但现在我会让你们看到这整个磁铁都有磁力。乍一听，有点奇怪，我得做个实验来证明这不是偶然，这整个磁铁确实都具有磁力，就像它下落时每个部分都受到重力一样。这儿（图40）有一根钢条，我在这个大磁铁（图39）上摩擦它，让它变成磁铁。我已将它的两端分别磁化了。现在我们还

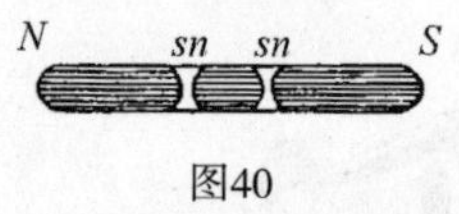

图40

不能区分这两端，但马上就可以了。你们看，当我让它靠近小磁针（图38）时，一端表现出吸引，另一端表现出排斥；中间部分既不吸引也不排斥——它没有反应，因为它处在这两端的正中间。但现在我若将它（*N*，*S*）折断，再对其进行观察，看看其中一端（*N*）是怎样强烈地和这端（*S*）（图38）相吸引的，又是怎样与那端（*N*）相排斥的。这可以说明磁铁的每个部分都是具有这种吸引力和排斥力的，只是这种力只在磁铁的两端表现得更为明显。用不了多久大家就都明白了，但你们现在要知道的就是，磁铁的每一个部分本身都是一个小磁铁。这是一块我从磁条最中央部分弄下来的小碎片，你们依然能看见这么小的碎片的两端分别表现出吸引力和排斥力。这难道不是最奇妙的一种力量吗？很奇怪的是，它能从一种物质上获得，也能传递给其他物质。我们不能让一块铁或者其他物质变重或是变轻——它肯定具有内聚力，事实也确实如此，但是正如你们在实验里看到的，我们可以任意增强或是减弱它的磁力。

现在我们要花一点时间回到我们本节课开始时所说的主题上。这儿（图41）是一个用来让玻璃棒与丝绸相摩擦从而获得叫“电”的动力的大装置，这个装置的把手转动的时候呢，你们可以通过指示装置（在*A*处）上的麦秸指针的上升知道一定量的电在随之产生。从麦秸末端上的髓球所产生的排斥现象来看，有电出现在黄铜导体（*B*）上。我想让大家看看电

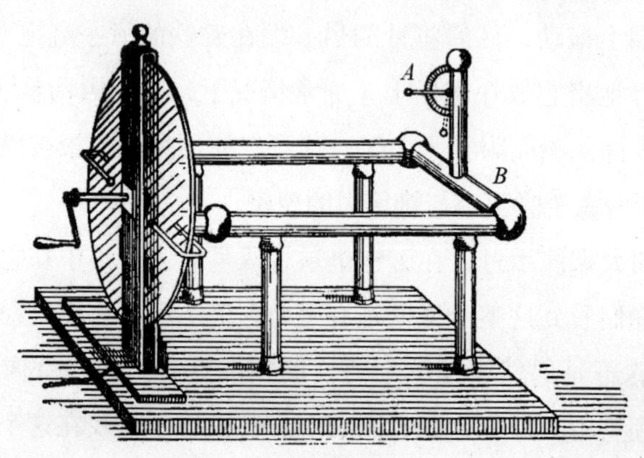

图41

传递的方式。［法拉第用手触摸导体（B），它发出了一道电火花，静电计指针立刻就向下移动了。］它不在那儿了，大家看到，我通过这样一个动作把电带走了。如果我握着这个玻璃把手拿起黄铜圆筒，并用它接触这个导体，这就能带走一点电。你们看见了这过程中所产生的火花，注意观察带球的小指针向下移动了一点，这好像说明许多电都丢失了，但电其实并没有丢失，它在这个黄铜圆筒里呢。我可以将它转移并且传递，不是因为电是有形的，而是因为一些我们还没有讲到的电的特性。我来检测一下圆筒中有没有电。（法拉第将圆筒拿到一个正在喷气的喷嘴旁边，有电火花从圆筒上传递到喷嘴上，但是气体并没有发光。）啊！这气体并没有发光，但你们看到火花了不是吗？也许，这屋子里有风将气体吹到了一边，否则，它应该亮起来的，过一会我们再来做这个实验。从刚才产生的火花你们就应该明白了，我能将电从这个发生装置上转移到圆筒上，再把它传递到其他物体上去。

大家都知道，在实验中，我们可以将热量从一个物体转移到另一个物体，我把手放到火边，手就变热了。我可以用放在大家面前的球来证明这一点，这个球刚烧得火红。如果我将这根金属丝压在热球上，那么一部分的热量就会转移到金属丝上，现在我再让火棉与这根金属丝接触。这样你们就明白了，热量是怎样从热球转移到金属丝，再从金属丝转移到火棉上的。因此有些能量是可以转移的，有些则是不可转移的。注意观察热量能在这个球上停留多长时间。我要用这根金属丝或是我的手去触碰这个球了，如果我动作够快的话，兴许不会烫到手；反之，如果我用手指去摸那个圆筒的话，不论我的动作有多快，电马上就消失了——以一种值得我们深思的方式瞬间分散了。

我必须占用大家一点时间，讲讲这些能量从一个物体传递到另一个物体的方式，因为能量转移或是传递的方式实在特别，而且这也是我们理解学习的重中之重。现在我们就来探究这些能量是怎样传递的吧。热能与电能都可以转移，这儿有一个我做的装备，它可以让我们知道热能是怎样转移的。它有一根铜条（图42），如果我把一个酒精灯（这是获得热量的一个办法）放在这个小烟囱下面，它的火焰就会包围铜条并把它加热。现在你们清楚热量正在从酒精灯的火焰传递到铜条上，不久你们就会看到热量在铜条上是从一个微粒传到另一个微粒上的，因为我在铜条上从最先受热的地方开始，每隔一定距离就用蜡粘上了一个木球，随着热量的传递，第一个木球会最早掉下来，接着是第二个，这样你们就知道热量是沿着铜条慢慢传递的了。与电比起来，热量的传递非常之慢。如果我拿一个木质圆筒和一个金属圆筒，让它们尾部相连，再用一张纸把它们裹起来，再将这个酒精灯放在它们的连接之处的下方，你们会看到木头上的热量是怎样累积起来并将我裹在上面的纸给烧掉；但是金属就不一样了，热量扩散得太快了，不足以将纸点燃。因此，如果我将一块金属和一块木头连接在一起，然后再把火焰均衡地放在它们下方，我们很快会发现金属块比木头热得快；如果我在木块和金属块上各放一点儿磷，我们会发现铜块上的磷在木块上的磷融化之前就燃起来了，这也说明木头非常不善于导热。但说到电的传递，那速度简直惊人。我要拿一些金属片和一些玻璃片，通过一两个实验，大家很快就会明白玻璃片不会丢失它与丝绸摩擦所获得的电。我让这个黄铜圆筒接触到这个电力装置，大家看电是怎样离开它并转移到黄铜圆筒上的。如果我拿一根金属棒去接触这个电力装置，电流计上的指针会向下移动；但我若用一根玻璃棒去触碰它，没有电会消失，这说明电在玻璃上的传递与电在金属上的传递完全不同。为了让你们看得更清楚，我们要用到一个莱顿瓶。我不能用这个题目来继续为难大家了，但是我拿一

图42

块金属让它连通圆球的顶部以及金属涂料的底部，你们会看到电在空气中像闪电般穿过。它穿过空气的时间几乎让人察觉不到。如果我拿一根长长的金属丝，不论多长，只要是我们能想象到的长度，我让它的一端在外面，另一端接触这个圆球的顶部，来看看电是怎样传递的！它瞬间就传遍了整根金属丝。难道这与热量在这个铜条（图42）上的传递一样吗？那可是花了15分钟甚至更长的时间才传递到第一个小木球那儿的。

这儿还有一个实验，演示的是电在某些物体上能传递，但在其他物体上不能传递。为什么我要用黄铜来做我们的装置［指着这个发电装置中的黄铜（图41）］？当然是因为它能导电。为什么我也要用玻璃来做这些圆柱呢？因为它能阻止电流的传递。为什么我在这个玻璃柱顶部的木杆上放上这些纸条（图43），并通过一根电线让它与这个发电装置相连接呢？一转动机器的把手，大家就知道原委了。机器转动产生的电通过电线传递到木杆上，再传递到顶部的纸条上，你们会看到电所产生的排斥力使这些纸条向外朝各个方向竖起来。电线的外部用胶木胶覆盖着，如果你用手指去触摸这个电线的话，胶木胶不能对你起到保护作用，因为它会破裂，但这也正符合我们本次实验的目的。因此你们明白了通过选择能够导电的材料，我就能轻易地输电。如果我要点燃一堆火药，我完全可以通过电的传递来完成。我要用 个莱顿瓶或者其他能提供电的装置，还得准备一根电线（这样才能将电运送到目的地），然后在电线的末端放上一点火药，我一让这个电线杆通电，火药就会燃起来（接通电路，火药燃烧了）。如果我给你们解释一下像这样的凳子的结构，你们就能明白使用玻璃做凳脚是因为它们能阻止电传导给大地。因此，

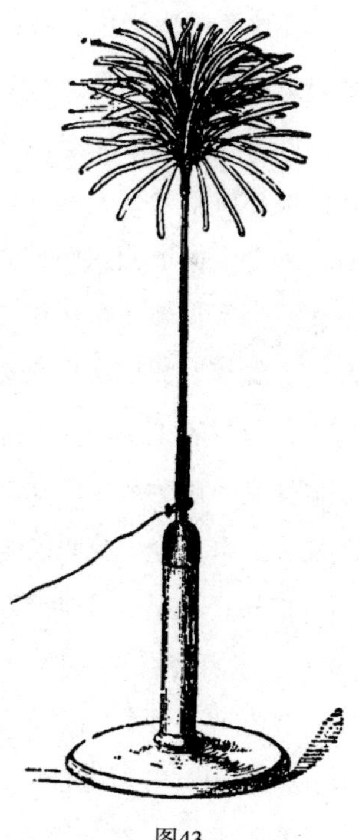

图43

如果我站在这个凳子上，并通过这个导体接收电，那么我可以将电传递给任何我接触到的东西。（法拉第站在绝缘的凳子上，并接触这个发电装置的导体。）现在我也带电了，我感觉到头发都立起来了，就像刚才那些立起来的纸条一样。看看我是否能通过手指去触碰喷嘴而将气体点着。（法拉第将手指靠近一个有气体逸出的喷嘴，在一两次尝试后，他手指冒出的火花将气体点燃了。）现在大家知道电是怎样从产生它的物质那里转移，然后通过金属或其他物体进行传递的，也知道了它如何被运用到一些新的领域中，这些又是我之前讲的那些力所不能做到的。现在你们完全可以将电力与我所讲过的那些力做一个对比，明天我们将对这些可转移的力做进一步的研究。

第六讲　物理力之间的相互关系

在这些讲座当中，我们经常见到，这些我将其名字写在黑板上的物质之力量或能量中，有一种总是因为受到其他某种力的影响而产生一定的结果。除了吸引之外，大家肯定见过电的其他作用方式，大家肯定见过电将其他物质结合在一起，或是通过化学作用方式将物质分解，因此，这就有了一个实例证明这两种力量之间有关联。但是还存在比这更深层次的关系，我们不仅要了解一种力怎样去影响另一种力——热量怎样影响化学亲和力，等等，我们更要努力去弄清楚它们之间究竟有怎样的联系，以及这些力是怎样转变为其他力的。今天我要竭尽全力——当然你们也一样——来搞懂它。因为弄明白力之间的所有关系以及它们之间的转变，是超出人类能力的事，今天我只能举一两个例子。

首先，这是一片薄薄的锌箔，如果我将它切成细条并且在空气中对其加热，你们会看见它燃烧起来。看见它燃烧，大家会说这是一种化学反应。现在我需要做的就是拿着这片锌，将它送到火焰边上，好让它受热，并让周围的空气与之接触。这片锌就像木头一样燃起来了，只是比木头的火焰更亮些。一部分锌以白烟的形式进入到空气之中，另外一部分落在了桌子上。这就是锌与空气中的氧气的化学亲和力所带来的结果。我会给大家做一个实验，演示这种亲和力是多么奇特，你们若是第一次看到，会觉得相当惊人。这儿有一些铁粉和火药，我要将它们小心地混合在一起，操作尽可能不要太粗鲁。现在，我们来比较这两种物质的可燃性。我在这个盆子里倒入一点酒精用来点燃它们，看到火焰后，我把铁粉与火药的混合物倒下去，这样两种物质能拥有同样的燃烧机会。现在燃烧的是铁粉还是火药？大家看，铁粉燃烧得很旺。但我希望你们也注意到了，尽管具有同样的燃烧条件，现在绝大部分火药还是原封不动。我必须把酒精排干了，好让这些火药干燥。这要不了几分钟，然后我会用一根点燃的火柴来检测它。铁粉是如此容易着火，在这种情况下，竟然比火药还先着火。（火药一干，安德森先生就将它递给了法拉第教授，法拉第用一根点燃的火柴接触火药，突然间火药爆发出了一道火光，证明了它刚才在酒精火焰中时，有很大一部分没有燃烧。）

这些都是关于化学亲和力的实验，我给大家看这些，为的是下面我们马上要研究的一种陌生的化学亲和力，然后还要研究，我们能将这种亲和力转换多少到电或是磁中，或是其他任何我们学习过的力中去。这儿有一些锌（仍然使用锌，是因为它很好用），将它与硫酸混合，我能制得氢气。我已把它们放在那个曲颈瓶中了，你们看它们生成氢气了——锌将水分解，随之释放出氢气。经验告诉我们，如果加一点汞进去包住锌，汞并不会剥夺锌对水的分解能力，但是它却非常奇怪地改变了这种能力。看看现在瓶子里反应多剧烈，但我若加一点汞进去，气体就停止逸出了。现在很难看到哪怕一个氢气泡泡，反应暂停了。我们并未消除化学亲和力，只是以一种美妙的方式将它改变了一下。这儿是一些被汞包围着的锌，就和瓶子里的那些是完全一样的。如果向这个盘子里倒入硫酸，什么气体都不会产生。但是如果在锌旁边放入另外一种不那么可燃的金属，再重复刚才的操作，最奇妙的事情即将发生。我现在要给曲颈瓶内的汞锌加一些铜丝（铜不像锌那样可燃），看看我是如何再次获得氢气的，就像在第一次实验中那样。那儿，集气槽中冒气泡了，并在瓶子中上升得越来越快。锌与铜接触后又开始反应了！

现在我们所做的每一步，都将我们引入一个新的知识领域中。你们看见的冒出的大量氢气并不像以前一样来自锌，而是来自铜。这个瓶子里装有一种铜的溶液，如果我把一块这种汞锌放进去，让它泡在里面，几乎不会有任何反应。这儿还有一片铂片，如果我把它放在同样的铜溶液里，放上几个小时、几天、几个月，甚至几年，什么反应都不会发生，但是，如果将它们都放在一起，并使之接触（图44），你们马上会看见一块铜衣包裹在铂片上。为什么会这样？铂无法靠自己将铜从溶液中置换出来，但是在与锌接触之后，它就能通过一种神秘的方式获得这种力量了。现在，你们看到的就是，一种化学力量从一种金属神秘地转移到另外一种金属上——锌的化学能量通过这两种金属之间仅有的联系转移到了铂上。我可以不用铂，而是一块铜或者银，它们不会独自与铜的溶液发生反应，但只要加入锌并让锌与它接触，反应立即会发生，银块上就会覆盖上铜。这难道不是最奇妙最漂亮的事情吗？我们依然拥有与那些正在反应的锌微粒一模一样的化学力。但是，我们还能以一种奇特的方式，把这种化学力或者它的产物，从一个地方转移到另一个地方。通过一个奇特的实验，把锌和铂放进同一种液体里并使它们保持接触，我们就能使这种化学力从锌上转移到铂上。

现在我们来进一步研究这种现象。这儿有幅图（图45），我画了一个盛有酸液的容器，里面是锌条、铂或铜条，让它们通过金属丝在容器外面连通（因为不管是在溶液内还是在溶液外连通，都不影响实验。通过金属

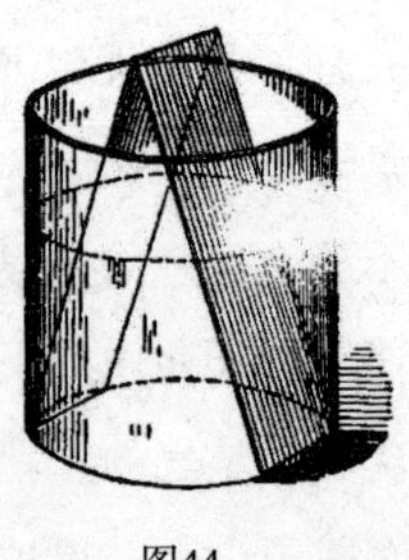

图44

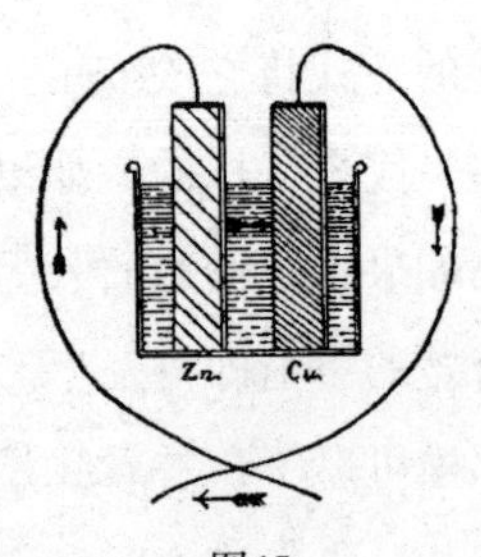

图45

丝的连接，它们就能发生化学能量的转移）。现在，如果我不像图上那样只用一个容器，而是用三个，然后分别在这三个容器内放入锌和铂、锌和铂、锌和铂，然后将这个容器中的铂与那个容器中的锌连通，再将一个容器中的铂和另一个容器中的锌连通，等等，这样我们使用的就是一系列的容器，而不是一个。按我说的那样，就做好了在我身后的这个装置。我使用的是“格罗夫伏打电池”装置，里面的金属一种是锌，另一种是铂。现在有40组这样的金属片正在通过下面的电线将它们的化学能量传递到桌上的这两根棒上。我们只需要让这两根金属棒的末端相接触，火花会告诉我们这里有能量，神奇的是，这种能量正是通过电线从我身后的电池传递而来。这儿有个装备（图46），是汉弗里·戴维爵士多年前制作的，目的就是检验伏打电池产生的电流是否能像普通电流一样使物体相互吸引。他做这个是为了测试他自己的伏打电池，这是当时威力最大的伏打电池。你们看在这个玻璃瓶中有两片金叶子，我可以通过这个齿条让它们来回摆动。我会用这个电池的两极分别连接两片金叶子。如果电池里的金属板够用的话，你们能看到在与金叶子接触之前，它们之间就已经存在一定的吸引力；当它们与电池两极接通以后，如果我让它们靠得足够近的话，它们会轻轻地吸在一起。接下来，这个能量会使金叶子烧掉，这是必然结果。现在我要让这两片金叶子逐渐地接触了，我很确定在它燃烧之前你们当中有些人就能看见它们在接近彼此，那些坐得比较远的学生也可以通过燃烧现象来判断它们已经接触在一起了。现在，还远未到接触之时，它们就在相互吸引了。它们吸在一起了，闪出耀眼的光亮，这力量真强大！看见了吧，刚才这些都是真正的电学现象。

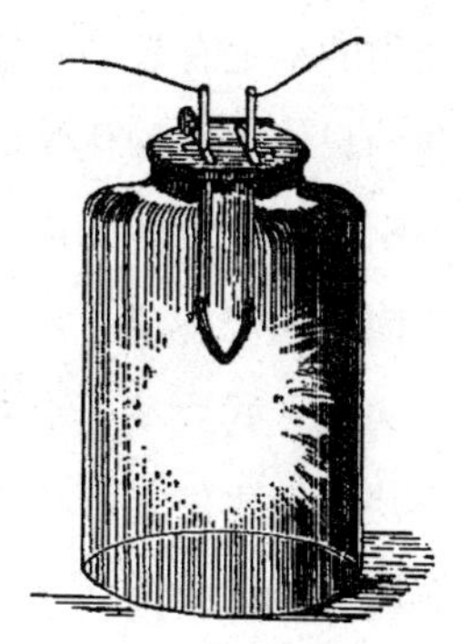

图46

现在我们来研究这个闪光是什么。将电池两极连通就会产生如同日光一样的火花。这是什么呢？它和我使那个大型发电装置放电时你们看到的那道闪光是一样的东西。它们是一样的，只是这个能持续，因为我们现在使用的是更有效的装置。不需要去让一个发电装置持续转动一长段时间，我们只使用这种化学能量就能让这种火花产生，这火花也是非常奇妙和漂亮啊！如果可能的话，我希望大家能明白，这道火光以及它所产生的热量（因为燃烧生成了热）不多不少正是锌的化学能量——通过导线传递过来的力量。我要拿一点儿锌让它在氧气之中燃烧，好让你们看看锌在氧气中燃烧所产生的光。（法拉第用一个酒精灯点燃了一瓶氧气中的一小条锌，耀眼的光产生了。）这向大家展示了什么是亲和力。锌片在我身后的电池中比在这瓶中燃烧的速度更快，因为锌在电池中一边溶解一边燃烧，因此产生了这样明亮的电光。与它在氧气瓶中燃烧所释放的一样的能量在此能沿着导线传递，你们乐意的话，可以认为锌在容器中燃烧，而且这就是燃烧所生成的光（使两个电极相接触，电光闪现），因此我们得安排一下实验要用的装备，以便使大家明白这两个实验释放的能量在量上完全一样。化学反应产生能量，而且这能量还能得以传递，多么了不起啊！当我们要让火药爆炸时，可以使用电给火药注入化学亲和力，没有准备火的时候，我们可以使用电来完成。这儿（图47）是一个带有两个木炭尖的容器，我要用它来演示这种能量的奇妙传递。我只需要通过电池两极上的电线将其连通，并让这两个木炭尖接触。看看它所展示的电能！我们已将空气排尽，以防止炭燃烧起来，因此你们看见的光真的就只是锌在这个瓶子里燃烧所产生的。尽管瓶子里产生了耀眼的电光，但炭并没有任何减少，而且我一断开电，光就没有了。我还有一个更好的例子可以证明我们的确可以传递这种力。通常情况下，这个例子里的化学亲和力是不会发生反应的。我们将两根炭棒放进水中，在水里获取电光。你们看，它们在水中了，当它们接触时，会产生和那个玻璃瓶中一样的电光。

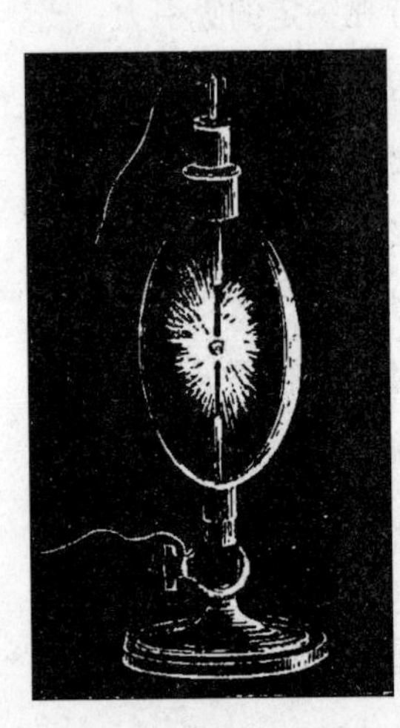

图47

除了产生光之外，锌燃烧时还有其他现象和能量产生。这里有一些不具可燃性的铂丝，我要用一根这种金属丝，将它挂在与电池连接的两根炭棒之间，通电时我们来看看多大的热量会产生（图48）。难道不漂亮吗？简直就是一座能量之桥。这整个装置，包括我嵌入铂丝的地方都由金属连通。铂丝对这种力量的传递会有一定的阻碍，大家看到大量的热释放出来，因此这热量是锌在氧气中燃烧所释放的热量，但因为锌此时在电池中燃烧，所以热量就在这里释放了出来。现在我要将铂丝弄短一点儿，好让你们明白这个电阻线越短，它上面的热量就越大，直到铂丝熔化脱落，电路断开。

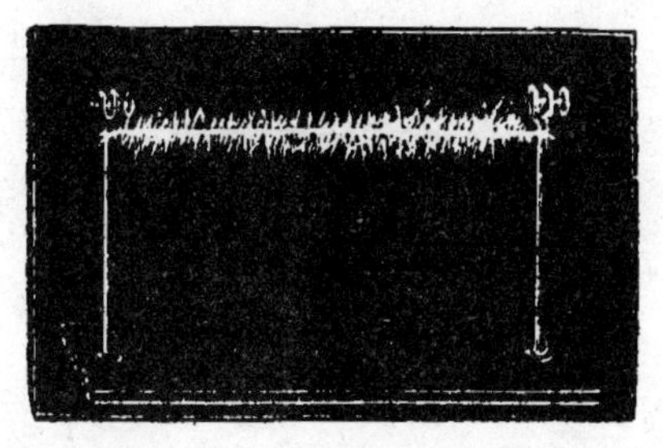

图48

再来看一个例子，现在我将一个银块放在一根与电池连通的炭棒上，然后再用另一根炭棒去接触银块。看它燃烧得光多亮啊（图49）！这个碳棒上有一块铁，看它燃烧得多旺！我们可以这样烧掉几乎所有放在两个炭极之间的东西。我想向大家说明，这个力量仍然是化学亲和力。如果我们把在此释放出的能量叫作“热”或是“电”，或是其他有关来源或传递的方式的名字，我们会发现它仍然是一种化学反应。这是一种有色液体，我们可以通过改变它的颜色来表明化学反应对它的影响。我将一部分该液体倒入这个玻璃瓶中，你们看见这些金属丝有很强烈的反应。我要展示的不是任何燃烧或者热量的影响，我把这两片铂分别绑在电池的两极，再把它们放到这个瓶中，很快你们就能看到液体的蓝色完全消失。看，现在它已经是无色的了！我只是把金属丝的末端放进了这个靛蓝色的液体中，再通过电线传递电使液体褪色。还有一点值得注意，现在我们处理的是电化学现象，也就是说，褪去液体颜色的化学力量只是依靠

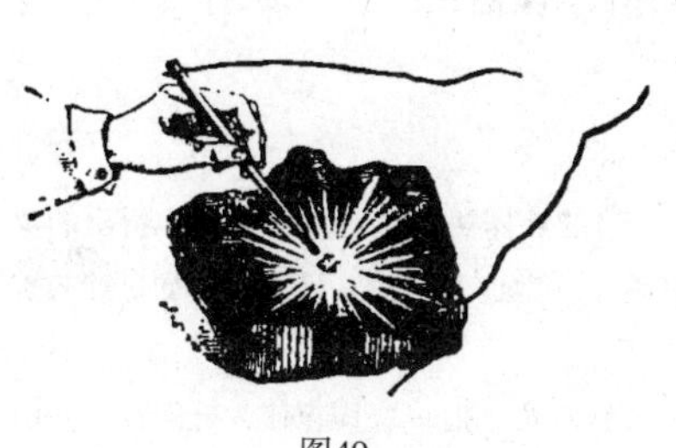

图49

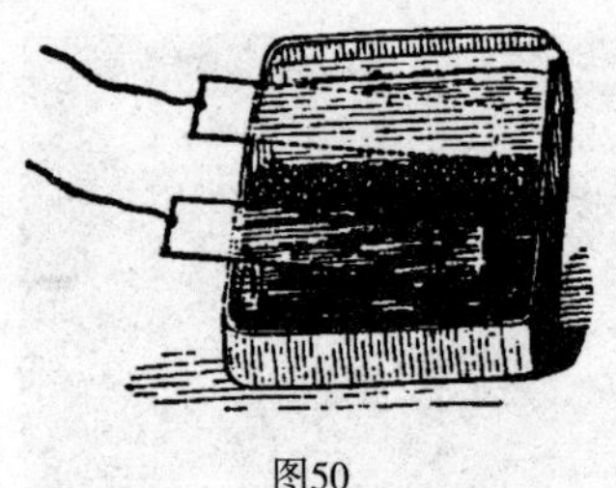

图50

电池某一极的作用。我还要将一部分这种靛蓝二磺酸[①]倒进一个扁平的盘子里，然后做一个疏松的沙堤将这份液体分成两部分（图50），现在我们来观察这电池的两极是否有所不同，以及哪一极具有这种特别的作用。

大家看见了，我右手这边的电极能让液体褪色，因为这边的液体现在已经完全变得无色了，而另一边的液体没有发生明显的变化。我可以很明确地告诉大家，千万不要想当然，因为在反应发生之前，你什么都不知道。

这儿还有一个关于化学反应的例子。我把这些铂片放进这个铜的溶液之中，上次当锌与铂在这溶液之中接触时，从这溶液中淀析出了一些金属。你们看这两片铂之间没有任何化学反应，我想让它们在这溶液中待多久它们就能待多久，而它们却不能将铜置换出来，但是一旦将电池的两极与之接触，化学力量就将在此转变为电并随着电线传递到两个铂片上，并发生化学反应。现在我左手边的这个铂片也具有了能量，将铜淀析出来，覆盖在该铂片上。我可以给你们举很多这种化学反应或电的奇特传递方式的例子。另外，某间屋子里有个模型，是块罕见的天然金块的模型。这个金块在天然金史上很有意思。它被熔化时，这块产自巴拉腊特的黄金价值8000～9000英镑。遥想无数年之前，也许就是这种力量在地球上形成了这块黄金。那棵美丽的铅树[②]也体现了这种化学亲和力的影响，铅通过这种自然力量不断延伸。铅和锌在一种细小的电流环境里，以一种比大家在这

① 靛蓝二磺酸：1份靛蓝和15份浓硫酸的混合物。一边的液体褪色，是因为电解水析出的氢气和靛蓝的氧气化合，从而形成一种无色的脱氧靛蓝。做这个实验，只需要添加足够的靛蓝二磺酸，使液体呈现出蓝色即可。

② 铅树：要做一棵铅树，先用一束铜丝穿过玻璃瓶的软木塞，把一块锌包住，好像铜丝是由软木塞发出的一样，以便让锌和每一根铜丝接触到。然后让铜丝分开，形成圆锥体，并在瓶内装满铅糖溶液，再把铜丝和软木塞塞入瓶子，将瓶密封以完全隔绝空气。短时间内，金属铅就会围绕分散的铜丝结晶，形成一个漂亮的物体。

里看到的强力的方式重要得多的方式化合。在自然界，这种微小的反应一直都在进行着，它们对金属的淀析、矿脉的形成等都具有巨大而美妙的作用。这些反应不像我的电池一样受时间限制，它们一点一点地反应着，累积起越来越多的产物。

我向大家展示的这些例子都是关于化学亲和力产生电、电又变回化学亲和力的例子，到此为止这些已经足够了，现在让我们对这种化学力或这种电做更进一步的了解。它们能以多种方式相互转换，这些力非常美妙，它们能转换成我们正在研究的力，即磁力。大家知道的，电与化学亲和力转换生成磁，这二者之间的关系，直到近几年，也就是我出生后许久才被人发现。学者们对这种亲和力已经猜想推测过很长一段时间了，并一直有成功的希望。因为在对科学的追寻中，我们应当充满希望和期待，一旦我们有所发现和证实，它们就不会再消失，在此基础上我们再期待新的发现，然后继续探寻、认清、证实，继而又形成新的希望……

现在来观察这个，这里有一条金属丝，我要把它做成一个能量之桥，也就是这电池两极之间的传导器。它只是一根铜丝，本身不具有磁力。我们用这个小磁针来检测一下它（图51），大家看到，尽管铜丝的一端与电池的一极相连接，但在形成整个闭合电路之前，铜丝对小磁针是没有任何作用力的。我让铜丝的另一端与电池的另一极也接触，注意看这小磁针，看它是怎样转动的，并且注意如果我将闭合电路断开，小磁针又是怎样静止下来的。因此，大家看到了，在这种情况下这根铜丝是怎样影响小磁针的。让我们来看个反应更强烈点的。这里有许多金属丝，我把它们弯成了

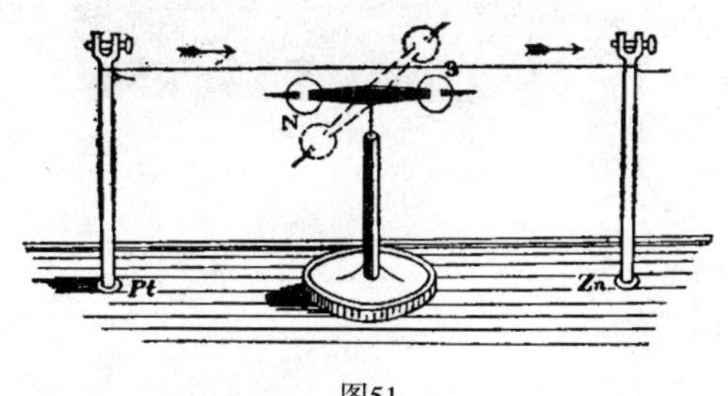

图51

螺旋状，它们会非常奇妙地影响我们的小磁针，因为其螺旋状的外形，它们会像一块真正的磁铁一样起作用。现在这个铜线圈对小磁针还没有任何影响，但是我若让电池两极与形成铜圈的铜丝相连接，电流在铜线圈上形成环流，这下会发生什么呢？为什么小磁针的一端会被强烈地吸过去呢？并且我若让小磁针的另一端靠近铜线圈，它会表现出排斥。因此，你们看见了吧，我制造出了和真正的磁铁棒一样的效果—— 一端吸引，一端排斥。看到这个，大家不觉得好奇吗？我们用铜做了一块磁铁。另外，我将一根铁棒放在这个铜线圈的内部，只要没有电流通过这个铜线圈，铁棒就不会有吸引力产生，我可以在铁棒旁边放上铁粉或者铁钉来证明。但是现在，如果我将电流接通，它们立刻就会被吸起来，铁棒立刻就变成了一块力量强大的磁铁，其力量大到可以把这桌子上的所有小磁针都吸起来。我会用另一个实验向大家演示，它有着什么样的吸引力。这块铁、那块铁，还有很多铁现在都被吸起来了（图52）。但是，我一断开电，吸引力就消失了，这些铁就都掉下去了。所以，有什么能比这个更强有力地证明磁与电之间的关联呢？再来看一个实验，这里是一小块没有被磁化的铁，现在它还不能吸起任何铁钉，但我要用一根金属丝将它缠绕起来（这根金属丝用棉布包裹着，因此它不会直接接触到铁），于是电流就会随着螺旋圈形成回流，事实上，我是在做一个电磁铁（我很乐意用这样一个词来定义它，因为这是用电来做的磁铁，我们用电将它做成了一个比普通铁块

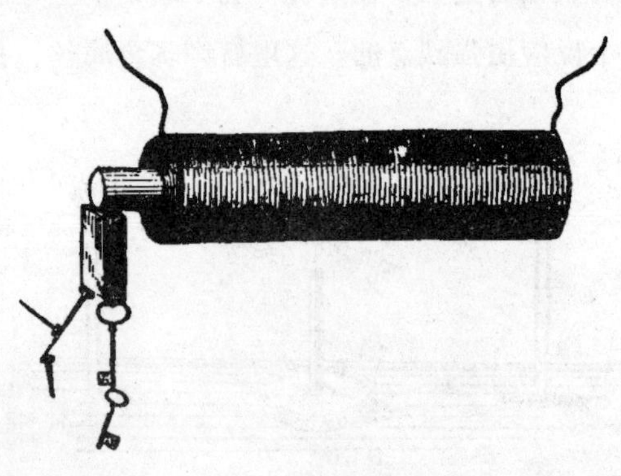

图52

强大得多的磁体），现在完成了，我会重做那天你们看到的那个建起铁钉桥的实验。现在电路已经连接通了，电流正在通过这个线圈，现在它是一块强大的磁铁了。这些是那天用到的铁钉，现在磁铁已经靠近这些铁钉，它们被紧紧地吸在了磁铁上，我的手都快动不了了（图53）。但当电流断开时，看看它们是怎样掉下去的。有什么能比这个实验更好地展示我们给予铁的磁力？这儿，又是一个非常好的关于强劲磁力的例子。这是一块和你们刚才看见的一样的磁铁，我要让电流通过缠绕在铁块上的线圈，好让你们看看这个磁力有多强。这些是磁极，我把一个磁极放在这个长铁棒上。你们看，一旦电流接通，这个铁棒是怎样立起来的（图54）？如果我将一个这样的圆筒放上去，并把我的手指放在中间，我就要倒霉了。我可以让它翻转，但若试着把它拉开，有可能会把整个磁体都提起来，但是我的力气大不过这么强大的磁力。我还能举许多关于这种强大磁力的例子。这是刚才那根长铁棒，如果我来检测它的另一端的话，毫无疑问会发现它也是一根磁铁了。它必须有多强大的力量才能支撑起这些铁钉以及这些挂在磁铁上面的铁块？现在还有什么能否定化学力量转换成电、电转换成磁呢？我可能会向你们演示更多依靠磁铁获得电与化学亲和力、光与热的实验，但我还需要做更多实验来证实宇宙里物理力

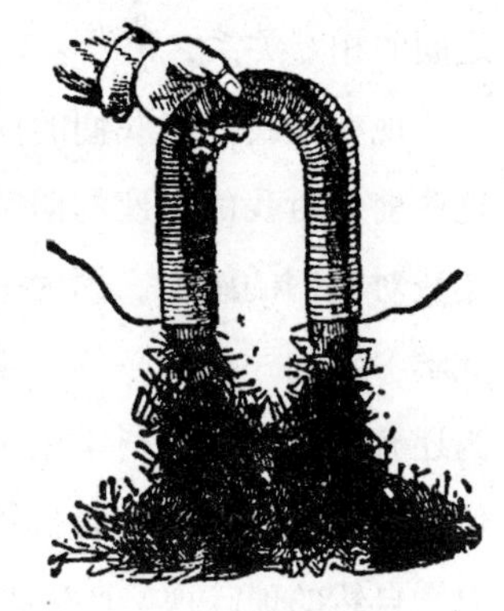

图53

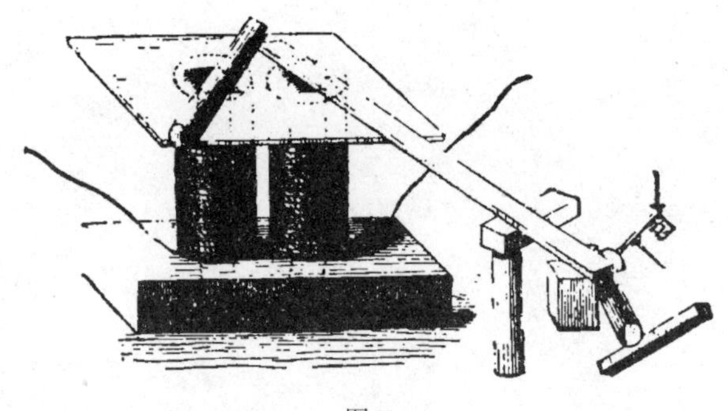

图54

之间的相互关系，以及它们之间的相互转换吗？

现在让我们向我们的前辈们表示深深的敬意，并且，姑且允许我感谢这些前来听我的讲座的前辈，诸位莅临，使我深感荣幸。我想借此机会表达我对你们的感谢，因为一直以来大家都在忍受我的唠叨。我希望你们在此学习到的一些大自然的规律，会让你们当中的一些人继续研究下去，因为还有什么比物理科学更适合人类的思想呢？没有什么比物理科学更能促使爱探究的学生去洞察自然规律的运行，更能给予他们知识，更能使他们对大自然的琐碎现象产生兴趣，物理科学会使他们发现：

“树木会说话，溪流中藏书，石上有训诫，万物皆有善。”

法拉第化学论文

Dialogues Of Plato

〔英国〕迈克尔·法拉第　著

蜡烛的化学来历

第一讲　蜡烛火焰的来源、结构、灵活性、亮度

我很荣幸，大家能来听听我讲的是什么。作为回报，我打算在这些讲座中，给大家讲一讲蜡烛的化学来历。早些时候我就已经讲过这个题目了，由于个人爱好，我几乎每年都重复讲一讲。这个题目本身也是非常有趣的，它也为我们提供许多美妙的进入哲学等各个领域的路口。一条统辖世间万物，涉及所有现象却不发挥作用的规律是不存在的。没有一个比思考蜡烛的物理现象更好更开放的方法及门路来进入对自然哲学的研究，因此我相信，选择这个而不是其他更时兴的题目作为我们的课题，绝对不会令大家失望，虽然其他题目也很好，但不会有比这个更好的了。

正式开始之前，请允许我再说一点。尽管我们的题目很伟大，我们也打算真诚地、严谨地、冷静地去对待它，但我终将越过这些先哲。我拥有与青年人对话的特权，就像我自己也是一个青年一样。在之前的场合我也是这样做的，如果你们乐意的话，我还继续这样做。尽管我站在这儿有一肚子的话语要对世人讲，但那也不能阻止我在这个场合用同样熟悉的方式对这些我认为离我最近的人说话。

同学们，首先我必须要告诉你们蜡烛是由什么做成的。有些东西是非常稀罕的。我这儿有一些木材，一种特别有名的用作燃烧的树枝。这儿大家看见的就是一块非常奇特的物质，从爱尔兰的某些沼泽地区弄来的，叫作“蜡烛木”，一种坚硬的极好的木材，显然它在硬度方面表现不错，此外，由于它容易燃烧，所以当地人把它劈碎或者做成火把，它燃烧起来就像蜡烛，发出明亮的光。通过这个木材，我们能看到我所能给出的对蜡烛所有本质的一个最美丽的阐释。备好的燃料，将这燃料投入到化学反应之中的方法，有规律地、逐渐地向反应场所提供空气，由这么一小块木材产生的光与热，实际上，这些就形成了一根天然的蜡烛。

但是因为市场有蜡烛卖，所以我们必须要提到蜡烛了。这儿就有一对我们平常称为“浸烛”的蜡烛。它们是这样做成的，把一段一段的棉线挂在一个环状物里，然后把它浸入融化了的油脂，再拿出来冷却，然后再浸入油脂，直到棉线周围聚满了油脂。为了让大家了解蜡烛的多种属性，你们看这些我拿在手中的蜡烛——它们多么小多么奇特，它们就是煤矿工人使用的蜡烛。在古代，矿工们要自己准备蜡烛。据说，在矿洞里一个小蜡烛不会像大蜡烛那么快地将沼气点着，也就是这个原因，当然还有经济原因，他们将蜡烛做成了这样大小的——20个、30个、40个才合重1磅的，还有60个合重1磅的。后来它被“钢厂灯”替代，接着又被“戴维灯”替代，又被其他各种各样的安全灯所替代。我这里有一根蜡烛，据帕斯利上校说是从“皇家乔治”号[①]上带出来的，它沉在海底，受到海水的浸泡已经多年了。它向你们展示了蜡烛可以被保存得多好，尽管它的很多部位已经断裂了、破掉了，但是一点燃它还是能正常燃烧，一旦融化这油脂就恢复了它的自然状态。

兰贝斯的费尔德先生为我提供了大量关于蜡烛及其原料的资料，现在我要参考它们了。这个是板油——牛的脂肪——俄罗斯的油脂，我相信在

① 1782年8月29日，“皇家乔治”号沉没于斯皮特黑德海峡。1839年8月，帕斯利上校以火药爆破的方式开始清除残骸。因此，法拉第教授展示给大家看的蜡烛至少在海水中浸泡过57年了。

制造这些蜡烛时使用了这种脂。一个叫盖·卢瑟卡的人（或是在某人的指导下）将它转变成了那美丽的物质——硬脂，就是放在旁边的那个东西。一根蜡烛，大家知道，不像用普通油脂做的蜡烛那样有油污，而是干干净净的，你可以将它滴落下来的油脂给擦掉并且研成粉末，而不弄脏任何东西。这就是他所使用的方法[1]：首先将脂肪或者油脂与生石灰一起煮沸，做成肥皂，然后用硫酸将肥皂分解，以除去石灰，让脂重新排列生成硬脂酸，同时有大量甘油生成。甘油——绝对是一种糖，或者说是一种类似于糖的物质——从这化学反应中的油脂中生成。现在油分就被挤压干了，这里是一系列被压出来的块状物，它们美妙地展示了那些杂质是怎样随着压力的增大从含油部分被挤出来的。最后留下来的物质融化之后，就能浇铸成这里展示的这种蜡烛了。我手中的这个蜡烛就是一种硬脂蜡烛，它就是用刚才我讲的方法，用从油脂中提取的硬脂酸甘油酯做成的；这里还有一根鲸蜡，它是用提炼过的鲸油做成的；这里还有黄蜂蜡和精致蜂蜡，它们也可以做成蜡烛；还有一种叫作硬石蜡的奇特物质，这里有一些用从爱尔兰沼泽地区弄来的硬石蜡做成的石蜡蜡烛；我这里还有我们强行进入日本后，从那儿带来的一种物质——一个朋友送给我的一种蜡，它成了生产蜡烛的一种新原料。

这些蜡烛又是怎么制成的呢？我刚告诉过你们“浸烛”，我会向你们演示模子是怎样做出来的。让我们想象一下这些蜡烛都是由原料浇铸而成的。“浇铸！”你们可能会说，“哎呀，蜡烛是一种可以融化的物质，当然如果你可以融化它，你就可以浇铸它。”不是那样的。在生产过程中，人们想要用最好的方式来生产符合要求的产品，但结果却出人意料，这是

---

① 脂肪或者脂是由脂肪酸与甘油通过化学作用结合而成的。石灰使软脂酸、油酸以及硬脂酸结合在一起，并且使甘油分离出去。洗涤之后，将不溶于水的石灰皂用热的稀硫酸溶液分解，将其倒出时，融化了的脂肪酸就以油的形态浮在表面。将其再次洗涤，并浇铸在一个薄薄的盘子上，待其冷却，然后将其放在椰子垫之间，使其承受高水压。这样软的油酸就被挤出去了，留下的是坚硬的软脂酸与硬脂酸。做成蜡烛时，还要让它经过高温高压与热的稀硫酸的净化，这样制得的酸性物质比原料脂更硬更白，同时也更干净，更易于燃烧。

多么美妙的事啊！蜡烛也不总是浇铸出来的。蜂蜡蜡烛就不是浇铸出来的，它是用一种特殊的方法做出来的，我可以花一两分钟来解说它，但我不能花太多时间在这上面。蜂蜡是一种极易燃烧的东西，也很容易融化，但却不能被浇铸。我们拿一个能被浇铸的原料好了。这里有一个框架，许多模具固定在里面。我们要做的第一件事就是拿一根烛芯穿过它们。这里就有一根—— 一根编好的烛芯，它不需要剪烛花[①]——由一根小金属丝支撑着。烛芯到达模子的底部，它就要被固定在这儿——用小钉紧紧固定住棉线，并堵住小孔，防止蜡油从小孔漏出去。一根小金属条横放在模子上方，将棉线拉直并且使之固定在模子里。这时再把脂融化，模子里慢慢地就都是油了。过一段时间，待模子冷却了，多余的脂倒在一边，我把它打扫干净，切掉烛芯的尾部。蜡烛还待在模子里，你只需要把它拿出来，就像我这样做，蜡烛被拿出来时会突然摔下来，因为它是用一个圆锥形模子做的，上方比下方尖，因此只需轻轻摇一摇，它们就会掉下来。硬脂蜡烛和石蜡蜡烛的制作方法相同。蜂蜡是怎样制得的还真是一件让人好奇的事。许多棉线被挂在那些框架上，就像你们看到的这样，并且尾部都有小金属块盖着以防止蜂蜡滴在这些部位。这些都要被拿到一个加热器旁边，蜂蜡就在那里被融化。如大家所见，这些框架是可以转动的，它转动的时候，一个人就拿起一定量的蜂蜡倒进模子里面，然后再倒下一个，再下一个……他往所有的模子里都倒了一遍蜂蜡，如果此时它们已经冷却了，他就要挨个地再倒一遍蜂蜡，如此一直重复，直到它们都达到了要求的厚度。它们被裹好或者喂饱，或者说达到了那个厚度时，就要被拿出来放在其他地方。多亏了好心的费尔德先生，我这里有几个这种蜂蜡的样品。这是一个半成品。被拿下来之后它们被放在一块平的石板上仔细地滚动，圆锥形的顶部被滚成大小适宜的圆形，尾部被切得很整齐。这样就完美地完成了蜡烛的制作。用这种方法可以精准地把蜡烛做成4个或6个合重1磅的，想做成多重都行。

① 有时会加一点硼砂或者磷盐让灰末更易熔化。

然而，我们不能在它的生产上花更多时间，让我们来对蜡烛本身做进一步的了解。我还没有告诉你们蜡烛里的奢侈（蜡烛里也有奢侈的东西）。看它们涂得多美啊，看看这紫红色、品红色以及这些最近才运用到蜡烛上的化学颜色。大家看，它们还有不同的形状，这是有美丽的柱形凹槽的蜡烛；这是皮尔索尔先生送给我的一些有装饰图案的蜡烛，因此它燃烧起来，可以说就像是一个火热的太阳，下面还有一束花。然而，这些美丽的装饰并没有实在的用途。这些有凹槽的蜡烛虽然好看，却是低劣的蜡烛——因为它们的内部形状。不过，我给大家看的这些从我四面八方的好朋友那儿寄过来的样品，也许会让你们明白哪些要做，哪些又不需要做，尽管我说过，谈到这些精制品时，在实用性方面我们就得做出点让步了。

现在说到蜡烛的光亮了。我们点燃一两根，表现一下它们的基本功能。大家看，蜡烛与油灯是非常不同的。用油灯的话，你必须在容器里装上油，还要放上一点苔藓或是棉线，然后把灯芯尖点燃。当火焰顺着灯芯燃到油里的时候，火焰就停住了，但它还会在油的表面继续燃烧。大家会问，油自己不会燃，怎么爬上了灯芯尖，在那儿燃起来了呢。我们不久就会研究这个问题，现在有比这更有趣的。这是一种不需要容器来装的固体，这固体又是怎样到达火焰所在之处的呢？它又不是液体，它是怎样到达那儿的呢？或者当它变成液体时，它又是怎样保持一体的呢？这就是蜡烛的奇妙之处。

这里风挺大，在有些实验上它能帮助我们，但在另外一些实验上它反而会帮倒忙。因此，要按照规律并且简化这个实验，我得将火生得温暖些，不然出现原本不该有的障碍时，谁还能专心研究课题呢？这里有一个非常聪明的发明，这是那些兜售小贩或者在市场上摆摊的人发明的，是他们在周六晚上卖蔬菜、土豆和鱼的时候，用来保护蜡烛的灯罩。我很佩服这一点，他们用一个玻璃罩将蜡烛罩起来，钩在类似于门廊的地方，玻璃罩还可以根据需要向上或向下滑动。使用这个灯罩，大家就能得到稳定的火焰，你们可以仔细观察它，我希望你们在家的时候也会这样做。

大家看，蜡烛被点燃后，首先形成了一个美丽的杯状结构。空气与蜡烛接触时，被蜡烛燃烧产生的热气流带动着向上，由此将蜂蜡、脂或燃料周围的温度降低，以使蜡烛边缘部分的温度比中心部分低。火焰在熄灭之前，它顺着灯芯下到尽可能低的位置，并将蜡烛的中心部位融化，而蜡烛边缘部分却并未融化。如果我制造一股朝着某一方向的气流，那么这个蜡烛做的杯子就会缺一边了，蜡油就会流出来。保持万物平衡的引力也保持蜡油处于水平位置，如果这个杯子不是水平放置的话，蜡油也会从这沟里流出去。因此，大家明白了，这个杯子是各个方向平稳的气流向上流动所形成的，气流还保持这蜡烛的外部总是冷的。没有哪种燃料会用来做成不能形成这种杯状结构的蜡烛，除了这种与爱尔兰的沼泽木头一样的燃炉，这种物质本身就像海绵，能自己容纳燃料。现在大家明白了为什么当你们使用我给你们看的那些形状不整齐的蜡烛时，得到的是不满意的实验结果了吧，它们不能形成像杯子那样的整齐的边，而这正是蜡烛的美之所在。我希望你们明白蜡烛之美中最妙的一点，就是蜡烛的功效。它不是最好看的东西，而是最实用的东西，对我们来说也是最有用的东西。这根好看的蜡烛燃烧起来却不怎么样，由于气流不规律以及由此形成的不好的杯状，蜡烛上面会出现一个沟，当蜡烛某边有一条小沟，蜡油随之流下让那里变得比其他地方都厚时，你们可能会看见向上气流的作用的好例子（我相信你们会注意到这些例子）。随着蜡烛的继续燃烧，流下去的蜡油会紧挨着蜡烛形成一个小小的柱状物。当它高过剩下的蜂蜡或燃料时，它就冷却得更好，在一定距离外更能御热。如其他事物一样，对蜡烛认识的极大错误也能带来教训，错误发生之前我们往往意识不到。我们到这儿来就是为了成为学者，我希望你们能记住，任何时候得到一个结果，尤其是一个新结果时，你们要问："是什么原因呢？它为什么会发生呢？"那么，总有一天你们会明白其中的原委。

关于蜡烛还有一个问题，就是蜡油是如何顺着烛芯脱离烛杯，到达燃烧位置的。你们知道那些用蜂蜡、硬脂或是鲸油制成的蜡烛，烛芯上燃烧着的火焰不会下移碰到蜡烛或其他地方将其全部融化，而是保持在它自身的位置上，火焰被融化了的蜡油从下方包围着，不会侵占到烛杯的边缘。

蜡烛的自身调节使一部分促进另一部分燃烧直至烧完，我想象不出比这个更漂亮的例子了，像这样的可燃物不受火焰的干扰，直至燃烧到尽头都是非常美的景象，尤其是学了火焰是一种多么强有力的东西时你们更会这么觉得——它能摧毁接触到它的蜂蜡，能改变靠得太近的蜂蜡的形态。

但火焰又是怎样接触到蜡油的呢？这是很有趣的一点——毛细引力[①]！大家会说“毛发一样的吸引力”，嗯，不要太在意它的名字，早在古时候人们就这样叫了。就是这种叫作毛细引力的力将蜡油运送到燃烧的部位，然后使之储存在那儿，当然不是随随便便地，而是非常漂亮地储存在燃烧处周围的最中心处。现在我给大家讲一到两个关于毛细引力的例子。它就是使两种互相不溶解的物质保持在一起的作用力或吸引力。大家洗手的时候，将手完全打湿，用一块肥皂让水更好地附在手上，而手之所以能保持湿润，就是因为毛细引力。如果你的手不脏（由于要做事，手在多数情况下都是脏的），如果你将手指放到热水里，水会在你的手指上爬出一条条路来，尽管你可能没有注意观察它。我这里有一个多孔的东西——一根盐柱，我会在盘子的底部倒入，不是水，正如你们看到的，是不能再溶解盐的饱和盐溶液，因此大家即将看到的现象不会是因为它在溶解东西。我们将盘子看作蜡烛，将盐柱看作烛芯，将饱和盐溶液看作融化了的蜡油（我已将该溶液染色，这样你们能更好地看到发生的过程）。大家注意看，现在我倒入盐溶液，它渐渐地上升，沿着盐柱爬得越来越高（图55），如果盐柱不倒，盐溶液会爬到它的顶端。如果这个蓝色的盐溶液具有可燃性，在盐柱的顶端我们再放一根烛芯，那么该溶液进入到烛芯就会燃烧。我们看到这样的现象发生，观察它发生所

图55

① 毛细引力与排斥力决定着液体在毛细管里是上升还是下降。如果将一个温度计两端都打开，然后投入水中，温度计内部的水位立刻会比外部的水位高得多。如果将温度计投入水银之中，那么作用力就不是毛细引力而是排斥力了，温度计内部水银的高度要比外面的低。

需要的古怪条件，感觉还真是奇特啊！大家洗手之后会拿毛巾将水擦掉，就是这个擦的动作，或者说是那样一个吸引力，将毛巾打湿了，就像灯芯被蜡油打湿。我知道有一些粗心的男生和女生（事实上，一些细心的人也会这样），洗了手并用毛巾擦干后，会将毛巾一端扔在盆子里，没过多久，毛巾就把盆子里的水全部吸走并运送到地上，因为它碰巧被扔在那样一个位置上，充当了一根吸管[①]的角色。大家可以更好地明白一种物质是怎样作用于另外一种物质的，我这里有一个容器是用金属纱网做成的，它里面装满了水，在作用上你可以把它比作棉花或者棉布，事实上，灯芯有时就是用这种金属纱网做成的。大家可以看到这个容器上面有很多小孔，如果我倒一点水在它的上方，水会从容器底部流出。如果我问你们这个容器处于什么状态，它里面又是什么，还有为什么要把它放在那儿，大家一时之间肯定回答不上来。这个容器里装满了水，但是大家看见水流进流出就好像它是空的一样。为了证实我说的，我只能将水倒掉给大家看。原因就是这样：这个金属丝一旦被打湿，就会保持湿润；尽管这个容器有许多小孔，但是这些小孔太小了，因此水具有足够大的吸引力让彼此聚在一起，于是才得以保持在这容器之中。以相似的方式，融化了的蜡油微粒爬上烛芯到达顶部；其他的蜡油微粒就依靠彼此间的吸引力陆续往上爬，当它们到达火焰所在之处，就燃烧起来。

对于这一原理还有另外一种运用。大家看见这一节芦竿了吧，我看见街上一些很想表现得像个大人的男孩，拿起一节芦竿，点燃，像吸雪茄一样地吸着芦竿。他们能那样做，是因为芦竿某一方向的渗透性以及毛细作用。如果我将这节芦竿放在含有莰稀（与石蜡的基本属性非常相似）的盘子上，这莰稀会顺着这节芦竿上升，就跟那蓝色液体顺着盐柱上升的方式一模一样。芦竿边上没有细孔，所以莰稀就不能去往那个方向，但最终会到达芦竿的顶部。现在莰稀已经在芦竿顶部了，我可以点燃它让它像支蜡

① 普遍认为，已故的苏塞克斯公爵是第一位发现可以使用这个原理来清洗对虾的人。去掉扇形部位之后，如果将虾的尾部放在一杯水里，并且让头部伸出杯外，那么杯子里的水就会通过毛细引力进入尾部，经过虾身，再至头部，直到对虾的尾部不能接触到水为止。

烛一样。在毛细引力的作用下茨稀沿着芦竿上升了，就像蜡油沿着烛芯上升一样。

蜡烛没有将烛芯周围都烧着的唯一原因就是融化了的蜡油将火焰扑灭了。你们知道如果把一根蜡烛上下颠倒，让蜡油流到烛芯上，蜡烛就会被扑灭。原因就是，火焰还没来得及将蜡油加热到可以燃烧的温度。蜡油一点一点地到达烛芯顶部，这样火焰才能将蜡油加热到合适的温度。

还有一种蜡烛的状态是你们必须学习的，如果不学习这一点的话，大家就不能充分了解蜡烛当中的奥妙，这就是蜡烛的烟雾状态。为了让大家能够了解它，我来给你们做一个非常好看也非常普通的实验。如果将蜡烛轻轻吹灭，你们就会看见烟雾随之而起。我知道大家经常会闻到熄灭了的蜡烛的烟味，非常难闻，但是你们如果巧妙地吹灭蜡烛，就会清楚地看见由这固态物质转变过来的烟。我要通过持续吹气的方式把这些蜡烛中的一支吹灭，同时不干扰到它周围的空气。现在，如果我在距离蜡烛2~3英寸的地方拿起一根点火用的小蜡烛，你们会看见空中有一团火花移动到蜡烛所在之处（图56）。还好我有准备，动作快，不然我若让这烟有时间变冷，当它冷凝成液态或固态时，可燃物可能就会受到干扰。

图56

现在讲讲火焰的外形，或者说形态。我们非常关注烛芯顶部的蜡烛最后呈现怎样的状态。黄金白银闪闪发光，像红宝石和钻石这样的珠宝发出的光芒会更夺目，但这些没有一个比得上火焰的壮丽绚烂。有哪种钻石可以像火焰一样发光？钻石的光泽得归功于夜间照在它上面的光线，火焰可以在黑暗中发光。钻石在发光时候的那点光，跟夜间璀璨的火光比起来根本不值得一提。蜡烛可以依靠自己发光，为自己，或者为点亮它的那个人发光。现在我们来看看这玻璃灯罩下烛焰的形状。它平稳又均等，它大概的样子就是这张图呈现的这样

图57

（图57），随空气变化而变化，当然也根据蜡烛的大小而有所不同。它是明亮的长椭圆形，火焰上方比下方更明亮，烛芯处在火焰中心，烛芯部位的火焰要比外焰下方的火焰暗一些，这儿的温度也要比其他部位低一些。这里有一幅图，是胡克尔许多年前做研究时画的，画的是一盏灯的火焰，但对蜡烛的火焰也同样适用。这个烛杯本身就相当于容器或者灯；融化了的鲸油就是燃料；灯芯是一样的。他将灯点燃升起了小小的火焰，然后他描绘了一些大家看不见的，但是随着火焰上升的真实存在的物质。如果你们以前没在这儿听过讲座，或是对这个课题不熟悉，就不会懂这些。他在此描述了火焰周围一直存在的、不可或缺的空气。空气形成了一股气流，将火焰拉长。你们看见火焰真被气流给拉长了，气流使火焰延伸到了一个更高的位置，就像胡克尔在这张图中所展示的一样。你可以拿一根燃烧着的蜡烛，将其放在太阳下面，然后在纸上观察烛影。非常值得我们注意的是，一个亮到能够投射其他物质的影子的物质，也能将自身的影子投射到一张白纸或者一张卡片上去。通过影子，你们能够看见火焰周围，但并不属于火焰组成部分的气流正在将火焰往上拉。现在我要把电灯装上伏打电池来模拟日光。现在你们看见的就是“太阳”和它的光，在它与屏幕之间放上一支蜡烛，我们就看见了火焰的投影。你们要注意观察蜡烛及其灯芯的投影，它就像图中一样，会出现一个黑暗的部分和另一个截然不同的部分（图58）。够奇特吧，然而这个火焰影子最黑暗的部分，实际上是火焰最亮的部分。你们还能看见向上流动的热空气，就像胡克尔所描述的那样，它将火焰拉长，为其提供氧气，还将蜡烛边缘冷却。

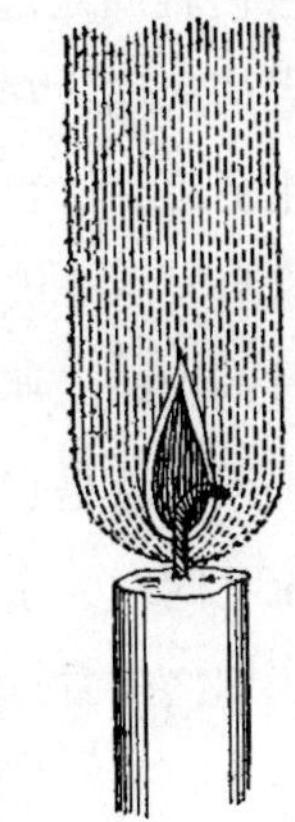
图58

我还能给大家做进一步的讲解，烛火是怎样随着气流向上或向下运动的。这里有一个火焰——它不是蜡烛的火焰，毫无疑问你们能够将一件事物与另一件事物进行大致的比较。我要做的就是将使火焰上升的气流转变成使其下

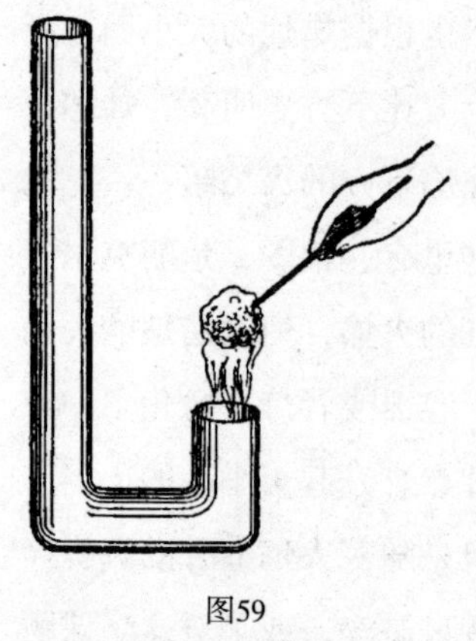
图59

降的气流。通过我面前的这个装置我可以轻松做到这一点。这个火焰，我说过，不是蜡烛火焰，它是酒精燃烧产生的，因此不会有太多的烟。我会用另外一种物质①给这火焰上色，这样大家可以看到它的移动方向，因为如果只有酒精的话，你们很难有机会追踪它的方向。我点燃酒精，火焰就产生了，大家看到，在空气中，火焰很自然地向上走。大家很容易就能明白，为什么通常情况下火焰是向上走的，这是因为空气的牵引，也是空气促使其燃烧所形成的。现在我向下吹火焰，大家看，我能让它向下进入到这个排气管里，气流的方向就这样被改变了（图59）。在我总结这堂课之前，我应该先给大家演示一下，一盏灯的火焰向上但烟向下走，或者火焰向下但烟向上走。大家明白了，用这种方法，我们能随意改变火焰的方向。

还有几点我必须给大家讲。大家在此看见的许多火焰由于其周围有不同方向的气流吹来，所以在外形上有非常多的变化。当然如果我们乐意的话，我们可以让火焰固定，如果我们希望发现与之相关的所有东西的话，我们还可以给它拍照——事实上，我们必须给它拍照——这样对我们来说它们就固定起来了。然而，我想说的不止这一点。如果我选用一团足够大的火焰，它的形状就不会保持得那么匀称整齐，它会爆发出相当美妙的生命之力。我要使用另一种燃料，它是蜂蜡蜡烛和硬脂蜡烛的典型代表。这里有一个大棉花球，我用它来做灯芯。现在我已经点燃了已在酒精中浸过的棉球，那么它与普通蜡烛怎么就不同了呢？其在某一方面的区别真的很大，就是它具有的生命力，具有的生命和美，这与蜡烛所呈现出来的完全不同。大家看见了这些正在升起的火舌吧，这些火焰从下向上的结构与我们之前看过的大体上一样，但是，大家看到了这一神奇的爆发，火焰转

① 酒精中溶有氯化铜，这使酒精燃烧出美丽的绿色火焰。

变成了火舌，这是我们在蜡烛实验中所不能看到的。那么，为什么会这样呢？我必须给你们好好讲解一下，因为只有等你们完全明白了，才能听得懂我今后要讲的内容。我想你们之中一定有人已经做过我即将为你们演示的实验，我猜想你们之中有人玩过金鱼草，对吗？我想没有什么比金鱼草游戏能更漂亮地阐释火焰中的道理了。这里有一个盘子，一定要在玩金鱼草之前将盘子充分预热，你还得准备热葡萄干和热白兰地（然而现在我没有白兰地）。将酒精倒入盘子里，就等于准备好了烛杯和燃料，这葡萄干不正起到灯芯的作用吗？现在将葡萄干扔进盘子里，点燃酒精，你们就能看见我所说的美丽的火舌了。空气蔓延至盘子的边缘时这些火舌才形成。为什么呢？因为，气流之力与火焰的不规则运动使火焰不能向一致的气流方向运动；空气如此无规律地流动，使原本单一的火焰变成了各种形状的火舌，而且这些火舌都是独立存在的。实际上，你们看见的是许多独立的小蜡烛，因为突然看见这些火舌，你们一定没有想到火焰的形状竟是如此特别，火焰从来不是这个形状的，你们从来没有看见这样的火焰在棉球上出现过。它是由许多不同形状的火舌迅速接替所形成的，因为速度很快，肉眼只能同时看到它们。之前我特意给大家分析了普通火焰的性质，这张图能向你们展示其各个组成部分（图60）。它们并不是同时产生的，只是因为我们连续不断地看这些火舌，它们看起来就像是同时产生的了。

图60

讲了金鱼草游戏后，我们就不能继续讲下去了，真是太糟糕了，但在任何情况下，我们都不能拖堂。今后我会更多地跟大家讲解事物的道理，而不是花太多时间来讲这些例子，这对我来说也是一个教训。

第二讲　蜡烛：火焰的亮度、燃烧所必需的空气、水的生成

上次讲座我们主要讲了蜡烛的流动部分的一般性质和排列结构，以及蜡油是如何到达火焰燃烧之处的。大家看，当蜡烛在稳定的空气中燃烧时，它生成的火焰形状就像图上的一样，尽管它的属性非常奇特，但它们看起来没有两样。现在我要你们注意方法，这些方法能使我们弄清楚一些问题：火焰那个部位发生了什么，它为何会发生，它又在发生什么以及这整个蜡烛最终去了哪里。正如大家所知，一根蜡烛在我们面前燃烧、消失，如果燃烧得当的话，它就不会留下任何痕迹在蜡台上。这是个非常罕见的情况。因此，为了仔细检查这根蜡烛，我准备了一套设备，待会儿我使用的时候大家就知道它的作用了。这里有一支蜡烛，我打算把这玻璃管的尾部放在火焰中心——就是胡克尔的图中展示出来的较暗的那一部位，如果你仔细观察一根燃着的蜡烛，只要蜡烛不灭，你随时都能看得见它。现在我们就来研究这较暗的部位。

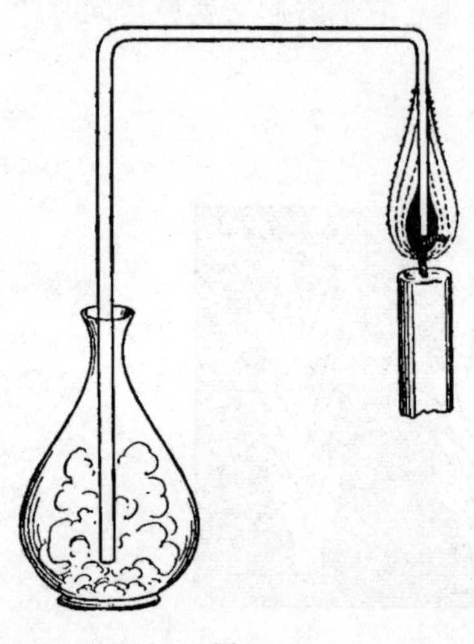

图61

现在我将这根弯曲的玻璃管的一端放在火焰的最暗部位，很快大家就看见有东西在火焰中生成，并从玻璃管的另一端排出。如果我将一个长颈瓶放在这儿，过一段时间，你们会看见从火焰中心出来的物质渐渐地通过玻璃管进入到长颈瓶内，它在长颈瓶内的表现与在敞开的空气中完全不一样。它不仅离开了玻璃管的尾部，而且还像重物似地掉落在了长颈瓶的底部，事实上它就是重物（图61）。

我们发现这是蜡烛中的蜂蜡变成的蒸气状的流体——不是气体（大家必须知道气体与蒸气之间的区别：气体是长期不变的，而蒸气是一种会冷凝的物质）。如果将一支蜡烛吹灭，你就会闻到一股难闻的臭气，它就是这种蒸气冷凝的结果。火焰的内部与外部截然不同。为了让大家对它了解得更清楚，我要制作更多这种蒸气并将它点燃，因为一根蜡烛的量太少了，要想彻底地了解它，如有必要，我们就得像学者那样大量地制作，我们还能研究火焰的其他部位呢。现在请安德森先生给我一个热源，我即将让大家明白这蒸气到底是什么。在这长颈瓶中有一些蜂蜡，我要把它加热，就像蜡烛火焰的内部是热的，烛芯也是热的一样。（法拉第将一些蜂蜡放进长颈瓶中，并在一盏灯上将其加热。）我敢说它现在够热了。大家看见我放在长颈瓶中的蜂蜡已经变成液态的了，还有一点烟冒起来了，很快我们就能看见蒸气升起来。我要把它继续加热，以制得更多蒸气，这样我才能将它从长颈瓶中倒入那个盆子里，然后在盆里将其点燃。这蒸气和我们蜡烛中心的蒸气当然是完全一样的。我们来看看细颈瓶中是否收集到蜡烛火焰中心的可燃蒸气。［将细颈瓶放在从点燃的小蜡烛上延伸出来的导管的一端（图62）］看它是怎样燃烧的，这个是由蜡烛中心的热量生成的蒸气。蜂蜡的燃烧过程以及它所发生的变化是你们首先需要了解的。我会小心地在火焰上方安排另外一个导管，好让这蒸气到达导管的另一端，并在那儿将其点燃，以便在一定距离外获得该蜡烛的火焰。现在，看看这个吧，这难道不是一个非常漂亮的实验吗？说到安置气体——事实上我们能够安置蜡烛呢！在这个例子中有两种完全不同的反应：一种是生成蒸气，另一种是燃烧蒸气。这二者都发生在蜡烛的特定部位。

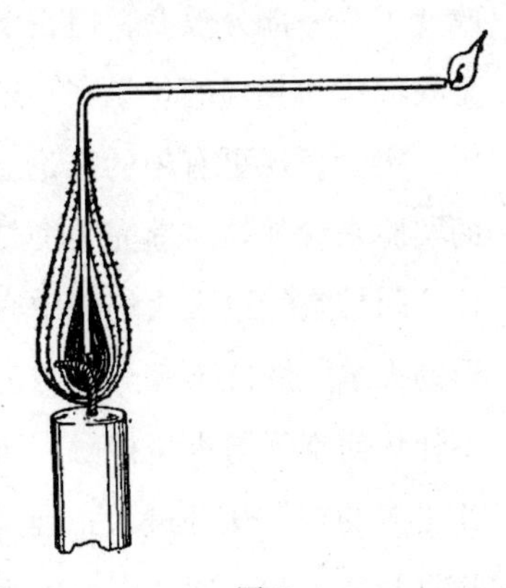
图62

我将这管子（图61）移到火焰的外焰部位，在已经完全燃烧了的地方是得不到蒸气的。一旦蒸气到达外焰，那么从导管里出来的就不再具有可燃性了，因为它已经被燃烧了。它是怎样燃烧掉的呢？是这样烧掉的：在内焰处有可燃烧的蒸气，在外焰处的却是燃烧所必需的空气，在这二者之间空气与蜡油发生着剧烈的化学反应，几乎在我们到达火焰的同时，内焰的蒸气就燃烧掉了。如果去检测蜡烛的热在哪里，你会得到奇妙的答案。我拿起这根蜡烛，将一张纸靠近这个火焰，那么这个火焰的热量在哪里呢？你们明白它不在内焰吗？它分布在一个环状的部位，也就是化学反应发生的部位。即使用我这样不正规的实验方法，只要不晃动得太厉害，这儿总会有一个环状的。这是一个适合你们在家做的实验。拿一张纸，让屋子里的空气尽量平静，让这张纸穿过火焰的正中（做这实验时千万不要说话），你们会看见纸被烧成两个部分，中心部分并没有烧到或者只是轻微地烧了一下。多做几次这个实验，直到得到更好的效果，你会对火焰热量的所在之处非常感兴趣，你会发现它就是蜡油与空气反应的地方。

这对我们继续讲解课题非常重要。空气当然是燃烧所必需的，另外，我必须让你们明白新鲜的空气至关重要，否则我们的推论和实验就不完美了。这里有一瓶子的空气，我将一支蜡烛放进去，刚开始蜡烛燃烧得很平静，这证明我说的是对的，但情况马上就会发生点改变。看这火焰是怎么上升，然后渐渐变小，最后熄灭了的。最终还熄灭了，为什么呢？不是因为它需要的仅仅是空气——这瓶子现在还和刚才一样充满着空气啊，而是因为它需要纯净的新鲜的空气。这个瓶子里现在还是充满着空气——一部分改变了，一部分没变，但它没有了足够蜡烛燃烧所需的新鲜空气。这些都是我们作为年轻的化学家必须学会概括的，如果我们对此进行更深入的分析，定会发现更有趣的推论。例如这个油灯，我给你们看过的——对我们的实验来说就是一盏完美的灯——老式阿尔干灯，我现在让它像支蜡烛一样（阻挡空气进入火焰的中心），这是棉花，油沿着棉花上升，燃起圆锥形的火焰。燃烧不完全，因为有一部分空气被阻挡了。除了火焰外围，我不让任何空气与火焰接触，所以燃烧得不旺。因为灯芯太大，所以我不能让更多的空气从外进入，但是如果——就像阿尔干人聪明地做的一样——我打开一个通道通往火焰中心，让空气进入，你们就会看见它燃烧得多旺盛。如果我将空气阻断，看看它是怎么冒烟的，这又是为什么呢？现在我们有几点非常有趣的要学习了：有蜡烛燃烧的例子，有蜡烛因为空气不足而熄灭的例子，现在还有蜡烛不完全燃烧的例子，这对我们来说太有趣了，我希望大家彻底明白蜡烛所有的最好燃烧方式。现在我要弄一个大大的火焰，因为我们需要尽可能全面地进行讲解。这是一个大些的灯芯（在一个棉球上将松节油点燃），毕竟，这些东西与蜡烛是一样的。如果我们使用大些的灯芯，燃烧自然就需要更多的空气，否则就只能进行不完全燃烧。现在看，这黑色的物质上升到空气之中，还形成了一股规则的气流。我有办法将这燃烧不完全的部分拿走，以免它影响你们的观察。看看这些从火焰上飞出来的煤烟，这就是不完全燃烧，因为没有足够的空气。因此，现在在发生什么呢？只要缺乏蜡烛燃烧所必需的某种物质，这样很不充分的燃烧就随之产生。我们是见识过蜡烛在空气纯净又充足的情况下是怎样燃烧的。我向你们展示那张被火焰环烧焦的纸的时候，我本可以把纸的另一面翻过来，好让你们看见蜡烛燃烧也会产生同样的煤烟——碳，或者说碳元素。

在向你们展示碳之前，我很有必要向你们解释一点：尽管我让你们看了蜡烛火焰形式的一般燃烧情况，但我们必须要探究蜡烛的燃烧是不是就只有这一种形式，或者它是否还有其他形式的火焰，我们很快会发现确实存在其他形式的火焰，它对我们来说还是非常重要的。我认为，对你们这样年轻的听众来说，阐述这一点的最好方法也许就是鲜明的对比方法。这里有一些火药，人家都知道火药燃烧会产生火焰——我们姑且叫它火焰好了，火药里含有碳以及其他物质，它们一起可使火药燃烧起火。这里有一些碎铁或者铁粉，现在我故意让这两种东西一起燃烧，我会在一个小研钵里面将它们混合在一起。（做实验之前我必须强调，大家做这个实验不要因为好玩而造成任何伤害，小心正确地使用这些东西，否则将造成巨大的危害。）嗯，这是一些火药，我将它放在小木质容器里，将铁粉混在火药上方，我的目的就是让火药将铁粉点燃并在空中燃掉，并借此来向大家演示有火焰与没火焰燃烧的区别。这里是混合物，我点火的时候你们要仔细看着它们燃烧，大家会发现这是两种不同的燃烧。大家会看见火药燃烧产生火焰，而铁粉因此喷了出来。大家也会看见铁粉燃烧，但是并不产生火焰。它们会分别燃烧。（法拉第此时将该混合物点燃了。）那个是火药，它燃烧有火焰产生，这些是铁粉，它们以另一种形式燃烧着。现在你们看到了这两种燃烧的巨大差异，发光的功效和火焰的美丽都要依靠这种差异。当我们用油、气或者蜡烛来照明的时候，其适合度都是由它们的不同燃烧类型决定的。

我们需要一点聪慧和精确的识别力才能将这些奇特的火焰形式区别开来。例如，这里有一些可燃烧的细末，如你们所见，它是由许多颗粒组成的，它叫石松粉[①]，每一颗粒都能产生烟和火焰，但是当其燃烧时，你们会将其看成一个火焰。现在我将一定量的石松粉点燃，你们来看看效果。我们清楚地看见一团聚在一起的火焰，但是那些声音（指燃烧所发出的声音）却表明了这不是一个单一的持续燃烧的火焰。这是对童话剧里的闪电很好的模仿。（将石松粉从玻璃管子里吹出，让其经过酒精火焰，法拉第将这个实验重复做了两次。）这与我说过的铁粉燃烧的实验又不一样，说到这里我们得返回那个实验了。

我拿起一根蜡烛，检查一下它最亮的部分。我能在这里得到你们已经见过许多次的火焰产生的黑色细末，现在我要用其他方式得到它。我要去掉气流在蜡烛上形成的小沟，现在我在发光部位安排一支玻璃导管，就像我们第一个实验那样，只是还要更高一点，你们会看见，就在以前产生白烟的地方，现在有黑烟生成，它就像墨水一样黑。毫无疑问它和白烟不同，我们放一个火上去会发现它不仅不能燃烧，反而将火给灭了。嗯，这些微粒正如我之前说的，只是蜡烛产生的烟。这让我想起一个故事，丁·斯威夫特让仆人们用蜡烛在屋内天花板上写东西，作为消遣。但是那黑色的物质是什么呢？它与蜡烛里的碳是一样的吗？它是怎样从蜡烛上出来的呢？显然它存在于蜡烛之中，不然我们也不会在此使用它。现在我要

① 石松粉是一种淡黄色粉末，它是在石松的果实中发现的，被使用于烟花之中。

大家明白我对此的解释。大家很难想象，那些以黑色煤烟的形态飘浮在伦敦空中的物质，可以燃烧成美丽而充满生机的火焰，就像铁粉在火焰中燃烧一样。这是一块金属细纱网，火焰不能通过，当我让它向下接触到不那么明亮的火焰内焰时，我想大家很快就会看见它立刻将火焰变小并且扑灭火焰，然后产生大量的烟。

我想让大家明白这一点：无论何时，一种物质像铁粉在火药的火焰下那样燃烧，只要没有出现许多气体物质（不管它是液态还是保持固态），那么它就会发出耀眼的光。我要举三到四个蜡烛以外的例子来阐释这一点，因为我所说的适用于所有物质，不论它燃烧或者不燃烧——它如果保持固态就会极其明亮，并且它的亮度还应归功于蜡烛火焰中存在的固体物质。

这是铂金丝，一种不会因热而改变的物质。如果我用这火焰给它加热，你们看它会变得多耀眼。让火焰弱一点，以使铂丝只发出一点光，你们会发现，火焰给铂丝的热量尽管远远少于火焰自身的热量，但已经足够将铂丝变得灿烂夺目。这个火焰里有碳，但我会找一个没有碳的火焰。这里有一种物质，一种燃料——蒸气或者气，随便你怎么叫——放在这个容器之中，这气里面没有固体颗粒。我用这种气是因为它是火焰中不带有任何固体颗粒的例子。现在我若将固体放进这火焰之中，你们会看到它的热量是多么巨大，并将使这固体发出怎样灿烂的光。这管子是我们用来运送这种特殊气体的——我们叫它氢气，下次课我会具体讲它。这是一种叫作氧气的物质，它可以帮助氢气燃烧。尽管通过氢气和氧气我们可以得到比蜡烛燃烧高得多的温度①，但是它们所产生的光的亮度却很小。然而，如果我将一块固体放进去，就会产生剧烈的光。如果我放一块根本不会燃烧、不会汽化（因为它不会汽化，因此会保持固态，持续高温）的石灰进去，你们很快会看到将发生什么。氢气在氧气的助燃下产生了高温，但是仍然

① 德国化学家本森测量过氢氧吹管的温度是8061摄氏度，氢气在空气中燃烧的温度达3259摄氏度，煤气在空气中燃烧的温度达2350摄氏度。

只有一点光——不是因为热不够，而是因为缺少能保持固态的微粒。当氢气在氧气之中燃烧时我将这石灰拿到火焰处，看它是怎样发光的。这块石灰发出的光亮几乎和日光相当。我这里有一块碳，或者说，一块炭，它会像蜡烛那样燃烧发光。蜡烛火焰中的热量将蜂蜡蒸气分解，并释放出其中的碳，它们像现在这样伴随着热量上升，然后进入大气中。但是当蜡烛燃烧时，这些微粒并不以碳的形式从蜡烛中消失，它们以一种完全看不见的物质形式进入大气之中，关于这点我们以后再讲。

这样黑乎乎的东西也能燃烧并发出炽热的光，这个过程不美吗？所有明亮的火焰都包含这些固体微粒，就像蜡烛；所有燃烧产生固体微粒的物质——不论微粒是在燃烧期间生成的还是在燃烧后生成的，如火药与铁粉——都发出耀眼夺目的光。

图63

我会给大家举些例子。这里有些磷，它燃烧时的火焰非常明亮。我们可以这样总结，磷在燃烧时或燃烧后会生成这种固体微粒。这是点燃了的磷，我用一个玻璃钟罩将它罩起来，好让它的燃烧产物保存在这钟罩之内。那些烟是什么？（图63）那些烟就是由磷燃烧所生成的微粒组成的。这里又有两种物质：一种是氯酸钾，另一种是硫化锑。我要将少许氯酸钾和硫化锑混合在一起，它们能以多种方式燃烧。大家看一个化学反应的例子，我会让一滴硫酸与它们接触，它们会瞬间燃烧起来[①]。（法拉第用一滴硫酸将该混合物点燃了。）现在，根据事物的表面现象，大家就能自行判断它们燃烧时是否生成了固体微粒。我已经教过大家如何辨别燃烧中是否有固体颗粒生成，如果没有固体颗粒生成，又怎会有如此明亮的光呢？

安德森先生已经在炉子上给坩埚加热好了。我要把一些锌粉放进去，

① 硫化锑与氯酸钾的混合物的燃烧反应：一部分氯酸钾被硫酸分解成氧化氯、硫酸氢钾和高氯酸钾，氧化氯使可燃物硫化锑着火，因此这整个混合物瞬间就爆发出火花了。

它的火焰会像火药燃烧时的一样。我做这个实验是因为你们在家也能做这个实验。现在我想让大家看看锌燃烧是什么样子。它燃起来了，它燃得就像蜡烛一样美丽。但那些烟是什么呢？这些飘向你们，引起你们注意的羊毛般的小云朵又是什么呢？我们应该留一部分羊毛般的东西在这坩埚中。你们可以拿一块一样的锌，在家做一个可以说更进一步的实验。在这里我也要做这个实验。这是一块锌，那（指着喷射的氢气）相当于火炉，我们要让这金属燃烧。它发光了，你们看，它在燃烧——这白色物质在氢气之中燃烧。如果我将氢气的火焰看作蜡烛的代表，然后向你们演示像锌这样的物质在这火焰之中燃烧，你们发现它只在这个燃烧的过程中才发光——也就是当它红热时。如果我从这块锌上取下一点白色的物质，将其放在氢气的火焰上，看它发的光多美啊，然而这也只因为它是固体而已。

现在我又要用到火焰，并将其中的碳释放出来。这里有一些莰稀，它燃烧会产生烟。如果我们让这烟通过一个导管到达氢气火焰上，这些烟就会燃起来并且发光，因为我们对它进行了第二次加热。看！这就是被再次点燃的碳微粒。拿一张纸放在它上方就能轻易看见这些碳微粒。这些微粒在火焰之中时，被氢气火焰的热给点燃，随之发出这些光。这些微粒还未分开之前，是没有光生成的。煤气火焰的光得归功于燃烧时碳微粒的分离，蜡烛燃烧的光也是一样的。不过我可以很快改变这一情况。例如，这是一团明亮的气体火焰，如果我向火焰加入很多空气，让它在这些微粒分离之前全部燃烧，我们就看不到这样的光亮了；如果我在这个喷嘴上方放上这个金属网罩，然后在其上方将气体点燃，此时气体的燃烧就不那么亮了，因为在它燃烧之前有许多空气与之混合。我将网罩拿高一点，大家看，气体并不会在网罩下面燃烧①。这气体里有许多碳，但是因为在它燃

① “打气灯”在实验室有这样的用处，其优势也得依靠这个原理才行。它由一个圆柱形的烟囱和一块覆盖在烟囱顶端的粗制的铁质网罩组成，在它下方点亮阿尔干灯，这样燃烧的气体在烟囱中能与足够的空气接触，因此当碳与氢同时燃烧时，碳就不会分离，火焰之中也不会有煤烟沉积。火焰不能通过金属网罩，因此在网罩的上方几乎看不见气体燃烧。

烧之前有空气与之接触并混合，所以大家看，火焰是苍白泛蓝的；如果我向明亮的火焰吹气，使所有的碳在被加热到发光点之前就被消耗掉，那么它燃烧的火焰也是蓝色的。（法拉第通过向气体火焰吹气来证明他的论点。）当我吹这个火焰时，火焰不再那么明亮了，唯一的原因就是火焰中的碳微粒在以自由的形态互相分离之前，就已经与空气充分接触并且燃烧了。这之间的区别仅在于气体燃烧时，其中的固体微粒是否分离。

大家已经看到，蜡烛燃烧有几种产物，其中一种可以被看作碳或者煤烟，碳再次燃烧又会得到其他产物。现在我们最关心的就是那“其他产物”是什么。我已演示过，有些物质消失了，现在我想让你们明白有多少物质进入到了空气之中，因此我们还得做一些更大规模的燃烧实验。那支蜡烛上面升起了热空气，我们会做两到三个实验来演示上升的气流，但是为了让大家对上升的物质的总量有个概念，我要做一个能收集一定量的燃烧产物的实验。因此我弄来了一个男孩们所说的热气球，这个热气球只是用来测量燃烧产物的，我只需要简单点个火就能满足目前的要求。这个盘子就相当于蜡烛杯，酒精就是我们的燃料，我要放一个烟囱在上面，因为我还是不要让事态随意发展。安德森先生现在将酒精点燃，在这顶部我们就能看见燃烧产物。一般来讲，我们在导管上得到的产物和蜡烛燃烧的产物是一样的，但是现在酒精的燃烧并没有很亮的火焰，因为酒精中几乎不含碳。当燃烧产物从酒精上升起时，我要向大家展示那些蜡烛的燃烧产物所产生的效果。［当热气球被充满的时候，它就被固定在了烟囱上方（图64）。］你们看见了它是怎样上升的，但我们不能让它上升了，因为它可能会碰到上面的煤气灯，那就麻烦了。（应法拉第的要求，煤气灯关上了，热气球就可以上升了。）你们感觉到热气球里释放了很多东西吗？现在让蜡烛的燃烧产物都通过这个导管

图64

（将一根导管放在蜡烛上方），你们马上会看到导管变得非常模糊。我拿另外一支蜡烛，把它放在一个广口瓶下方，在另一边将其点燃，接下来，看！广口瓶的瓶壁变模糊了，蜡烛开始微弱地燃烧，是蜡烛燃烧的产物使蜡烛火焰变暗了，当然也是这产物使广口瓶的瓶壁变得如此模糊。如果在家，你们拿一个放在冷空气中的汤匙，将其放在蜡烛火焰上——不是把它熏脏，你们会发现汤匙会变得同广口瓶壁一样模糊。如果你们能找到一个银质的盘子，或是这类的东西，实验效果自然会更好啦！把你们现在所想的保留到下次我们见面之时。我来告诉大家，是水让火焰变暗的。下次见面时我会向大家演示，我们能轻易地让它呈现出液态。

第三讲　水、水的本质、氢

——燃烧的产物

大家一定还记得上次讲课结束时，我们提到过蜡烛的“那些产物”，因为通过细心观察，当蜡烛燃烧时我们能得到数种不同的产物；当蜡烛不完全燃烧时，我们得到一种叫碳或者煤烟的物质，还有一种物质从火焰上升起，它能使一部分气流随之上升，但它不是烟雾状的，它以一种看不见的形式飘走了。当然还有其他需要讲到的产物。大家一定还记得在随着蜡烛火焰上升的气流中有一部分物质可以在一个冷汤匙，或者一个干净的盘子，或者其他冷的物体上凝结，而另外一部分物质是不可凝结的。

我们先来说可凝结的那一部分。对其进行检测，我们发现这一部分产物就是水——只是水而已。上次我无意间提到了水，也只是说蜡烛燃烧的产物中可凝结部分就是水。但今天我希望大家特别注意，我们将仔细研究它，不仅因为它关系到今天的主题，而且还因为它是地球表面普遍存在的物质。

我已经准备了一个将蜡烛产物中的水冷凝的实验，接下来我就要让大家看看这水了。要让你们这么多人一下子就看见这水的存在，也许我能采用的最好方法之一就是演示一个非常显眼的关于水的反应，然后将其运用

图65

到我们在这容器底部收集到的一滴水中。这里有一种由汉弗里·戴维爵士发现的化学物质，它与水能发生剧烈反应，待会儿我会用它来检测水的存在。如果我拿起一点这种从碳酸钾中提取的叫作“钾”的物质，将其投入盆中，大家会看见它漂浮起来燃烧，并伴随着剧烈的火焰，这就证明了水的存在。现在，我要把在盛有冰和盐的容器下方一直燃烧的蜡烛给拿走，大家会看见一滴水—— 一种凝固了的蜡烛的产物——挂在盘子外部的下方（图65）。我要向你们演示钾与这一滴水的反应和刚才的实验中盆子里的反应一样。看！它着火了，燃烧得跟刚才一样。我在这个平板玻璃上放另外一滴东西，再把这块钾放上去，从它着火这一现象大家马上就知道这里有水了。既然蜡烛燃烧可以生成水，那么同样的，如果我将这酒精灯放在一个细颈瓶下方，你们很快就会看见细颈瓶因附在其上的露珠而变得潮湿——这些露珠就是燃烧的产物。通过滴落在灯下方的纸上的水滴，你们很快就会看见酒精灯燃烧所生成的大量的水。我让它保留在纸上，待会儿你们就能知道收集到了多少水。因此，如果我拿一盏煤气灯，在其上方放上任何冷的设备，我都能得到水——由气体燃烧所生成的同样的水。这个瓶子里有许多水—— 一个煤气灯燃烧所生成的蒸馏水，这水相当纯净，跟从河里、海里或者泉水里蒸馏得到的水是完全一样的。水是一种独特的东西，它从不改变。我们可以通过小心的操作加一些东西进去，或者将其分离，从中提取一些东西，但是水就是水，不管是固态还是液态，其始终保持本质不变。这里（拿起另外一个瓶子）是一盏油灯燃烧所生成的水。一品脱的油，以适当的方式完全燃烧，生成的水竟然比一品脱还多。这里是蜂蜡燃烧生成的一些水。我们可以对几乎所有可燃烧的物质进行实验，然后发现只要它们燃烧时像蜡烛那样有火焰，它们就能生成水。大家可以自己做这些实验：拨火棒头是非常值得一试的东西，如果它能以冷的状态在火焰上方保持一段时间，你兴许可以在火钳上得到一些冷凝的水滴；一根汤匙，或者一个长柄勺子，或者其他任何能用的东西，只有保证它很干净，能经得起加热，才能收集到水。

现在，让我们开始研究可燃物美妙的燃烧产物——水的来历。我得告诉你们水能以不同的形态存在，你们现在对它的所有形态可能很熟悉，但仍需要花些心思留意它，这样才能明白，不论是蜡烛燃烧生成的水，还是来自河流或者海里的水，在经过诸多改变之后它们依然是同种物质。

首先，温度很低时，水会结冰。我们这些学者——我希望可以将你们和我自己划分到这一类人之中——说到水时，指的是化学意义上的水——不论它是固态、液态，还是气态。水是由两种元素化合而成的，一种我们已从蜡烛中取得了，另外一种我们会从其他物质中获取。水能以冰的形式出现，待会儿你们就有绝好的机会见证这一点。冰能融化成水，在上个安息日，我家以及许多朋友家里经历的一场浩劫，充分说明了水的这一特性——温度上升冰就能融化成水，当然如果温度足够高，水也会转变成气。现在我们面前的水正处在它最致密的状态[①]，尽管它重量变了，状态变了，形态变了，还有其他许多特性都变了，但它仍然是水。不管我们将其冷冻成冰还是加热成气，它的体积都会增大——这很奇怪、很强大，同时又很美妙。例如，我拿起这个锡筒，注入一点水，看看我倒了多少水进去，你们可以估量一下它在筒内能升到多高，它在筒内有2英寸深。我现在要把它转变成气态，好让大家看看水在液态与在气态时所占的体积是不同的。

现在我举一个水转变成冰的例子，我们可以用盐和碎冰块的混合物来冷却水并将其变成冰[②]——我这样做也可以让大家看到，水变成冰后体积会膨胀。这些瓶子（拿起一个）都是用非常坚硬的铁做成的，非常坚硬，也非常厚——我想它们有三分之一英寸厚，它们都装满了水——以排除空气，然后被拧紧倒置。我们会看见，当这些瓶子中的水都结冰时，它们就再也装不下这些冰了，膨胀后的冰会把这些瓶子胀破成这样的碎块（指向一些碎片），它们之前是和这些一样的瓶子。我马上就把这两个瓶子放进

① 水在华氏温度39.1度时，处于最致密的状态。

② 盐和碎冰的混合物可将温度从华氏32度降到0度。

盐和冰的混合物里，好让你们看到水转变成冰之后，它的体积变化是多么惊人。

同时，注意观察我们加热的水有何变化，它正在失去液态。我已用表玻璃将这个细颈瓶口塞好了，它里面的水正在沸腾。它发出"咯咯"的声音，就像阀门咯吱作响，因为沸水冒出的水蒸气努力地想要到达瓶外，从而使活塞上下移动发出声响。大家都知道细颈瓶里充满的一定是水蒸气，否则它也不会拼命往外跑。大家看，这个瓶子里的蒸气比水要多得多，因为它一次又一次地将瓶子充满，现在还冲到空气之中去了。现在大家还不能观察到水的体积大幅度缩小这一现象，这表明了水变为蒸气的时候体积上的变化相当大。

我已经将装了水的铁瓶子放到盐和冰块的混合物里去了，接下来看看会发生什么。大家可以看到，瓶子内的水和瓶子外的冰块没有直接接触，但是它们之间会有热量的传递。如果实验成功的话——这个实验做得非常仓促，我希望在冰将瓶子占满之后不久大家就能听见瓶子的爆破声。我们这时去检查瓶子的话，会发现有一部分冰是露在瓶子外面的，因为水凝固成冰之后体积增大了许多。你们知道冰块能浮在水上面，如果一个男孩从冰洞上面掉进了水里，他可以靠大冰块再次浮起来。为什么冰能浮在水面呢？仔细想想，然后推理。因为同样多的水转变成冰之后体积增大了，所以，体积相同时，冰的重量就比水轻。

现在回到对水进行加热的实验中。看锡筒里升起好多水蒸气啊！大家看，这锡筒里定是满得再也装不下了，才会有这么多水蒸气逸出来。我们既然能通过加热使水变成水蒸气，那么我们也能通过降温使它变回液态水。我们在这水蒸气的上方拿住一片玻璃或者其他冷的物品，看看它多快就变得潮湿了。玻璃会将水蒸气液化，直到它本身也变热——它正在将接触到它的水蒸气液化。我还有另外一个实验，向大家演示水从气态转变回液态，就像蜡烛燃烧生成的气体在盆子的底部以水的形式出现一样，同时还要让大家看到这些是怎样发生的。这个锡瓶装满了水蒸气，我把瓶口封起来，我们要看看当在这个瓶子外面淋上冷水，瓶子内的蒸气回到液态时，会有什么事发生。［法拉第向锡瓶上淋水，锡瓶突然就瘪下去了（图66）。］大家看见了所发生的事了吧。如果刚才我没把塞子打开，还继续给它加热，这个瓶子早就爆炸了。当水蒸气回到液态时，水蒸气液化，瓶子内部产生一定量的真空，因此瓶子就瘪了。我做这么多实验就是为了告诉大家，在这几个实验中没有什么能将水变换成其他物质，它仍然是水。因此瓶子变形了，如果再对其进行加热的话，它又会向外膨胀。

图66

水变成蒸气之后它的体积又是怎样的呢？大家看那个立方体（指向一个1立方英尺大的立方体），它旁边是一个1立方英寸大的立方块（图67），形状与那个1立方英尺大的立方体一样。那容积为1立方英寸的水，完全能够膨胀成容积为1立方英尺的气体；相反，对那一大团水蒸气进行降温，它又会缩小成这么一点水。（此时一个铁瓶爆炸了。）啊！大家看，瓶子爆了一个，边上有一个八分之一英寸宽的缺口。（另外一个瓶子也爆

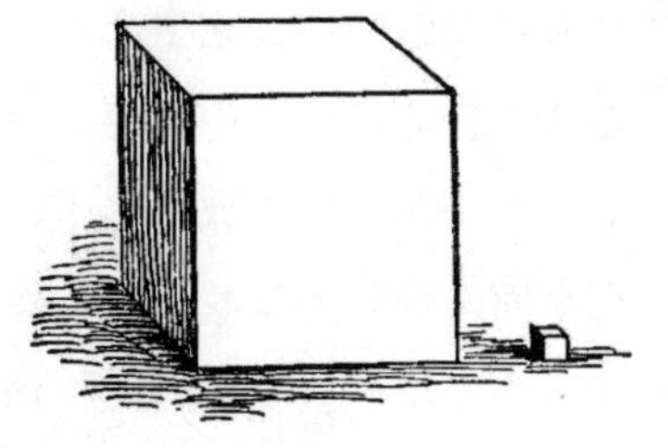

图67

裂了，冰冻的混合物四溅。）另外一个瓶子也破了！尽管这个铁瓶有将近半英寸厚，但冰还是将它撑爆了。水总是能发生这样的变化，而不仅仅依靠人工手段。我们这样做只是想在那小瓶子周围制造一个冰冷的环境，而不是整个冰天雪地。但是如果去加拿大或者北方，你们会发现那里屋外的温度也能像刚才的冰一样让瓶子爆破。

现在回到深沉的学术之中。今后我们就不会被水所产生的任何变化欺骗，不论是大海里的水，还是蜡烛燃烧所生成的水，它们都是一样的。那么蜡烛燃烧所生成的水又去了哪里呢？我得预先使用一点点，然后告诉大家。很明显它来自于蜡烛的燃烧，但它是否早就存在于蜡烛之中呢？不，它不存在于蜡烛之中，它也不存在于蜡烛燃烧所必需的周围的空气之中，它不存在于这二者的任何一个当中，它产生于这二者的结合反应中，它的一部分来自蜡烛，一部分来自空气。对此我们必须要加以研究了，这样我们才能完全明白这桌上燃烧的蜡烛的化学反应啊！我们要怎么研究呢？我倒是知道一些方法，但是我希望大家结合我教过你们的知识，自己想出办法来。

我觉得这个方法对大家应该有所帮助。刚才我已经演示过戴维爵士发现的一种物质[①]与水反应的实验，现在我要在这个盘子上把这个实验再做一次，好让大家回想起来。我们需要非常小心地操作这种物质，大家知道，如果我溅一点水在它上面，马上就会有一部分燃起来，如果有足够的空气与之接触的话，它整个就燃起来了。这里有一块这种金属——美丽又有光泽，它能在空气中迅速发生反应，当然也能在水中迅速发生反应。我要把一小块这种金属放到水中，大家可以看到它燃烧得很美丽，就像一盏浮在水面的灯。如果我们拿一点铁粉或者铁削屑，把它们放到水中，它们也同样会发生一些反应，并不像钾反应得这么剧烈，但仍然是同样的反应类型。尽管它们不像这个美丽的金属与水的反应一样剧烈，但是它们与水反

① 1807年汉弗里·戴维爵士发现，钾是碳酸钾的主要金属成分，通过强力的伏打电池他将钾从碳酸钾中成功分离出来。钾与氧的强亲和力使它将水分解并释放出氢气，反应过程中生成的热量将氢气点燃。

应会生锈，它们与水的反应方式与钾和水的反应方式几乎是一样的。我希望大家将这些不同的事实牢记在心。这里还有另外一种金属——锌，当检查它燃烧所生成的固体物质时，我们发现它烧尽了。如果我将一小条锌放在蜡烛火焰上，你们会看见——可以说是，处于钾和水的反应与铁和水的反应之间的——一种反应，会看见某种燃烧现象。锌烧尽了，留下一些灰烬或者残渣。在这里我们又发现这种金属能与水发生一定的反应。

渐渐地我们已经学习了怎样改变不同物质间的反应，以及怎样从中得到我们想要知道的东西。现在，我要讲的是铁。有一种很普遍的现象，在任何化学反应中都可能存在，那就是：加热可以加快反应速度。如果想要仔细研究一种物质与另一种物质的反应，我们经常需要给它们加热。我相信，大家都很清楚铁粉能在空气中漂亮地燃烧，但我还要做一个这类的实验，因为它能加深你们对铁在水中反应的印象。我升起一个火焰，然后使之中空——因为我要让空气从这里进去，然后将一点点铁粉放进火焰之中，你们看它燃烧得多好啊！这个燃烧是由铁粉被点燃时所发生的化学反应带来的。我们得继续研究，弄清楚铁与水在一起会发生什么反应。研究会慢慢地、有规律地告诉我们这个故事，而且讲得很漂亮，我相信它会使你们非常满意的。

这里有一个炉子，里面横放着一根像枪管一样的管子（图68），我在这个管子中填满了铁屑，再把它横放在火上烧至红热。我们可以通过这个管子让空气与铁屑接触，也可以将管子末端小烧瓶中的蒸气运送到铁屑中去。有一个活塞方便我们根据需要让水蒸气进入管子。在这烧瓶中有一些水，我把它染成了蓝色，这样大家可以清楚看见将要发生的。大家很清楚任何蒸气如果通过管子进入到水里，都会液化——因为大家看见过，我们给水蒸气降温，它就不能再保持气态。看这里，它（指向锡瓶）将自己挤压成了多小的一团，才导致瓶子瘪掉。假设这个管子是冷的，那么我让水蒸气进入这个管子，它就会冷凝，因此，我将管子加热了，这样才能为你们做接下来的这个实验。我只让一点水蒸气进入到管子中去，当它们从管子的另一端出来的时候，你们自己判断它是否还是蒸气。水蒸气可以液

图68

化成水，当温度降低时水蒸气就变回液态的水。我让这个收集在试管里的气体通过铁管进入水中，降低了气体的温度，可它还是没有转变成水啊。我要对这个气体做另外一个测试（我将集气瓶倒置，不然气体就全跑了。）。我放一个火种在集气瓶瓶口，如果它燃烧起来并发出声响，那就表明它不是水蒸气，因为水蒸气只会让火熄灭，水蒸气不能燃烧。但大家看见了，集气瓶中的气体是会燃烧的。我们能从蜡烛火焰生成的水中得到这种物质，就完全能从其他源头得到这种物质。从铁与水蒸气的反应中得到这种气体后，铁就变成了铁粉燃烧之后的那种形态。该反应使铁的重量增加了。如果不通入空气或水蒸气，让这个管子里的铁继续受热，即便冷却后，它的重量都不会改变，但是我们看见，通入水蒸气之后，它从水中吸取了一些东西，又让另外一些东西继续向前通过，它的重量就增加了。我们还有另外一瓶气体，现在让我来演示一些更有趣的。它是一种可燃气体，我可以马上在瓶子里点火，证明它是可燃的，如果可以的话，我还打算做点别的。它也是一种非常轻的物质。水蒸气能够液化，这种气体能在空中上升，但不会液化。我又拿起一个集气瓶，里面除了空气什么也没有。如果拿一块点火木片去检测它，我们会发现里面只有空气，没有其他什么。现在我要像处理很轻的物质一样让这两个瓶子的瓶口朝下，然后将其中一个瓶子翻过来，但要让它处在另一个瓶子的下方（图69）。那个装着水蒸气与铁反应得到的气体的瓶子里现在装着什么呢？你们会发现它现在只装着空气。但是，请看，可燃烧气体在这里呢（拿起其中一个瓶子），我把它从一个瓶子倒进另一个瓶子里了。它仍然保持着它的性质、形态和独立性，因此我们更应该把它归为蜡烛的产物一类。

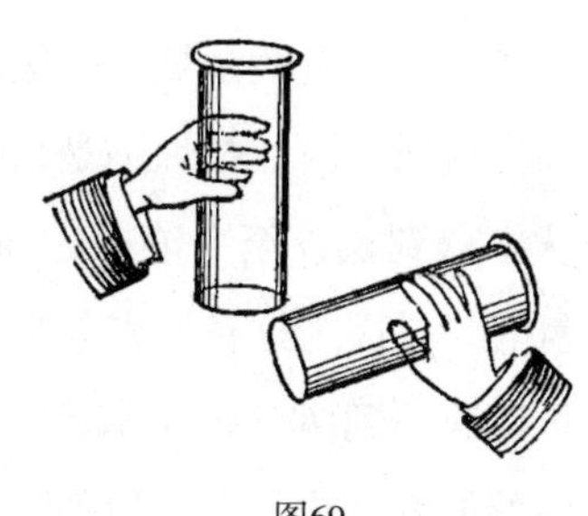
图69

这种我们刚从铁与水蒸气的反应中得到的物质，我们也可以从能与水发生剧烈反应的物质中得到。如果我拿一块钾，再做一些必要的布置，它也能生成这种气体。相反，如果是一块锌的话，我在仔细检查它的时候发现锌不能像钾一样与水完全反应，主要原因就是它们在反应过程中会生成一种保护层将锌包围起来。因此，我们知道了，如果只是在容器里放入锌与水，它们不会发生多剧烈的反应，我们也就得不到什么实验结果。但如果我继续溶解这个保护层——我可以加一点酸来溶解这个起阻碍作用的物质，锌与水的反应就会像铁与水的反应一样，只不过这次反应是在常温下发生的。酸是不会改变的，除非和生成的锌的氧化物化合。我已经将酸加到玻璃容器中了，结果它们沸腾了，就像我在给它们加热一样。这就是从锌中大量分离出来的物质，它当然不是水蒸气。现在这个集气瓶里装满了这种物质，当我把它倒置时（图70），你们会发现这种与我在铁管实验中得到的一样的可燃烧气体仍然在集气瓶中。这就是我们从水中制得的物质，蜡烛中也同样含有它。

图70

这种物质就是氢——化学上我们称为元素，因为我们不能再从其中分离出任何东西。蜡烛不是最初级的物质，因为我们可以从中得到碳，也能从中得到氢，至少能从它所生成的水中制得。这种气体之所以被命名为氢气，是因为这种元素与另外一种元素可以生成水。安德森先生现在已经可以收集到两三瓶气体了，我们要做一些实验，我还想教给你们做这些实验的最好方法。我不怕把它传授给你们，因为我希望你们也可以这样做，只要你们做实验时小心谨慎，并且喜欢这些实验。鉴于我们在化学科学上取得的进展，我们必须知道怎样去处理不当操作带来的一些十分有害的物质。我们使用的酸、热以及可燃物，如果使用不当，极有可能会对大家造成危害。你如果想制取氢气的话，用一点锌加上硫酸或者盐酸就可以了。这个就是早些时候我们称为“学者的蜡烛”的东西，它是一个小药瓶，上面带有一个软木塞，软木塞上插着一根导管。现在我把一点锌粒放进小瓶中。我所使用的这个装置在示范中非常有用，大家在家也可以用这样的装置制取氢气或者做其他的实验。为什么我要如此小心地向这个瓶子里装药品，还不能装得太满？我这样做是因为，正如大家看到的，从瓶子里释放出来的气体极易燃烧，与大量空气混合后极易爆炸，在水下面的空气排净之前你如果在导管末端点火的话，极有可能伤到你自己。现在我要倒入硫酸了，我只用了一点锌，却加了许多硫酸和水，因为我想让它持续反应一段时间。我这样小心地把握反应物的比例，以便让气体有规律地生成——不快不慢。我现在将一个集气瓶倒置在导管上方，因为氢气比空气轻，我希望它会在集气瓶里待一会儿。现在我们要对集气瓶里的物质进行检测，看是否有氢气在里面。我想，只收集到一些的话，我还是比较安全的（向瓶内点火）。好了，大家看，现在我在导管口点火，氢气燃烧起来了（图71）。它就是我们学术上的蜡烛。大家可能会说它的火焰很微弱，但是它却非常热，几乎没有哪种普通的火焰能释放出这么多的热量。它还在稳定地燃烧着，现在我要在这火焰上方放置一个设备，这样我们可以检测到它燃烧的结果，并且还能将因此学到的东西

图71

运用起来。鉴于蜡烛燃烧生成水，这种气体又来自于水，让我们期待这与蜡烛在空气中燃烧所经历的相同的过程能带来点什么，因此我得将这个灯放在这个仪器下面（图72），以便它燃烧后升起的物质能够冷凝。不一会儿你们就能看见这个圆筒里出现水蒸气，圆筒的边上还有水珠。用与之前一样的方法从这个火焰上收集到的水，在这个实验中的效果与之前的也完全相同。氢气是一种非常美丽的物质，它轻得可以将其他物质都托到空中，它比空气轻很多。我能做一个实验来演示一下，如果够聪明的话，你们当中有些人定能重做这个实验。这个是氢气发生器，还有一些肥皂泡。让一根橡胶管与氢气发生器连接，橡胶管的末端是一个烟斗。现在我让烟斗进入一个泡泡，然后使用氢气将它吹大。大家看我用嘴去吹这些泡泡时它们是怎么向下落的，要注意用氢气吹这些泡泡时它们又有什么不同。（法拉第用氢气将肥皂泡吹大，它们飞到屋顶上去了。）这就向大家演示了氢气有多轻，因为它不仅要将肥皂泡托起，而且还要托起泡泡底部的一滴水。还有比这更好的演示它有多轻的方式，比这些泡泡大得多的球都能被氢气托起。事实上，以前用的气球充的就是这种气。安德森先生会把这个导管绑在我们的发生器上，这样我们就能用氢气给这个火棉胶球充气了。我不需要将所有的空气都挤出，因为我知道多少氢气就能让这个球飞起来。（两个火棉胶球都被充好了氢气并且放飞出去，其中一个用绳子系着。）这里还有一个更大的用薄膜做的球，我们也会给它充氢气并放飞它。它们会一直飘浮在空中，直到氢气泄漏。

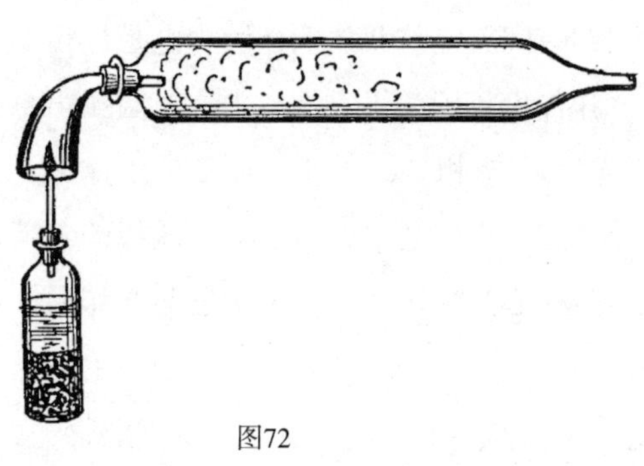

图72

那么，这些物质的相对重量又是什么呢？这里有一张表格，上面有这些物质的相对重量的比例。我拿品脱和立方英尺作为测量单位，还给它们各自标上了数字。1品脱氢气只有最小的重量单位1格令的四分之三，1立方英尺氢气只有十二分之一盎司重；而1品脱水就重达8750格令，1立方英尺水就重1000盎司。因此，大家知道1立方英尺水和1立方英尺氢气的重量有多大差别了吧。

氢气燃烧时或者燃烧后不会生成任何固体，它燃烧只会生成水。如果我们在氢气火焰上方放置一个冷的玻璃杯，玻璃杯会变潮湿，并且很快就收集到非常可观的水量。氢气燃烧生成的水与蜡烛燃烧生成的水是一样的。氢气是大自然中唯一一种燃烧只生成水的物质，记住这点非常重要。

现在我们要努力找出水的其他一般性质以及其组成成分，因此我得让大家在这里再待一会儿，以保证下次见面时你们已经为这个主题做了更好的准备。大家已经看过了，我们可以让锌在酸的帮助下与水发生剧烈反应，就像它们要释放出所有的能量一样。在我身后有一对光伏电池，我打算在这节课结束的时候向你们演示它的特性以及力量，这样大家可能就清楚了下次课我们要做什么。我手上拿着这根金属线的末端，它将我身后的电力传送出来，我要让它在水中发生点反应。

之前我们已经见识过钾，或者锌，或者铁屑燃烧所具有的力量，但没有一种能有电这样的力量。（法拉第将电池两端的金属线接到一起，一道耀眼的火光瞬间迸发出来。）事实上，锌燃烧的能量的40倍才能生成这道光。只要我愿意，我可以通过这金属线将这个电力握在手中，但如果我有一个操作失误，它们瞬间就能将我放倒，因为电是最猛烈不过的东西了。你们数到五，我就让你们见识一下它的威力。（法拉第将电极相接，展现电火光。）它简直就和雷电相当，力量太强大了①！大家可以看到它的力量是多么猛烈。我要拿起这根传递电池电力的金属线的末端，我敢说，用它就可以让这个铁锉刀燃起来。下次课我要让它与水作用，让你们看看它与

① 法拉第教授计算过，分解1格令水与产生一道强大的电光所需的电能是一样多的。

水作用会产生什么样的结果。

第四讲　蜡烛中的氢燃烧成水及水的另一种元素——氧

我知道大家现在还不讨厌蜡烛，或者说，我确信你们不会像现在这样对这个题目感兴趣。我们发现，蜡烛燃烧时产生的水和我们周围的看起来一样，进一步检查这种水，我们可以在广口瓶里找到一种奇妙的物质——氢——水中较轻的物质。我们后来看到了氢可以燃烧，燃烧后生成水。现在，我要求大家注意一种仪器，简单地说，这种仪器就是一种化学力，或者化学力量，或者化学能源的装置。我们可以调整该装置，使其动力通过钢丝传达给我们。我说过，我会用这种动力把水分解成不同的部分，然后看看水里面除了氢之外还有什么。因为，大家应该记得，我们让水从铁管中通过，然后使其成为水蒸气，我们无论如何都得不到等量的水，尽管大量的气体已经散发出来了。现在我们得看一下氢之外的物质是什么。大家也许知道这种仪器的特点和用法，让我们来做一两个实验。我们先把一些已知的物质放在一起，然后看看该仪器对它们的作用。这是铜（要注意观察它将发生的各种变化），这是硝酸，是一种强化学剂，当我把它添加到铜上的时候，你们将看到它的反应会多么强烈。它现在在释放一种好看的红色的蒸气，但是我们要的不是蒸气，安德森先生会把它拿到排气管那里放一会儿，这样我们就可以不受干扰地进行实验并欣赏实验之美。我放进烧瓶中的铜会溶解，它使硝酸和水变成一种蓝色的液体，液体中含有铜和其他东西。我的目的就是要向你们演示这种光伏电池是如何与这种液体反应的。同时，我会做另一个实验，让你们看看这种光伏电池具有什么样的力量。这种物质，对我们来说，像水——也就是说，它含有我们还不清楚的物质，就像水也含有一种我们还不明确的物质。现在我要把这盐溶液[①]倒

① 醋酸铅溶液在光伏电流的作用下在负极产生铅，在正极产生棕色的过氧化铅。硝酸银溶液在同样的条件下会在负极产生银，在正极产生过氧化银。

在纸上，使其铺开，向它施加电池的电力，大家要注意观察会发生什么。现在就要发生三四种重要的反应，而我们将要利用这些反应。我把这张湿纸放在一张锡纸上，这便于使其保持干净，也便于利用电力。大家看，不管把它放在纸上或者锡纸上，还是我让它与其他东西接触，它根本不会受到任何影响。有了这种方法，我们可以随意地使用那种仪器。但是，我们得先看看我们的仪器的状况是否良好。线在这里，让我们看看它是否在状态，很快我们就会知道了。当我把它们连接在一起的时候，因为输送带——我们说的电极——没有工作，因此没电。但是现在安德森发了一封“电报”给我（指的是线的两端突然闪烁的光），告诉我一切就绪。开始实验之前，我让安德森将我身后的电池断开。然后，我用一根铂丝连接两极。如果我能在一定距离外接通这根线，那么在实验中，我们是安全的。现在通电了（线路连接已建立，中间的线变得炽热），电力正完美地通过导线。我有意把导线弄细，以便向大家展示我们拥有的这些强大的力量。有了电力，我们就可以用它研究水了。

这里有两块铂金板，我把它们放在这张纸（锡纸上的湿纸）上，没有反应；我把它们拿起来，也没有任何反应，它和之前一样。现在我把两极中的一端放在铂金板上，两端都没有任何反应；但是如果我把两端同时连接在一起，看发生了什么（电池两极下，各出现了一个棕色的点）。看一看其所产生的效果，看看我是怎样把这些白色和棕色的东西分开的。我坚信，如果我这样做，并且把电池的一端放到锡纸的另一面上——为什么要这样做呢？因为我在这张纸上的动作很漂亮，想不想看看我能否用它发一封“电报”？（法拉第用其中一根线将“青年”这个词仔细地写在纸上。）看看我们是怎样巧妙地得到结果的！

大家看，我们从溶液里提取了些东西，这些东西是我们以前所不知道的。现在，我从安德森手里接过这个烧瓶，看看我们会从中得出什么结论。大家知道，这种液体是我们在进行其他实验的时候铜和硝酸反应产生的。尽管我做这个实验的时候有点儿仓促，也许还有点儿拙劣，但是我更愿意让你们看看我做什么，而非事先做了什么。

这两块铂金板是这个仪器的两端（或者说，我要把它们做成这样），我马上要把它们放进溶液里，就像之前我们在纸上做的那样。不管溶液在纸上还是在广口瓶里，对我们来说，这都不会有影响，只要我们把仪器的两端与之接触。我把这两块铂金板放进去（把它们浸入液体，但不要和电池连接），拿出来之后和放进去之前一样干净、洁白。但是，通电之后我再把铂金板放进去（把铂金板与电池相连后，再将铂金板浸入溶液），大家看（展示其中一块铂金板），这一块立刻变成了之前的铜，它已经成了一块铜板，那一块（展示另一块铂金板）则变得相当干净了。如果我将这块铜化了的金属板翻面，铜会从右手这边转到左手这边。之前的铜板拿出来之后是干净的，这块金属板拿出来之后却裹上了一层铜。由此大家可以发现，我们把一块铜放进溶液，却可以用这种装置把它拿出来。

暂且把溶液放一放，我们来看看这种装置对水有什么作用（图73）。我打算用这两块铂金板来做电池的两极，这个小容器（*C*）的形状便于我把它拆分成不同的部分，向你们展示它的结构。我将汞倒入这两个杯子里（*A*，*B*），使线的两端与铂金板相连。我往容器（*C*）里倒入一些含有一点酸性物质的水（这只是为了加快反应，不会改变反应过程），与容器顶端相连的是一根弯曲的玻璃管（*D*），这能提醒你们在我们的燃炉实验中这根管是与枪筒连接在一起的，这根玻璃管现在从广口瓶（*F*）的下端穿过。我已经把装置调整好了，我们将用这种或那种方法对水产生作用，到

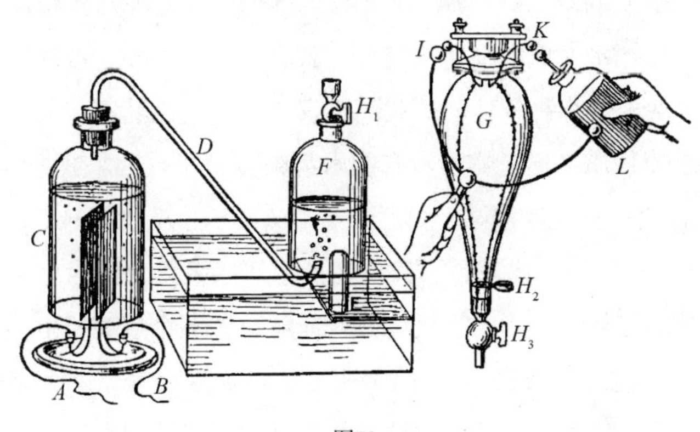

图73

时候我会把水从炽热的管中输送过去。现在我要让电通过容器里的东西，也许我会把水烧开，但是这样就会有水蒸气，水蒸气变冷之后就会凝结。因此，你们马上就会看到我会不会把水烧开。然而，我可能不会把水烧开，而是让它产生其他的变化。我把这根线放到这边（*A*），把另一根放到另一边（*B*）。它看起来在沸腾，但是它真的在沸腾吗？我们看看冒出来的是不是水蒸气。大家马上就会看到广口瓶（*F*）里充满水汽，如果从水上升起来的是水蒸气的话。但那是水蒸气吗？当然不是，为什么呢？因为，大家看，它还在里面，没有变化，它在水上面，所以它不是水蒸气，但却是一种稳定的气体或者气体之类的东西。那它是什么呢？是氢吗？还是其他什么呢？好，我们来研究一下就知道了。如果它是氢，那么它就会燃烧。（法拉第点燃了所收集的此种气体，它燃烧了，并发生了爆炸。）很显然，这是一种易燃物，但燃烧方式和氢不一样。氢不会发出这种声音；它燃烧时火焰的颜色和氢一样；然而它不与空气接触也会燃烧。我选择这种形状的装置的原因，是为了让你们知道该实验的特殊条件。我把容器封闭了（电池工作得很好，汞都沸腾了，一切正常——没有半点差错，而且是相当正常），而不让其敞开着，我要向大家说明的是，那种气体没有空气也可以燃烧。在这一点上，它是不同于蜡烛的，因为蜡烛没有空气是不能燃烧的。我使用的方法是这样的：玻璃瓶（*G*）装了两根铂线（*I*，*K*），它们可以用来导电。我把玻璃瓶放到抽气机上，把空气抽空，抽空之后把它拿过来固定在广口瓶（*F*）上，再把光伏电池与水作用生成的气体输进去，也把水变成的气体输进去。我会尽全力去做，假如我们真的通过实验把水变成了那种气体，那我们不仅改变了它的状态，而且确实使其变成了气态的物质。通过实验所有的水都被分解了。如果我把容器（*G*，*F*）在*H*处拧紧，把管连接好。我把活塞（H_1，H_2，H_3）打开，你们观察水面（*F*处），有气体冒起来了。我现在得把活塞关紧，因为玻璃瓶已经不能容纳更多的气体了。为了把气体安全地输送到那个玻璃瓶里，我从莱顿瓶（*L*）向其传输电火花，相当洁净明亮的玻璃瓶会变暗。大家听不到任何声响，因为这容器足以承受这种爆炸。这些易爆的混合物被点燃之后，火花会在瓶中闪耀。大家看见那耀眼的光了吗？如果我再把容器拧紧到广口瓶上，然后把活塞打开，你们会看见气体再次升起。（法拉第打开活塞。）这些气体（指的是先从瓶中收集然后被电火花点燃的气体）已经消散了，里面已经空了，现在又充满了新的气体。水又生成了，如果我们重复操作（重复刚才的实验），水面会上升，瓶子里的气体又会消失。爆炸之后容器总会变空，因为水在电池作用下分解而成的水汽或气体，在火花的影响下会爆炸，从而变成了水。你们很快会看到一些水珠从容器的上方沿着容器壁滴落下来，汇集在瓶底。

我们现在只研究水，不考虑大气压的影响。蜡烛燃烧时，空气有助于水的产生，但水不能只从空气中产生。因此，水应该包含了某种物质，该物质是蜡烛从空气中吸收到的，它和氢结合生成了水。

刚才大家也看到了，电池的一端从装有蓝色溶液的容器中把铜吸住了，因为受到了导线的影响。如果电池可以作用于我们已经制作或者还未制作出来的金属溶液，那么它能够分解水的各组成部分并把各部分分别放置在不同的地方吗？如果我拿开电池有金属的那一端，装置里的水会怎样（图74）？我已经把装置的两端分开了。我将一端放在这里（*A*处），另一端放在那里（*B*处）。我准备了一些有孔的小木板，把它们放在两端，以便使从电池两端出来的气体分开呈现——因为你们已经看到过水不会变成蒸气，而是变成了气体。现在导线已经与装有水的容器完全连接好了，大家看，开始冒泡了。我们把这些水泡收集起来，看它们究竟是什么。这是一个玻璃圆柱（*O*），我将其注满水，使其与电池组的一端（*A*）相连，我让另外一个玻璃圆柱（*H*）与电池组的另外一端（*B*）相连，所以现在我们就有了两个装置，它们都可以传送气体。这两个装置都会充满气体。气体出来了，右边玻璃圆柱（*H*）里的气体很快就满了，左边（*O*）的稍微慢一点。尽管我排

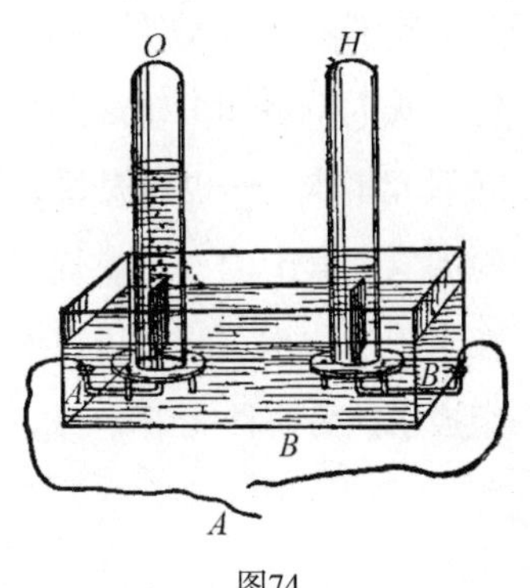

图74

走了一些水泡，反应还是非常有规律地进行着。如果不是因为这个玻璃圆柱（H）比那个（O）小，你们会看见这个（H）中的气体是那个（O）的两倍。两种气体都是无色的，它们在水上面，没有液化，它们几乎一模一样——我指的是表面上。现在我们来研究一下这些物质，看看它们到底是什么。它们的体积大，我们可以很轻松地研究它们。首先，我要研究这瓶气体（H），你们得准备辨认一下它是不是氢。

想一下氢的性质——这种轻气体可以在倒置的容器里站得稳稳当当，瓶口一点微弱的火星就可以把它点燃，我们看看这种气体是否满足这些条件。如果它是氢，那么我把容器倒置，它也会在里面，不会漏出来。（氢燃烧的时候会发光。）在另外一个圆柱里的是什么呢？这两种气体混合之后会变成一种易爆的物质。可是，我们在水里发现的另外一种成分是什么呢？是那种物质让氢可以燃烧的吧。我们知道容器中的水是由两种物质混合而成的，我们发现其中一种是氢，实验前水中的另一种物质是什么呢？现在它又变成了哪种物质呢？我马上就把这木块点燃并放到气体中去，气体本身不会燃烧，它只会让木块燃烧。（法拉第把木块的一头点燃，然后把它放进装气体的瓶里。）看！它让木块燃烧得多旺，和空气相比，木块在这种气体里燃烧得旺得多。蜡烛燃烧后生成的水中所蕴含的另一种物质，一定来自大气。我们应该怎样称呼它呢？A、B，还是C呢？让我们称其为O——称它为“氧”，这是一个非常好的、特别的名字，是一个响亮的名字。这就是水中的氧，它组成了水的很大一部分。

我们会更好地理解我们所做的实验和研究。因为检测了这些物质之后，我们就会知道蜡烛为什么可以在空气中燃烧。我们已经按照这样的方式研究了水——也就是说，把水分解或电解成不同的部分，我们得到了两份的氢，其中的一份燃烧了。我们用下面示意图的形式来展示这两种气体在水中的比重。我们可以看出，和氢相比，氧是一种非常重的物质。它是组成水的另一种元素。

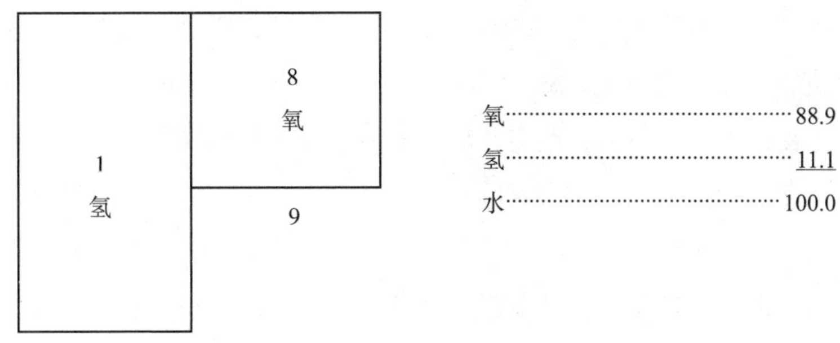

我已经向你们演示了怎样将氧从水中分解出来，现在我要告诉大家，我们是怎样得到这么多的氧的。氧，如大家所想的一样，存在于大气之中。如果没有它，蜡烛又怎能燃烧并产生水？氧是绝对不可能没有的，从化学的角度来讲也是这样。我们能从空气中得到氧吗？从空气中获得氧的过程是十分复杂和困难的，但是我们最好还是做一下。这是黑色氧化锰，它是一种很黑的矿石，但是十分有用，它在加热之后会释放出氧。这个铁瓶里有一些黑色氧化锰，一根管子与它相连（图75）。火已经准备好了，安德森会把曲颈瓶放到火上去，由于它是铁做的，它能承受住这种热量。这种盐是氯酸钾，现在它被大量生产，用来漂白，用于化学和医学上，用于烟火制造以及其他目的。我取一些氯酸钾，把它与氧化锰混合（用氧化铜或者氧化铁也可以）。如果我把它们放到曲颈瓶里，不需要太高的温度就足以让氧从混合物中释放出来。我不会制造太多，只要足够进行实验就行了。只是大家马上就会知道，如果我用量太小，第一部分气体就会与曲颈瓶里的空气混合，空气会把它稀释得很淡，那么我就得被迫舍弃这些气体，第一部分的气体就浪费了。在这种情况下，一盏普通的酒精灯是十分有益的。因此，我们还要做两个准备工作。看！气体轻轻巧巧地就从那点混合物中逸出来了。我们来检测一下它的性质。我们现在正在制作一种气体，这种气体与我们用电池做实验所得到的气体一样。它透明，不溶于水，与大气的普通的可见的性质一致。（由于第一个瓶子里含有空气和实验放出的第一部分氧气，我们将按照这样的方式进行实验，并准备正式地、郑重地做这个实验。）因为，我们用光伏电池从水中获取的氧在使木块、蜡以及其他物质燃烧方面的作用是如此显著，所以我们希望能在此发现相同的性质，我们会尝试一下的。大家看，一支点燃的蜡烛在空气中燃烧，它在这种气体中也会燃烧（法拉第把蜡烛放到广口瓶里）。大家瞧，它燃烧得多旺多漂亮啊！大家看到的不仅仅是这些，你们会发现它是一种较重的气体，而氢则会像气球一样向上升，甚至比去掉了气囊的气球还快。你们很容易发现，尽管我们从水中收集的氢的体积是氧的两倍，但这并不意味着氢的重量也是氧的两倍。因为氧更重，而氢是一种很轻的气体。我们可以测出气体或者空气的重量，只是我们无须停下来解释，让我直接告诉大家它们各自的重量吧。1品脱氢的重量相当于3/4格令；而1品脱氧的重量则相当于12格令。这个差异十分重要。1立方尺氢的重量是1盎司的1/12；1立方尺的氧则有$1^{1}/_{3}$盎司那么重。接着我们会想到我们能用天平称这么大量的物质，而这么多东西本该有数英担[①]甚至数吨的重量。你马上就会看到这些物质了。

现在，我们来对比氧和空气的助燃的性质。我用一段蜡烛粗略地向你们演示一下。我们知道蜡烛在空气中燃烧的模样，那它在氧中是怎样燃烧的呢？这里有一瓶氧气，我把它靠近蜡烛（图76），你们比较一下，它与氧气反应的时候和它与空气反应的时候有什么不同。看！这种光看起来就

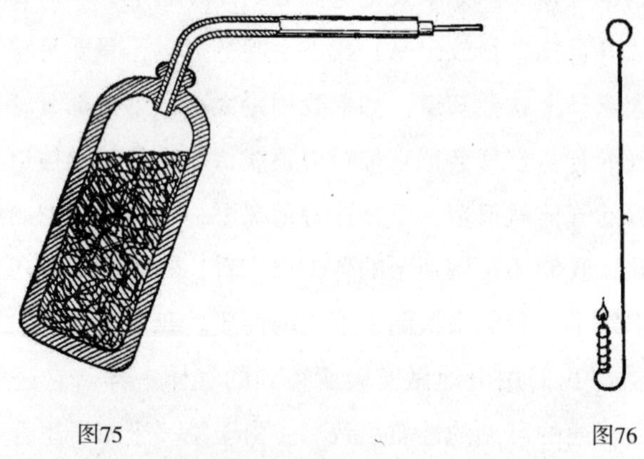

图75　　图76

① 1英担≈50.802千克。

像是光伏电池两极的光。反应多剧烈啊！还有，整个反应过程中的产物，除了蜡烛在空气中燃烧产生的物质，别无他物。蜡烛在氧气中燃烧所产生的水，与蜡烛在空气中燃烧时产生的水一样。

现在我们已经对这种新物质有了一定的了解，但为了更好地了解，我们应更加仔细地观察这种气体。它能在助燃方面起到重大作用真是太好了。这里有一盏灯，它很简单，比起那些有着不同用途的灯——用来服务潜水员，用于灯塔照明、显微镜照明，以及用于其他用途的灯，它是比较原始的一种灯。假如我们要它非常明亮地燃烧，你们就会问："如果蜡烛在氧中能烧得更旺，那么灯也一样吗？"哦，它也会烧得更旺的。安德森先生会把一根从氧气袋接过来的管递给我，我会把它靠近火焰，我之前故意让火苗变得很微弱。它接触到氧了，它现在燃得多炽烈啊！但是，如果我把管口关上，灯又会怎样？（氧气流不再逸出，灯恢复成之前暗淡的样子。）氧可以促进燃烧，这是多好的一件事啊！但是，它不仅能影响氢、碳或者蜡烛的燃烧，而且能促进所有普通物质的燃烧。我们将用一个铁器来示范，你们已经看到，铁在大气中只会燃烧一点点。这是一瓶氧，这里有一根铁丝，就算它是一根和我的手腕一样粗的铁棒，它同样会燃烧。我先得把铁丝系在一块木块上，然后点燃木块，最后把它们一起放进装有氧的瓶里（图77）。木块已经烧着了，它在瓶里燃烧得如我们预料的那般旺，很快它就会把铁丝引燃。铁丝现在耀眼地燃烧了，并且燃烧还会持续一段时间。只要有充足的氧，我们就能让铁丝一直燃烧，直到它烧尽。

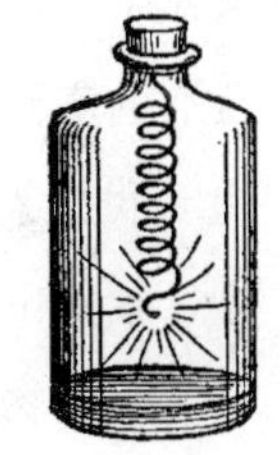

图77

我们现在把铁丝放在一边，转用其他物质，但是我们必须限制一下实验的对象，因为我们没有时间来一一展示。如果有时间的话，大家可以来试一下。我们要用一块硫黄——大家知道硫黄在空气中是怎样燃烧的，我们把它放到氧中（图78），大家会发现只要是在空气中能燃烧的物质，在氧中都会燃烧得更旺。这可能会引发你们的思考，物质在空气

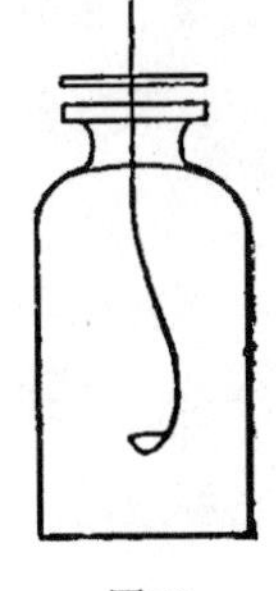

图78

中能燃烧也许是因为氧的存在。硫黄现在在氧中静静地燃烧着，但是，你们可别误以为这高高的火焰、剧烈的反应在普通的气体中也会产生。

我要向大家演示一下另一种物质——磷的燃烧。我在这里做这个实验比大家回家去做要好得多。这是一种十分易燃的物质，它在空气中都如此易燃，在氧中它会怎样？不要让它释放出最大强度的能量，因为这样只会让仪器爆炸。我现在都快把瓶子弄碎了，尽管我并不想因为自己的粗心大意弄碎任何东西。（法拉第把点燃的磷放进氧气瓶中。）大家快看它在氧中燃烧得怎样，我把它放进氧气中后，它发出的光是多么灿烂啊！大家看，固体的微粒不见了，它燃烧得灿烂而剧烈！

至此，我们通过燃烧其他的物质，知道了氧的能力和它引发的剧烈燃烧。现在我们必须得观察一会儿氢。大家知道的，我们把从水中收集到的氧和氢混合在一起燃烧，会产生一次小小的爆炸。大家也记得，氧和氢在同一个瓶里燃烧，光很弱，但是产生了大量的热。我现在要点燃从水中收集到的氢氧混合物。这个容器里装有一体积的氧和两体积的氢，这些混合气体实质上就是我们用光伏电池得到的气体。如果一次性点燃的话，就太多了。因此，我会用它来吹一些肥皂泡，并让其燃烧。我们通过一两个普通的实验，来看看氧是如何促进氢燃烧的。首先看看我们能否吹出肥皂泡。我把氧吹进去（通过一根烟斗把它吹到含有泡沫的肥皂水中去），好，我吹出了一个肥皂泡。我把它们捧到手里了，大家也许会认为我在这个实验中表现得很古怪，但我只是为了告诉你们，不要只相信声音，更应该相信事实。（法拉第把掌心里的泡泡点爆了。）我不敢在烟斗的一端给肥皂泡点火，因为爆炸的冲力会进入瓶子，使瓶子爆炸成碎片。接下来氧就会和氢混合，一旦条件满足，大家就会看到火光，听到爆炸声，氧气就会以最迫切的方式，在与氢的中和过程中释放出它的能量。

因此，在参考了氧和我们之前提到过的气体后，我认为大家现在已经明白了水的性质。为什么钾能分解水呢？因为它能和水中的氧结合。我现在要再做一次，请问我把它放进水里的时候，它释放了什么？它释放的是氢，而且氢燃烧了。但是，钾本身就可以与氧结合。这块钾在分解水的时候——这水是蜡烛燃烧后生成的，与氧相结合，因此氢就被置换出来了。即使我把钾放在冰块上，氢和氧良好的亲和性使得它们相结合，并把钾点燃。我今天告诉大家这些，是为了让你们对氢和氧了解得更多，而且大家也看见了环境对结果的巨大影响。这是冰块上的钾，正在产生剧烈的反应。

我讲了这些不规则的反应，下次我们见面的时候，我还是要让大家知道，只要我们遵循自然规律，并以之为指导，那些点燃的蜡烛、街道上的天然气，还有壁炉中的燃料，它们所产生的奇特反应都不会伤害到我们。

第五讲　空气中的氧、大气的性质及属性，蜡烛的其他产物、碳酸及其性质

我们已经知道了，可以用从蜡烛中得到的水来制造氢和氧，氢来自蜡烛，氧则来自空气。但是大家就会问我了："为什么蜡烛在空气中不能燃烧得和在氧气里一样旺呢？"如果大家还记得我把氧气瓶放到蜡烛上时发生了什么反应的话，你们就会比较出来蜡烛在空气中的燃烧是截然不同的。那么，为什么会这样呢？这是一个重要的问题，我会努力让大家明白的。这与空气的性质紧密相关，对我们来说也是至关重要的。

除了燃烧一些物质外，我们已经从几方面检测过氧了。大家已经看到了蜡烛在氧气和空气中的燃烧，硫黄在空气和氧中的燃烧，铁屑在氧中的燃烧。此外，我们还要做其他实验，我现在就要做一两个。通过这些实验，大家会更加了解氧气。这是一瓶氧气，我将让大家看看它有什么性质。如果我把一点火星放到氧中去，根据上次的经验，大家知道会发生什么。如果我把火星放到瓶中去，我们就可以知道里面有没有氧。是的，有氧！它的燃烧就证明了这一点。现在我们要再做一个实验来检测氧，这个实验非常奇特也很有用。这里有两满瓶气体，为了避免它们混合在一起，我在中间用一块金属板将它们隔开。当我把金属板拿开之后，气体就混合在一起了。"发生了什么？"你们会说，"它们混合在一起并没有产生像

蜡烛一样的燃烧。”但是，我们可以通过氧气与这种物质[①]的关系，看看如何分辨氧的存在。通过这种方式得到的气体的颜色是多么美丽啊！这也让我们知道了有氧气存在。用同样的办法，我们也可以试着把普通气体和这种需要检测的气体相混合来做这个实验。这个广口瓶里装的气体可使蜡烛在其中燃烧，那个广口瓶里装的是需要检测的气体。我让它们在水面上混合，大家看，结果出来了，检测瓶中的气体飘进了另一个气体瓶中。我们知道了，这种气体中有氧——这是我们从蜡烛产生的水中提取到的物质。但是，除此之外，是什么使蜡烛在空气中的燃烧没有在氧气中的那样好呢？我们即将谈到这点。这里有两个广口瓶，它们装了同等高度的气体，它们看起来是一样的。现在，我真不知道哪一个装的是氧，哪一个装的是空气，尽管我知道它们才被装入这些气体。这是我们的测试气体，我马上就要研究这两个瓶子，看它们在使气体变红这一点上有何不同。我现在把测试气体装进其中的一个瓶里，大家看，它变红了，那么这就是氧。现在，我们要测试另外一个广口瓶了。大家看，它明显没有刚才红。你们看，奇特的事情发生了。如果我让这两种气体混合在水中，将其摇匀，我们就会得到这种红色的气体。然后，如果我放更多的测试气体，再摇，我们也会得到更多的红色气体。只要有氧，我们就能让这种反应持续下去。如果我把空气放进去，没有任何变化发生。但是，一旦我加入水，红色的气体就不见了。我还会以同样的方式加入越来越多的测试气体，直到留下的物质不再因为那种使空气和氧气变红的物质而变红。为什么会这样呢？大家马上就会看到，这是因为里面除了氧还有现在留下来的物质。我会向瓶里放入更多的空气，如果它变红了，大家就知道那种使空气变红的气体还在里面。

现在大家知道我要说的是什么了。大家看到了，硫黄在广口瓶里燃烧的时候，硫黄和氧气燃烧所冒出的烟的凝结，使得大量的气体不能燃烧，

① 这种用来检测氧气是否存在的气体是二氧化氮或者一氧化二氮，它是一种无色的气体，它与氧气结合生成低硝酸，就是这种红色的气体。

就像这些红色的气体使得一些物质不能反应一样。事实上，正是留下来的气体使硫黄和变红了的气体不能燃烧。它不是氧，它是大气中的一种元素。

因而，这是把空气展示为组成空气的两种物质的一种办法。这两种物质，一种是氧，其可以使得蜡烛、硫黄，以及其他任何物质燃烧。另外一种物质——氮气——则不会使之燃烧。现在，这另外一种物质在空气中占了更大的比例。我们检测它的时候，发现这是一种十分奇特的物质，它真的是相当奇特。你也许会说，它一点儿趣也没有。它之所以无趣，从某些方面讲，是因为它不能产生剧烈的燃烧反应。如果用细蜡烛来测试一下它，就像我用氧气和氢气做过的实验一样，它不会像氢气一样燃烧，也不会像氧一样使得蜡烛燃烧。我用尽各种方式，它什么都不做。它自己不会燃起来，也不会让蜡烛燃烧，它能扑灭所有物质的燃烧。一般情况下，没有什么物质可以在它里面燃烧。它无味，不是酸的，不溶于水，它既不是酸又不是碱，我们所有的器官都不能感觉到它。大家也许会说："它什么都不是，并不值得我们对它做化学研究，那么它在空气中有什么作用？"通过观察，我们有了漂亮而又完美的答案，并且答案马上就要揭晓了。假设没有氮气，大气中只有纯净的氧，我们会变成什么样？大家非常清楚，一块铁在氧气瓶中被点燃之后会燃烧殆尽，大家看铁炉箅中的火，如果大气中全是氧，炉箅会怎样？炉箅会比煤烧得更旺，因为炉箅本身的铁比它里面的煤更容易燃烧。如果大气中全是氧，把火放进机车中犹如把火放进了装有燃料的弹药库。氮气使火燃烧得不那么剧烈，让火变得温和，对我们是有益的。因为氮气，蜡烛产生的烟消散了。它在整个大气中散播，传播到各个地方，为人类造福，比如它为植物提供养料。因此它起着非常重要的作用，尽管在检测它的时候，大家说："哦，它完全就是一种惰性气体。"氮气在一般情况下是一种不活跃的元素，没有最强烈的电力，它是不会有反应的，因此，氮气几乎不会和大气中的其他气体或者它周围的其他物质相结合，它是一种化学性质相当稳定的气体，因此也可以说是一种安全的物质。

但是，我在告诉大家结果之前，得和你们谈谈大气本身。我已经在这张图表上写下了大气组成的百分比。

体积	重量	
氧气	20	23.3
氮气	80	77.7
	100	100.0

到目前为止，关于氧和氮的数量，这个分析是准确无误的。从分析中我们可以发现，在体积上，每5品脱大气只含1品脱氧气，剩下的4品脱或者五分之四是氮气。这就是我们对大气的分析。大气需要氮气来减少氧气，如此就可以为蜡烛提供适当的燃料，为我们的肺的呼吸营造一个健康安全的环境。氮能让氧有利于我们呼吸，其重要性就像它能让大气有利于蜡烛燃烧一样。

现在我们就来看看这种气体。首先我得告诉大家这种气体有多重。1品脱的氮气有10.4格令那么重，或者1立方英尺的氮气重$1^1/_6$盎司。这是氮的重量。氧要重一些，1品脱的氧有11.9格令那么重，或者1立方英尺的氧重1.75盎司。1品脱的空气大概重10.7格令，或者1立方英尺的空气重1.2盎司。

大家已经问了几次，我很高兴你们这样问："你是怎样称出气体的重量的？"我来向大家演示一下，非常简单，做起来也很容易。这是天平，这是铜瓶，它已经尽可能地被做得很轻了，我们只需适当的力就能将它拿起来，此外，它可以在车床里十分灵活地转动，一个活塞就可以将它完全密封。有了这个活塞，我们可以将瓶打开或关上。瓶现在处于打开的状态，以便让它装满空气。我已经把这个天平调好了，我想以铜瓶现在的情况，可以在天平上和另一端的重量保持平衡。这里有一个打气筒（图79），有了它，我们可以把空气打到瓶中去，有了它，我们也可以测量出一定量的空气，然后装入瓶中。（瓶里已经装进了20标准量的空气。）我们把瓶口堵上，然后把它放到天平上。看看它是怎样下沉的，它比之前重多了。为什么会这样呢？因为我们用打气筒向它注入了空气。里面的空气的体积并没有增多，但是同等体积的空气却变得更重了，因为我们又强灌了一些空气进去。大家也许会想这些空气有多重。这里有一满瓶水，我们把铜瓶打开，让它和这个容器相通，让空气回到之前的状态。当我加进20标准量的空气后，你们瞧，我现在要做的就是把它们拧紧，然后旋转塞子。为了确保我现在所做的是准确无误的，我又会把瓶子放到天平上去。如果它现在的重量与最初时一样，那么我们十分确定所做的实验是正确的。天平平衡了，因此，我们可以知道加进去的那部分空气的重量。通过这种方式，我们能确定，1立方英尺的空气重1.2盎司。但是这个小实验不足以让你们记住它。当我们打入更大体积的空气时，重量也在增加，这真是太妙了。这些空气（1立方英尺）重1.2盎司。你们认为那边我专门做的那个盒子的里面是什么？那个盒子里的空气有1磅重——足足有1磅重啊！我已经计算了这个房间里的空气的重量，大家也许不会想到，但是它的的确确重达一吨多。重量上升得如此之快啊，其中的氧气和氮气对大气是多么重要啊，其益处体现在把物质从一处传播到另一处，把一些有害的水汽带到不同的地方，在那里它们将会有益于人们，而非有害。

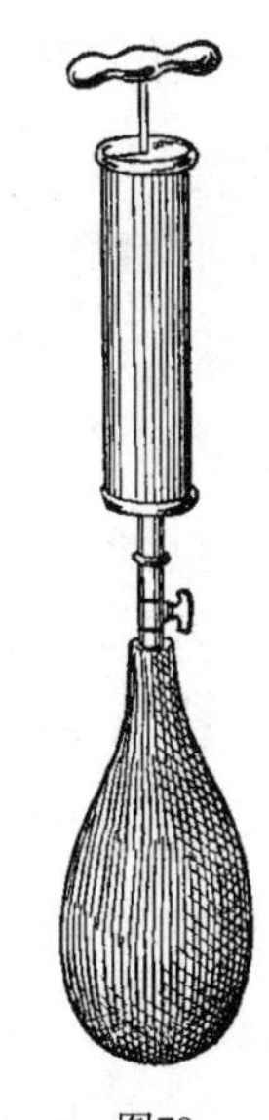
图79

关于空气重量，我已经给大家演示了一些例子，现在我告诉你们空气的重量会有什么影响。大家应该知道这个，如果不知道这个，你们就没法知道更多。大家还记得这个实验吗？大家以前见过吗？我拿一个打气筒，这个打气筒与之前那个用来打空气的打气筒相似，我把它这样放置的话（图80），在一番整理之后，我就可以使用它。我的手在空气中非常轻松地挥动着，感觉

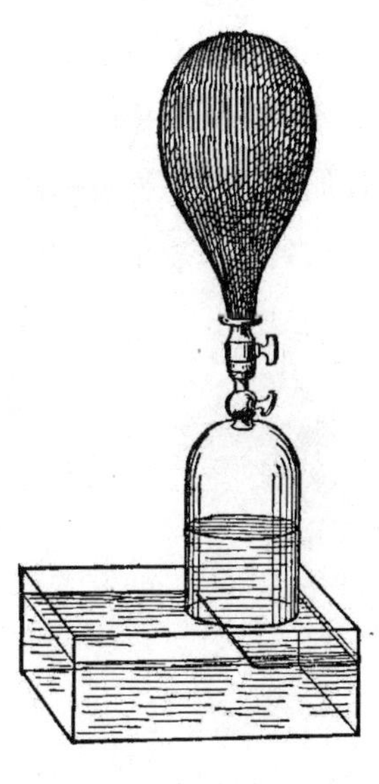
图80

不到任何事物。在空气中无论我的手挥动得多快，我都没法感觉到空气中有很大的阻力。但是，当我把手放在这里（放在抽气机的气嘴上，之后抽气机就抽空了）（图81），你们看发生什么了。为什么我的手固定在了这个位置？为什么我能推动这个打气筒？看哪，它怎么了，为什么我不能把手拿开了？为什么会这样？这是因为空气的重量——上方空气的重量。我还有一个实验，通过这个实验我想你们会了解得更多。气囊在这个玻璃瓶上伸展开来，空气从气囊的下方注入的时候，大家看见了它形状的改变。现在，它的顶部相当平，但是我轻轻地推一下打气筒，大家再看看它，看它是怎样沉下去的，看它是怎样变弯曲的。大家会看见气囊越来越大，直到最后，我希望它会因为受到了大气压力而破裂。（气囊最后发出一声巨响，它破裂了。）现在，因为空气的重量，它已经完全爆开了，你们很容易就会明白这是怎么一回事。这些微粒积聚在大气中，一个位于另一个的上面，就像这五个立方体（图82）一样。这五个立方体中的四个都位于底部的立方体之上，如果我把底部的立方体拿走，其余的就会坠落。对大气来说也是如此，下方的空气支撑着上方的空气，下方的空气被抽走之后，大家就看见了我把手放在抽气机上面的时候发生的变化，也看见了在气囊那个实验中发生的变化，现在你们会看得更清楚。我在广口瓶上系了一块天然橡胶，我现在要把瓶里的空气放走。大家观察观察这块天然橡胶，它就像上下空气之间的一个隔离物。我打气的时候，你们看它是怎样展示出它的压强的，看它到哪里去了，事实上，我可以把手放到广口瓶里。之所以会这样，是因为上面空气的强大作用。它是多么漂亮地向我们展示了这

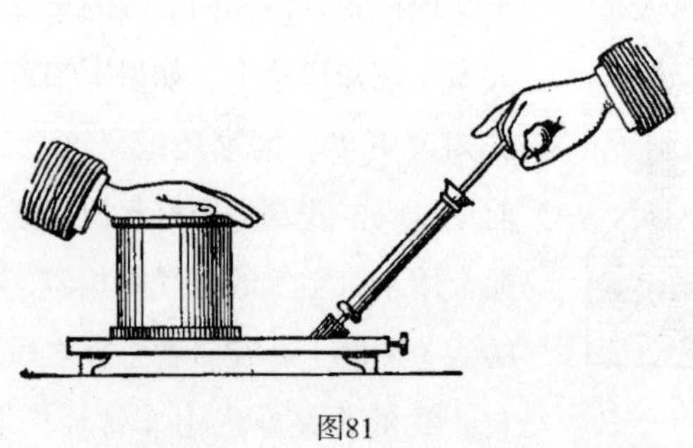

图81

一奇特的反应啊!

图82

今天讲座结束后，你们可以来拉一下，这个小仪器是由两个空心黄铜半球组成的，紧密地接合在一起。它已经与一根管子和一个龙头连起来了，我们可以由此把里面的空气排出。当里面有空气的时候，这两个半球很容易就被分开了，但是里面的空气被排出之后，你们中的任何两个人都不能把它们拉开。容器表面每平方英寸的面积就有15磅重或者接近15磅重的空气。空气被排出了，大家现在就可以来试一下，看能不能克服大气的压力。

这里还有一个非常小的东西——男孩的吸盘，它经过了学者的一点改进。现在我们已经把学问变成了玩具，年轻人完全有权利玩玩具，并把它们演绎成一门学问。这里这个吸盘是用天然橡胶制成的，如果我把它拍到桌子上，它马上就粘住桌子了。它为什么粘住桌子了呢？我可以让它四处滑动，但是如果我把它拖起来，它似乎要把桌子一起拉走一样。我轻而易举地就可以让它从一个地方滑动到另一个地方，但是只有把它滑动到桌子边缘的时候，我才可以把它拿起来，因为它受到了上方空气的压力。我们有两个吸盘，我拿起这两个，把它们挤压在一起，大家会发现它们贴得有多紧。而且事实上，我们可以用它们来做一些事，比如把它们贴在窗子上，贴在墙上，它们可以在那里贴一晚上，可以挂上任何东西。然而我认为你们这些男孩子可以在家里做这些实验。下面是个证明大气压力的简单实验。这是一杯水，假如我叫你们把这杯水倒过来但不能让水流出来，而且还不能用你们的手，只能靠大气的压力，大家能做到吗？拿一个酒杯，水要么装满，要么装一半，然后把一张平展的卡片放在杯口上，再把它倒过来，你们看卡片怎样了，水怎样了。空气不能进去，因为水边缘的毛细引力把空气阻挡在外。

我想这会让大家正确地理解我们所说的空气的物质性。当我告诉你们那个盒子里的空气有1磅重，这间房子里的空气有一吨多重的时候，你们会想空气是一种非常严肃的东西。我要再做一个实验来让大家了解这种有益的阻力。这是一个关于玩具枪的漂亮实验，我们很容易就可以把这个玩具枪做得很好。大家知道，一根羽毛管、一根普通的管子，或者任何类似的东西都可以做成玩具枪。我们拿一块土豆片或苹果片，用管子在土豆片或苹果片上戳一小粒下来，就像我现在做的一样，然后把它推到另一端去，我已经把那端密封了，现在我再放一粒进去，它会按照我们的预想把里面的空气密封得严严实实的。现在我发现用尽所有的力量也不能把这颗小粒推得靠近前一颗小粒，这不可能实现，我会一定程度地挤压空气，但是如果我继续挤压，在把这一粒推得挨着前一粒，被堵住的空气就会以火药般的力量让前面那粒冲出去。火药的一部分反应与你们在这里看到的反应相同。

有一天我看到了一个实验，我很高兴，因为它可以用到这里。（开始实验之前，我应该沉默四到五分钟，因为实验的成功得依靠我的肺。）适当地运用空气，我希望我能把这个鸡蛋从一个杯子吹到另一个杯子里去，但是如果我失败了，也是情有可原的，我并没有保证会成功。（法拉第开始实验了，他成功地把鸡蛋从一个杯子吹到另一个杯子里去了。）大家看，我吹的空气从鸡蛋和杯子下面过去了，在鸡蛋下面形成一股强劲的气流，这气流足以托举起一件重物。对于空气来说，一个完整的鸡蛋是很重的东西，如果大家想做这个实验，你们最好先把鸡蛋煮得很熟，然后才会十分安全地把鸡蛋从一个杯子吹到另一个杯子，而不用太担心。

关于空气的重量，我已经让大家听得够久了，但我还是得提一件事。就像我用打气筒把空气打进铜瓶一样，在这个玩具枪中，我能把第二片土豆片推动二分之一英寸或者三分之二英寸，然后凭借空气的弹力，把第一片给弹出去。这依靠的是空气的一种绝妙的性质，即空气的弹力。我会给大家好好演示一下的。如果我选用像这薄膜一样可以很好装住空气的东西，它可以收缩或者膨胀，就可以显示出空气的弹性。我把一定量的空气装在这个气囊里，然后如果我们向其施加压力，大气就会排出，而如果我们停止施压的话，大家就会看见气囊是怎样不断膨胀的，变得越来越大，直到它充满这钟状的瓶子。在很大程度上，大家可以从中看到空气的绝妙的性质——弹力、可压缩力、膨胀力。这对它服务于创新经济是非常重要的。

我们现在要进行话题中另外一个非常重要的部分，记得我们已经检测了燃烧的蜡烛，并且发现它产生了很多物质。大家知道，它的产物包括烟灰、水以及其他一些大家还没有检测过的物质。我们已经收集到了它产生的水，但是却让其他物质进到空气里面去了。现在，我们就来检测一下其他的产物吧。

我想这个实验能让大家更好地理解。我们在这里放一根蜡烛，再用一根排气管将它罩住（图83）。我想这蜡烛会持续燃烧，因为空气通道在底部和顶部都是开放着的。大家看到有水汽出现——这是你们知道的，这是空气与蜡烛中的氢反应之后的产物。但是，除此之外，还有物质在顶部出现了，它不是水汽，不是水，它不可凝结。归根到底，它的性质很特殊。大家会发现，从排气管顶部出来的空气足以熄灭我拿着的火光，如果我把火光放在气流的上方，气流会让火光完全熄灭。大家会说，这是本应该有的反应。我猜想，你们之所以这样想是因为氮气不能助燃，应该会让蜡烛熄灭，因为蜡烛不会在氮气里燃烧。但是，这里除了氮气，难道就没有其他的物质吗？现在，我必须得预先回答这个问题了——也就是说，我必须用自己的知识为你们提供弄清楚这些物质的方法，并且检测一下这些气体。我选用一个空瓶，这里就有一个，我把它放在排气管上面，让下面的蜡烛燃烧，蜡烛的产物会积聚在上面这个瓶里。我们很快就会发现，这个瓶里不仅含有蜡烛燃烧后产生的一种有害气体，而且还含有

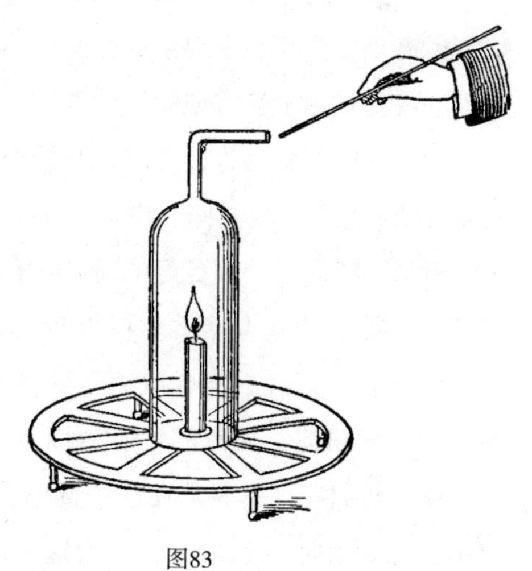

图83

其他气体。

我取一些生石灰，倒进一些普通的水——最普通的水也行，搅拌一会儿，然后把它倒在漏斗上的一张过滤纸上。很快就会有清水从漏斗流到瓶子里，就像我现在有的清水一样，在另一个瓶中还有很多这种水，然而，我要用到这种石灰水——这是当着大家的面准备的，我把这种美丽的干净的石灰水倒进这个已经收集了蜡烛中的某种气体的广口瓶里，你们会看见一种变化的产生。大家看见石灰水变得相当混浊了吗？观察一下，这可不是仅在空气中就能产生的现象。这个瓶里充满了空气，如果我倒进一点石灰水不管是氧气、氮气，还是其他任何在空气里的气体，都不会使石灰水发生任何变化，它还是那么清澈。在正常情况下，没有任何的摇晃可以使那些石灰水和空气发生任何变化，但是，如果我拿这些石灰水去接触蜡烛的普通产物，很快它就会变混浊。这是一支粉笔，它含有我们制作石灰水的石灰，我们把石灰水与蜡烛的其他产物相结合——这产物是我们正在寻找的，也是我今天要告诉大家的。通过它们的反应，我们可以看见这种物质。这种反应不是石灰水与氧气或者氮气的反应，也不是石灰水与水产生的反应，而是石灰水和来自蜡烛的一种新的物质的反应。然后我们发现由石灰水和蜡烛中的水汽产生的这种白色粉末，看起来十分像白粉或者粉笔。当我们检测它时，它确实是一种和白粉或者粉笔相同的物质。这促使或者说已经促使我们去观察这个实验的各个条件，去找出产生粉笔的各个原因，去真正地了解蜡烛燃烧的本质。我发现如果把一些粉笔放在含有一点水汽的蒸馏瓶中，将其加热，它的产物就和蜡烛的产物一样，之后我们会发现蜡烛也会产生同样的物质。

但是，我们有一种更好的得到这种物质的方法，而且可以得到更多，以便弄清楚它的基本性质。在很多大家可以想象的情况下，这种物质非常多。所有的石灰石都含有大量这种从蜡烛中来的气体，我们称之为碳酸。所有的粉笔，所有的贝壳，以及所有的珊瑚中都含有大量这种奇特的气体。我们发现它固定在这些石头里——它存在于一些不易挥发的物体当中，比如大理石和粉笔，因为这个原因，布莱克博士称它为“固定空气”——他称它为固定空气，是因为它没有空气的性质，以固体的形式呈现出来。我们可以轻松地从大理石中得到这种气体。这个瓶里有一些盐酸，这是一支蜡烛，如果我把蜡烛放在瓶里，只会产生一种普通的气体。大家看，这种纯净的气体沉到底部了，这个瓶里满是这种气体。这是大理石[①]，一块非常漂亮和优质的大理石，我放几块大理石到瓶中，会产生一阵剧烈的沸腾。然而，那不是水蒸气，那是一种气体，它在向上升。我在蜡烛边仔细地查看这个瓶子，我看到这个蜡烛产生的反应，这与蜡烛燃烧时从排气管一端冒出的气体所发生的反应一样，这完全是同一种反应，这反应是由蜡烛中的同种物质引起的。用这种方式，我们可以得到大量的碳酸——我们已经快把这个瓶装满了。我们也发现这种气体不仅仅存在于大理石中。这里有一个容器，我已经在里面放了一些普通的白粉——这些其实就是被水冲刷过，洗去了较粗颗粒的粉笔，可以被粉刷工用来做白涂料。这个大瓶里面装了这些白涂料和水，我这里有一些强硫酸，我们要做这种实验，就得用这种酸（只有这种酸和石灰石反应才会产生不可溶的物质，而盐酸产生的是可溶的物质，不会让水变混浊）。我为什么要用这种仪器给你们做这个实验呢？因为大家可以很简单地重复我马上要很郑重地做的实验。大家在这里看到了同样的反应，这个大广口瓶里面正在产生碳酸。无论从本质还是从属性来看，这些碳酸都和蜡烛在大气中燃烧时产生的气体一样。而且，不管制得这种碳酸的这两种方法有多么不同，我们最后得到的结果都是一样的。

现在我们要开始关于这种气体的另一个实验。它的本质是什么？这里有一满瓶这种气体，我们来燃烧它，大家看，它既不可燃，也不助燃。而且，它在水中不怎么溶解，因为我们能轻易地从水中得到这种气体。然后，我们发现它开始反应了，它与石灰水接触后变白，以那种方式变白之后，它成了让石灰或者石灰石变成碳酸盐的成分之一。

---

① 大理石是碳酸和石灰的复合物。在两种酸中，盐酸更强，置换了碳酸，碳酸的气体会挥发，其残余物会生成氯化石灰或者氯化钙。

我必须要让大家知道的另一个事实是，它在水中真的只会溶解一点点，因此，在这一点上，它不同于氧气和氮气。这里有一个仪器，我们可以用它来制造这种溶液。仪器的下面部分是大理石和酸，上面部分则是冷水。真空管组装得非常好，气体可以从一根管到另一根管里去。我马上就会让它开始反应，大家可以看见气体在水中冒起泡来，就好像它冒了整整一夜似的。现在，这种物质已经溶解在水中了。我拿一个杯子，倒点里面的水，它尝起来有一点酸，它里面含有碳酸。我现在倒入一点石灰水，就可以检验里面到底有没有碳酸。水让石灰水变混浊，变白了，这就证明了碳酸的存在。

碳酸是一种很重的气体，它比空气还重。我已经把一些气体的重量填在下面这张表上了，同时把它们做了一下对比。

1品脱		1立方英尺
氢气	3/4 格令	1/12 盎司
氧气	$11^9/_{10}$ 格令	$1^1/_3$ 盎司
氮气	$10^4/_{10}$ 格令	$1^1/_6$ 盎司
空气	$10^7/_{10}$ 格令	$1^1/_5$ 盎司
碳酸	$16^1/_3$ 格令	$1^9/_{10}$ 盎司

1品脱的碳酸重$16^1/_3$格令，1立方英尺的碳酸重$1^9/_{10}$盎司，几乎有2盎司了。从很多实验中大家都可以看出这是一种较重的气体。我让这个玻璃瓶只装空气，再从这个装有碳酸的容器中倒一些气体到那个玻璃瓶中（图84）——我在想有没有气体被倒进去，从表面上我是不能断定的，但是我可以这样做（法拉第拿出蜡烛），是的，大家看，里面有碳酸，而且，如果我用石灰水来检验，我可以得到相同的答案。我会把这个小圆桶放到含有碳酸的“水井”中——确实经常有真的碳酸井，如果这里有一点碳酸，

这一次我必须把它收集到小圆桶中，以用来检测蜡烛。大家看，它在桶里面了，桶里充满了碳酸。

还有一个实验，是关于碳酸的重量的。我把一个广口瓶悬挂在天平的一端——天平现在已经平衡了，再向瓶中倒入碳酸，它马上就往下沉了（图85），因为我倒了碳酸进去。现在，我把这支点燃了的蜡烛放到瓶中去检验，我发现碳酸已经在里面了，因为蜡烛再也不能燃烧了（图84）。我吹一个肥皂泡，它肯定充满了空气，我让它掉进含有碳酸的瓶里，它会飘浮起来。但是，我得选一个充满了空气的小气球，我不是很确定碳酸在哪里，我们要看看它有多深，看看它的水平线在哪里。大家看，我们让这个气球浮在碳酸的面上了。如果我加入更多的碳酸，气球也会浮得更高。看，瓶几乎满了，我看看现在能否在上面吹一个肥皂泡，并让它也飘浮在碳酸上。（法拉第吹了一个肥皂泡，让它掉进含有碳酸的广口瓶里，它浮在碳酸上面了。）凭借比空气更重的碳酸，它飘浮着，就像气球一样浮在碳酸的面上。现在，我已经告诉了大家碳酸的来历，例如它是蜡烛中的成分，它的物理性质以及重量。下次我们见面的时候，我会告诉你们它的成分，以及它的成分从何而来。

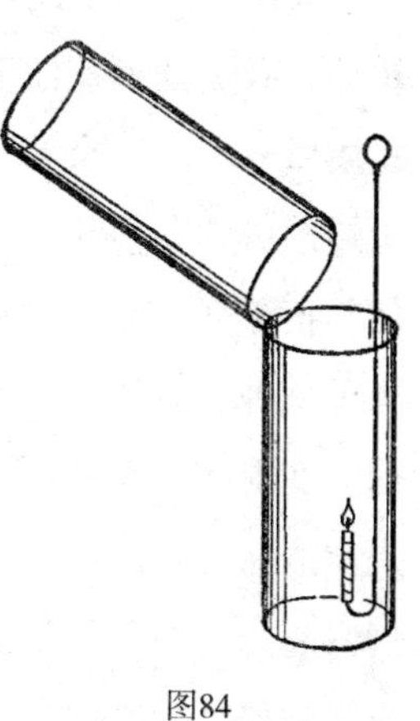

图84

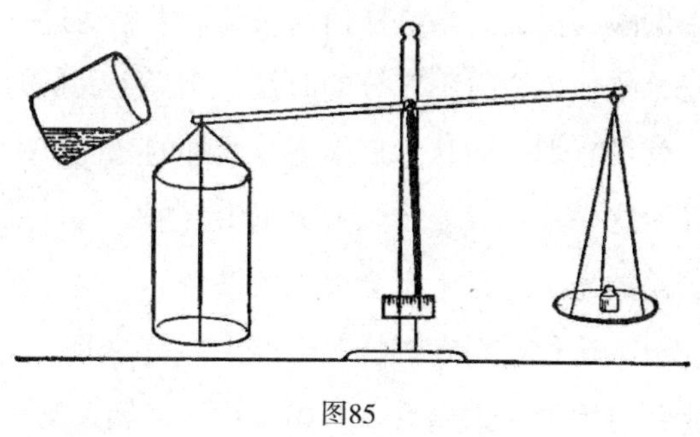

图85

第六讲　碳或木炭、煤气、呼吸以及它与蜡烛燃烧的类比、结论

某位女士出席此次讲座，我深感荣幸。她赠送给我这两支日本生产的蜡烛，我更觉得责任重大。我推测，它是由我在上一个讲座中提到的那种物质做成的。大家看，它们比法国蜡烛装饰得还华美，从表面看，它们就是蜡烛中的奢侈品。这些蜡烛有其特殊之处——即，空灯芯——这个特点使其很漂亮，而且非常有价值，是由圆桶芯灯引入普通油灯使用的。对收到了这种东方礼物的人，我只想说，这种材料会逐渐发生变化，它们的表面会变得暗淡无光，但是如果用一块干净的布或者丝质手帕来擦拭它们的表面的话，它们也很容易回到原有的美丽。把皱褶和粗糙擦掉，可以使它们恢复光亮的色彩。因此，我擦拭了其中一支蜡烛，你们看看它和另一支没擦的蜡烛的区别，但是另一支最后也会通过同样的程序恢复如初。大家注意一下，日本产的模制蜡烛比这个地方的模制蜡烛更像圆锥形。

上次见面的时候我已经告诉了大家碳酸的很多情况。通过石灰水的测验我们发现，当蜡烛或油灯上方的水汽进入瓶里并受到石灰水溶液（我已经告诉大家它的成分，你们可以自己制作）的检测时，我们就会看到那种白色的混浊物质，那其实是一种钙化物，就像贝壳和珊瑚，或者地表的一些岩石和矿石。但是我还没有完全告诉大家这种由蜡烛产生的物质——碳酸——的化学来历。现在，我必须重新开始这个话题。我们已经知道了蜡烛的一些产物以及它们的性质，我们已经找到了水的构成元素，现在我们得来看看蜡烛中碳酸的构成元素是从何而来的。大家通过一些实验就会知道的。还记得吧，蜡烛燃烧得不充分的时候，会产生大量的烟，但是它燃烧得很充分时，就没有烟。而且你们知道，蜡烛的亮度取决于点燃的烟。这个实验就会证明这一点：只要蜡烛的火焰中有烟，并且烟被点燃了，蜡烛就会释放出美丽的光，而且绝不会以黑色微粒的形式呈现在我们面前。我会点燃一种燃料，这种燃料在燃烧时会产生大量的烟，这对我们有用。我涂了一点松脂到海绵上。大家看，开始冒烟了，烟大量地飘到空气中。

大家要记住，蜡烛中的碳酸也是从这种烟中产生的。为了让大家看明白，我把这在海绵上燃烧的松脂放进一个烧瓶，这个烧瓶中装有大量氧气——大气中富含的气体。现在烟已经全部燃烧完了，这是我们实验的第一部分。接下来要做什么呢？大家看到了，从松脂的火焰里飘散出来的碳，已经在氧气中完全燃烧了。通过这个临时的简略实验，我们能得到与蜡烛燃烧一样的结果。我以这种方式做实验的原因，是我想让示范步骤尽可能的简单。只要集中注意力，大家绝不会失去培养推理能力的机会。所有在氧气或者空气中燃烧的碳最终都变成了碳酸，而那些没有充分燃烧的微粒是碳酸中的另一种物质——碳，这种物质在空气充足的时候会使火焰很明亮，但是氧气不足时它就会被释放出来。

我得让大家清楚碳和氧一起生成碳酸的过程。我已经准备好了三四个实验。瓶子里是氧气，这里是一些碳，为了让这些碳变得炽热，我已经把它们放在坩埚里了。我让这个广口瓶保持干燥（这可能让实验结果不完美），只为使燃烧更加明亮。我马上就要把氧气和碳放在一起了。这是碳（弄碎了的普通木炭），你们看它在空气中的燃烧就知道了（法拉第把烧红了的木炭从坩埚里倒出来）。现在我要让它在氧气中燃烧，看看这与在空气中有什么不同。从远处看，它好像在燃烧并伴有火焰，实则不然。每一小块木炭燃烧起来就像火花，而它这样燃烧的时候就会产生碳酸。我特别想用这两三个实验来提出我即将详细论述的观点，即木炭是这样燃烧的，并不像火焰。

我选一块相当大的来燃烧，而不是很多块小木炭，这样大家就能看到它的形状和大小，进而探索它的作用。这是一瓶氧气，这是一块木炭，我已经在这块木炭上系了一小块木头，这样我就可以给它点火，让它燃烧，没有木头我就不会这么方便地做实验。现在木炭燃烧起来了，但并没有火焰（如果有火焰的话，也是微乎其微的。我知道原因，这是因为木炭周围有一些一氧化碳）。大家看，它还在燃烧，在碳或者木炭（它们可以等同）与氧气的作用下，碳酸慢慢地产生了。我这里还有另外一块木炭——一块树皮，燃烧的时候它能炸成碎块。因为热的作用，木炭块变成了微粒，微粒会飘走。每一颗微粒仍然像整块木炭一样燃烧得很奇特——它燃烧起来像煤而没有火焰。大家会看到大量微小的燃烧物，但不是火焰。我想，演示碳燃烧的实验，没有比这个更好的了。

这是碳酸，含有碳元素。马上就要生成碳酸了，如果我们用石灰水来检验，大家看见的会和我之前给你们描述过的一样。按重量计算，把6份碳（不管它是来自于蜡烛的火焰还是木炭粉）和16份氧放在一起，我们就有了22份碳酸。我们上次看到，这22份碳酸与28份石灰结合生成了普通的碳酸钙。如果大家去检测一下牡蛎壳，称它的成分的重量，大家会发现每50份的牡蛎壳含有6份碳、16份氧以及28份石灰。然而，我并不想用这些鸡毛蒜皮的小事来烦扰大家，它只不过是这个课题中的一般情况。我们现在来看看，看，碳燃烧得多么漂亮啊（法拉第指着在氧气瓶里静静燃烧的木炭块）！大家也许会说，事实上木炭是在周围的空气中燃烧的，如果那完全只是木炭（我们很容易就可以找到）的话，这里就不会有残余物了，如果我们的木炭是被完全净化了的话，就不会有灰烬。木炭作为一个坚实致密体，燃烧时仅有热量是不能改变它的硬度的。一般情况下，它会变成气体挥发，而这种气体，在普通条件下，绝不会变成固体或液体。更奇特的是，氧气和碳化合后，体积却不会改变，它最后的体积和最先的一样，只是碳变成了碳酸。

还有一个实验，我得在大家充分了解了碳酸的基本性质之后，再演示给你们看。作为碳和氧的混合物，碳酸应该能够被分解。就像分解水一样，我们也可以分解碳酸——将它分解成两部分。最简单快捷的方法就是用一种能吸取碳酸中的氧气的物质作用于碳酸，最终留下的就只是碳了。大家应该还记得我把钾放到水里或者冰上，大家也看到了钾能使氧气和氢气分离开来。现在，让我们对碳酸做同样的实验。碳酸是一种很重的气体，我不会用石灰水来检验它，因为那会影响我们接下来的实验，但是我认为碳酸的重量和熄灭火焰的能力已经足够我们用来验证了。我把火焰放进碳酸里，看它是否会熄灭，大家看，火光熄灭了。碳酸可能会熄灭磷，你们知道的，磷是一种非常易燃的物质。这块磷已经加热到很高的温度了，我把它放进碳酸里，你们看，光熄灭了。但是，它在空气里又会燃烧起来，因为它燃烧的条件再次具备了。现在我来选一块钾，钾是一种即使在常温下也能与碳酸反应的物质。尽管它不够用，因为很快它就会裹上一层保护层，但是，如果我们把它加热到它在空气中的燃点——这我们当然可以做到，然后像我们对磷做过的那样，钾会在碳酸中燃烧。它燃烧就会消耗氧气，因此你们就可以看到剩下来的是什么了。我马上就要让钾在碳酸中燃烧了，这样就可以证明碳酸中有氧气了。（法拉第把钾加热到爆炸。）钾燃烧时，有时会很麻烦地引起爆炸或者诸如此类的事情。我还要用一块钾，它已经被加热了，我把它放进这个瓶里，你们看它在碳酸中燃烧——没有它在空气中燃烧得旺，因为碳酸中含有氧。它确实在燃烧，在消耗氧。我现在把这块磷放到水中，我发现，除了形成了碳酸钾（这你们并不需要了解），还产生了大量的碳。这个实验我做得很粗糙，但是我向大家保证，如果我做得仔细一点，会花一天而不是五分钟的时间。我们应该把所有的木炭留在匙里，或者留在钾燃烧的地方，这样的话，大家对结果就不会有疑问了。这是从碳酸中得到的碳，一种黑色的物质。现在你们清清楚楚地知道了碳酸含有碳和氧。我要告诉大家的就是，只要在正常情况下，不管什么时候碳燃烧，它都会生成碳酸。

我把这块木头放进石灰水瓶中，只要我高兴，我可以一直摇晃石灰水和里面的木头与空气。你们看，它依然很清澈。但是，假如我让这块木头在瓶中的气体中燃烧，我会得到水，同时我能收集到碳酸吗？（实验开始了。）大家看，它出来了——也就是说，碳酸钙由碳酸产生。而碳酸的碳，一定来源于木头、蜡烛或者其他物体。事实上大家已经做过很多实验了，通过那些实验大家会发现木头中的碳。如果大家只让木头部分燃烧，然后将其吹灭，剩下的就是碳。用这种方法也有得不到碳的，蜡烛就不能，但是它含有碳。这里有一瓶煤气，它可以产生大量的碳酸。大家看不到碳，但是我很快就会把它展示给你们。我把煤气点燃，只要瓶里还有气体，它就会一直燃烧。大家看不到碳，但是看到了火焰，因为它很明亮，这会让你们猜测火焰里有碳。但是，我会用其他的实验告诉大家答案。在另一个容器里有一些相同的气体，它与一种能燃烧氢气的气体（但不能燃烧碳）相混合。我用一支正在燃烧的蜡烛把它们点燃，氢气燃烧殆尽，但是碳不会，它最终变成了一股浓重的黑烟。通过这三四个实验，我希望大家能学会观察什么时候有碳，而且能知道，当气体或者其他物质在空气中完全燃烧的时候，其产物是什么。

在结束碳的课题之前，我们还要做几个实验，并且谈谈它独特的燃烧条件。我已经向大家演示过了，碳在燃烧的时候，是作为固体在燃烧，它燃烧之后，还是固体。很少有燃料会这样反应，只有含碳的系列燃料，像煤、木炭和木材才会这样。我不知道除了碳之外，还有什么物质能在那样的条件下燃烧。假设不是这样，假设所有的燃料都像碳，燃烧的时候，它会变成一种固体的物质，那么我们就不可能有壁炉里那样的火焰。这里有另外一种燃料，它燃烧得很旺，即使没有比碳燃烧得更旺，至少也是一样旺。确实是这样的，你们看，它在空气中就能自燃（打碎一个装满自燃铅的试管）。这种物质是铅，大家会看见它是多么易燃！它已经被分好了，就像壁炉中的煤。空气能接触它的表面和里面，因此它就能燃烧。但是，为什么一整块铅出现的时候，它这样燃烧呢？（法拉第把管里的铅全部倒在一个铁板上，堆了一堆。）只是因为空气不能与之接触。它能产生大量的热量，我们也想用这些热量在火炉上烧开水，但这些热量不能脱离下面那些还没有燃烧的铅，因此，铅就不能与空气接触，也就不能燃烧。碳和铅是多么不同啊！碳也是像铅这样燃烧，而且能在火炉里生出一股烈火，无论你让它在哪里燃烧，它都会这样，但是它燃烧后的产物会消散，最后只留下碳。我已经向大家演示了碳是怎样在氧气中分解的，没有灰烬，然而这里（指向这堆自燃物），这些灰烬比燃料还多。因此大家知道了碳和铅或者铁之间的不同——假如我们选用铁，我们会得到一个非常不错的结果，不管是火焰还是热量。如果碳燃烧后的产物是一种固体，大家会看到房间里满是一种不透明的物质，就像磷的产物一样，但是实际上碳燃烧的时候，所有的产物都进入到大气中。在燃烧之前，碳处于一种稳定的、几乎不能改变的状态，但是它变成气体之后，就很难（尽管我们已经成功了）变成固态或者液态。

现在，我们要进入课题中非常有意思的一个部分——那就是蜡烛的燃烧和我们体内发生的燃烧之间的关系。我们每个人都有一种正在进行的燃烧，这种燃烧很像蜡烛的燃烧，我会让大家都明白的，因为这不仅仅是一种诗意的感觉——人类的生活与蜡烛之间的关系，如果大家听我讲，我想我会给你们讲清楚的。为了让这种关系浅显易懂，我设计了一种小的仪器，很快我就会在你们面前把它制作出来。这是一块木板，上面开了一道槽，我用一个小盖子把它盖上，然后我在两端各接上一根玻璃管，槽就变成了一个“渠道”，其中有一条自由通道（图86）。我把一根细蜡烛或者蜡烛（我们现在可以自由地用“蜡烛”这个词，因为我们都明白它是什么意思）放到其中的一根玻璃管里，大家看，它燃烧得非常旺！那助燃的空气向下流到了另一根玻璃管，然后沿着水平管流到了放细蜡烛的那一根玻璃管里。如果我堵住那个让空气流进来的孔，大家看，蜡烛就会熄灭。我切断了空气的来源，结果蜡烛熄灭了。现在大家是怎样分析这种现象的呢？在做之前一个实验的时候，大家已经看到了空气从一根燃烧的蜡烛流向另一根蜡烛。如果我从另一根蜡烛中收集空气，再用一个复杂的装置把它输送到玻璃管里，这会熄灭正在燃烧的蜡烛。但是，如果我告诉大家，我的呼吸会熄灭蜡烛，你们会怎么想？我不是把它吹灭，而是仅仅靠我的呼吸就能将它熄灭。我现在就把嘴巴靠近管口，不吹灭火焰，从我嘴巴里呼出的气体就阻止了空气进到玻璃管中去。大家看它怎么样了。我没有把

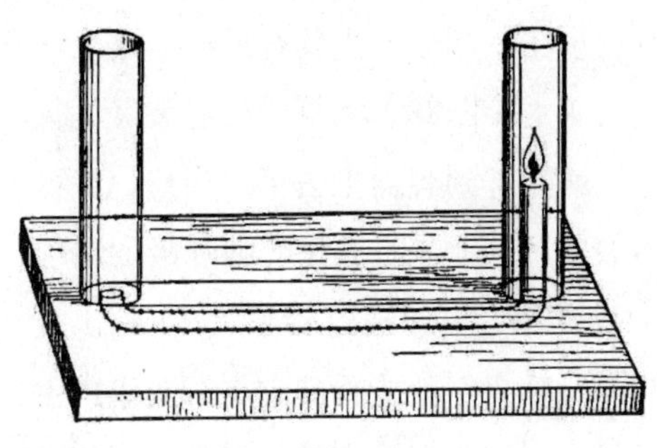

图86

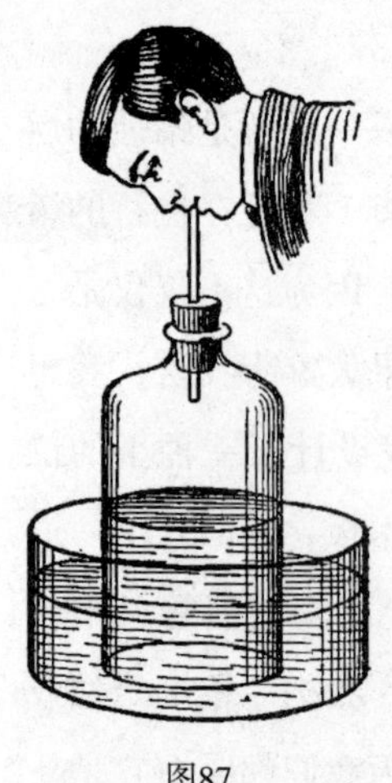

图87

蜡烛吹灭，我让我呼出的气体进入到了管里，结果因为缺氧，火焰就熄灭了，并没有其他的原因。是我的肺把空气中的氧气吸走了，因此就没有更多的氧气供蜡烛燃烧了。蜡烛最开始还在燃烧，但是很快，当它接触到这种气体——我呼出的有害“坏”气体进入到玻璃管并且接触到蜡烛了，它就熄灭了。现在我要做另外一个实验了，因为这是我们的原理中一个重要的部分。这个瓶里装满了新鲜空气，大家看蜡烛的环境或者点燃蜡烛的煤气灯就知道了。我把它关一会儿，然后我把嘴巴放在一根管子上面，这样我就可以吸到空气（图87）。我再把管子放进水里，像这样放，这样我就能把空气吸出来了（假设软木塞已经塞得很紧了），我把空气吸进了肺里，然后又把它吐回到瓶中。我们可以检测一下它，看看它是什么。大家看，我先吸进空气，然后把它呼出来，这很明显，通过水的上升和下降就知道了。现在我把一根细蜡烛放在瓶中的空气里，它熄灭了。大家看，吸一口气就能完全破坏空气，因此没有必要再吸一次。现在大家知道贫困人家的房屋布局不正确的原因了，因为缺乏空气，于是房屋里面的空气被呼吸了一次又一次。采用使空气流通的措施，就会有足够的空气，也会使身体健康。大家看，在呼吸了一次之后，空气变得多么糟糕啊，因此大家很容易就会明白新鲜空气对我们来说有多重要了。

为了做进一步的研究，我们来看看呼吸过或者没有呼吸过的空气与石灰水在一起会产生什么反应。这个球状的容器里有一些石灰水（图88），管子已经装好了，有了这些管子，空气就能进到容器里去了。当然，我可以吸进空气（通过管*A*），让有助于我的肺呼吸的空气从石灰水中通过，或者我也可以通过管子（*B*）呼出空气，它会到达底部，然后我们就能看到它与石灰水产生的反应。大家看到了，不管我把外面的空气吸进石灰水

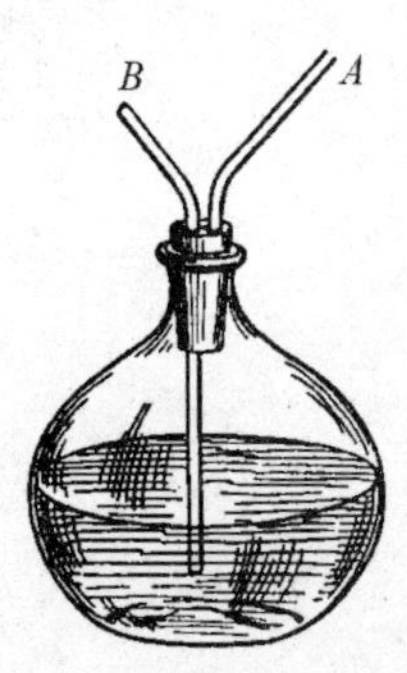

图88

的时间有多久，然后再吸进肺里，这对水都不会有任何影响——不会让石灰水变混浊。但是，当我把肺里的气体连续几次呼出到石灰水中，你们看见了这些乳白色的水变得有多白，这是呼出的气体与石灰水作用的结果。现在你们明白了，呼吸过的气体对大气的破坏——其实是碳酸产生的破坏——就像它与石灰水反应后一样。

这里有两个瓶子，一个装的是石灰水，另一个装的是普通的水，有管子进入瓶里，并且把这两个瓶子连接了起来（图89）。仪器虽然很简单，但是非常有用。如果我把两个瓶子中的一个用来吸气，另一个用来呼气，这些管子会阻止空气再次进入瓶中。吸进来的空气会到我的嘴和肺中，呼出去的空气会通过石灰水，因此我能继续呼吸，这个实验可以做得非常精练，并且能得到完美的结果。大家看到新鲜的空气对石灰水不能产生任何作用，当我通过管子呼吸了空气之后，除了我的呼吸，没有东西进入石灰水，因此你们可以看到这两种情况的不同。

图89

我们再做进一步的研究。不管是白天还是晚上，我们不能不做的是什么呢？这些，我都已经准备好了。我把这些安排好，是为了使实验不受主观因素的干扰。如果屏住呼吸到一定的程度，我们就会伤害到自己。我们入睡以后，我们的呼吸器官以及与它相关的器官仍然在工作，空气与肺接触的这个呼吸过程对我们非常重要。我必须把这个过程告诉大家。我们吃的食物会被带到身体里许多不同的部位，尤其是我们的消化系统，这个部位发生的变化是由血管通过肺来完成的，而我们吸进去和呼出来的空气是由另外一些血管通过肺完成的，因此空气和食物能靠近，只是被一层非常薄的表面分开了；因此空气能够通过这个过程作用于血液，产生与蜡烛实验几乎一样的结果。蜡烛和空气中的一部分气体结合，形成了碳酸，并释放出热量，肺中也会发生如此奇特而美妙的变化。空气进来了，它与碳相结合（并不是自由状态下的碳，而是像现在这样即将用来做实验的状态），并生成了碳酸，碳酸飘到了大气中，这样这个独特的过程就完成了，因此，我们可以把食物看作一种燃料。我拿一块糖，以备后用。它是碳、氢、氧的化合物，与蜡烛含有的元素相同，尽管它们的含量各不相同。从下表中，你们可以知道糖中碳、氢、氧的含量。

糖		
碳	72	
氢	11	99
氧	88	

这确实是一件稀奇的事情，大家应该记得很清楚，氧气和氢气完全按照水的比例生成了水，糖可以说是72份碳和99份水的混合物，而且正是糖中的碳和呼吸带来的空气中的氧，通过一个最简单最巧妙的过程相结合，从而产生热量，带给我们温暖，因此在这一点上我们像蜡烛。除此之外，对于消化系统来说还有更奇特的，那就是营养。我选一小块糖，或者一些糖浆（为了加快实验的速度），这些糖浆含有四分之三的糖和一些水。如果我放一点浓硫酸在糖浆里，浓硫酸会把水吸走，剩下的会是一块黑炭。（法拉第把浓硫酸和糖浆混合在一起。）很快我们就会得到一块固体的木炭，它是从糖中得来的。糖是一种食物，现在却成了一块固体的碳，这是你们不曾想到的。然后我要氧化糖中的碳。这是糖，我这里有一种氧化剂——它比大气反应得更快，我们要以一种不同于呼吸的方式来氧化这些燃料，但其实质是一样的。这是碳与氧接触后的燃烧，就像在我们的肺里发生的变化一样——不同的是肺从大气中吸进氧气，而这里发生的变化更加快速。

如果我告诉大家碳这种独特的性质究竟意味着什么，你们会大吃一惊的。一根蜡烛大概能燃烧四个、五个、六个甚至七个小时，那么一天中究竟有多少碳变成了碳酸啊！我们每一个人呼出来的碳又是怎样的多啊！燃烧或者呼吸产生的碳，一定发生了十分神奇的变化！一个人24小时会使多达7盎司的碳转换成碳酸。仅仅依靠呼吸的作用，奶牛能转换70盎司，一匹马能转换79盎司，也就是说，在24小时内一匹马为了保持自然温度，在它的呼吸器官里会燃烧79盎司的木炭或者碳。所有的温血动物都是以这种方式保持它们的体温的——以转换碳的方式，而且不是在自由状态下，而是在化合的状态下进行转换的。这给予我们一种概念，即大气是不断变化的。仅仅在伦敦，24小时内由呼吸形成的碳酸就多达500万磅，或者548吨。那这些碳酸到哪里去了呢？上升到空气中去了。如果碳像我给大家看过的铅一样，或者像铁一样，在燃烧的时候生成一种固体，那情况会怎么样呢？燃烧不会继续。木炭燃烧的时候它会变成气体，然后逐渐消失在大气里。大气是一种不错的媒介，是一个优秀的“搬运工”，把它搬运到其他地方。然后它变成了什么？我们发现了呼吸产生的变化，变化的结果看起来是对我们有害的（因为我们不能再呼吸这种空气），然而却正是植物和蔬菜在地球表面上生存的条件。在地表下也是一样的，它存在于水中，有助于鱼和其他动物呼吸，尽管它们不是靠接触空气。

我这里的一些鱼（指着球形金鱼缸中的金鱼）靠空气溶解在水中的氧气呼吸，然后形成了碳酸，它们四处游荡，从事着一项伟大的工作，让动物王国和植物王国彼此依靠。所有的植物都生长在地球的表面，吸收碳，就像我今天用来做实验的植物一样。这些叶子从大气中吸收碳，这些碳是我们以碳酸的形式排到大气中的，有了这些碳，叶子才得以生长繁荣。给它们提供我们需要的纯净的空气，它们会奄奄一息；给它们提供含有其他物质的碳，它们会生机盎然、欣欣向荣。树木和植物从大气中吸收它们所需的碳，这带走了对我们有害的气体，同时这对它们却是有益的——对于一种生物来说是疾病，对于另一种生物来说却代表着健康。因此，人类不仅要依靠同类，而且还要依靠和我们一样存在的生物。自然界的所有生物都是在一定规律下紧密相连的，一方有益于另一方的存在。

在得出最后的结论之前，我必须提一下另外一个要点，这一点关系到所有的实验操作，而且它以不同的形式存在于我们身边，这是最神奇，也是最奇妙的！现在我让大家看一下我点燃了的铅粉[①]。你们看这些燃料刚接触到空气就开始反应了，甚至还没有等我把它从瓶中取出来——空气进入瓶中之后，它就开始反应了。有一种化学亲和力，我们所有的操作都是依靠它进行的。呼吸的时候，我们身体的内部也在进行这种反应。蜡烛被点燃后，它不同部分之间的引力就开始发生了。这里，铅也在发生这种反应，这是化学亲和力的一个典型的例子。如果燃烧的产物从表面升起来，铅粉就会燃起来，而且会全部燃尽。但是你们还记得，木炭和铅不同，即铅一遇到空气就会燃烧，而碳能保存几天、几周、几个月甚至几年。赫库兰尼姆的手稿是用碳素墨水写成的，至今已有1800年甚至更久远的历史了，尽管它与空气接触得很多，它却根本没有发生任何改变。那么是什么条件让铅和碳在这一点上不同的呢？用来做实验的物质等待着反应是一件很奇特的事情。物质并没有开始燃烧，比如铅和其他我可以展示给大家看的物质，但是我并没有干预它的反应，它就是等待着反应的到来。这种等待是一件奇特而美妙的事情。蜡烛——例如日本产的蜡烛——并不是一开始就燃烧，就像铅和铁（因为很细的铁粉能像铅粉一样反应），但是它们在那里等待几年或者几个时代，也不会发生任何改变。我这里有一些煤气，这些煤炭释放出这种气体，但是它并没有被点燃——它进到空气里去了，它要等到温度足够高的时候才会燃烧。如果我把它加热到一定程度，它就会燃烧起来。如果我把它吹灭，飘散的气体要等到再次被点燃时才会燃烧。不同的物质有不同的等待，一些物质只要温度上升一点儿就会反应，有的则要等到温度足够高的时候才会反应，看到这种不同的反应是一件很奇妙的事情。我有一点儿火药和火棉，这两种物质的燃烧条件也不相同。火药是由碳和其他物质组成的，这使得它极为易燃；而火棉是由可燃制剂组成的。它们都会等待反应，但是它们反应所需的热度或者条件不

① 自燃铅是把干燥的酒石酸铅放在一根玻璃管中（一端封闭，另一端被拉长成一小孔）加热，直到没有水汽产生，才算制成。让玻璃管敞开的一端在吹火管前密封好。玻璃管被打碎后，里面的物质一接触到空气，就会燃烧并有红色的火花。

同。用一根加热了的铁棒去接触它们，哪种物质会先反应呢？（法拉第用一根烧烫了的铁棒去接触火棉）大家看火棉已经不见了，但是即使是铁棒最烫的部分也不能把火药点燃。这告诉我们，不同的物质在同样条件下反应的温度是不同的！在一种情况下，一些物质要等到加热到一定程度才会反应；但是在另外一种情况下，就像呼吸过程一样，这些物质不需要等待。在肺里，只要空气进去，空气就能与碳相结合，即使是在身体能承受的最低温度下，反应也会立即开始，并产生碳酸。因此，所有的事物都在适当地反应着。

在讲座的最后（因为我们必须结束讲座了），我想表达一下我的心愿，希望你们这一代能像蜡烛一样——你们也许会喜欢它，有一点光就要发光发亮；希望你们像蜡烛一样是实干家，用有效的行动来履行你们这一代的责任！

赫姆霍兹论文

Dialogues Of Plato

〔德国〕赫尔曼·路德维希·费迪南·冯·赫姆霍兹　著

主编序言

赫尔曼·路德维希·费迪南·冯·赫姆霍兹于1821年8月31日出生于柏林附近的波茨坦，他的父亲是一名高级中学教师，父亲的教导为赫姆霍兹广博、全面的知识奠定了基础；他的母亲是英国贵格会教徒威廉·佩恩的后裔。

赫姆霍兹很小就显露出不一般的计算能力，并希望一生致力于物理学的研究，但为生计所迫，他念了医科，在波茨坦担任外科军医。1842年，他发表了第一篇科技论文，从1842年到1894年他逝世为止的52年时间里，他持续不断地发表论文。他拥有很多学术身份，先后在柯尼斯堡、波恩和海德堡教授生理学。在生命的后23年里，他一直在柏林大学担任物理学教授。

然而，他的教授工作并没有给他的事业提供多少灵感。他对科学的贡献涉及医学、生理学、光学、声学、数学、机械学和电学。他对科学和艺术的热爱使他在美学上也有所建树，他对绘画、诗歌以及音乐都有独特的见解。

在赫姆霍兹开始公开讲座的时候，公开讲座在德国还鲜为人知。为了使讲座得到人们的认可，为了给讲座制定标准，赫姆霍兹可说是呕心沥血。读者朋友们看了后面的论文之后会发现，他的讲座是他那一代人的杰作。一位传记作家说："大师倾尽他的学问和财富来研究问题，而有人出资进行阐述却是为了永恒的利益。"对我们来说，幸运的是，在第一批科学家和思想家中有这么一位，他愿意与外界分享他辛勤研究所取得的辉煌成果，并且懂得如何让大家明白他的研究成果。

查尔斯·艾略特

论力的守恒

——1862—1863年冬天，在卡尔斯鲁厄的一系列讲座的内容

我已经准备好了在这里做一系列讲座，我认为讲课的最好方法是用一些合适的例子来讲解科学理论。自然科学因为它的实际应用，以及在过去四个世纪里对人们思维的影响，迅速而深刻地改变了文明国度里的方方面面：它使这些国家的财富增加，使人们的生活变得更幸福，使人们的健康意识提高，使工业的类型增多，使社会的交流增多，甚至使人们的政治权利增强了。这让任何一个受过教育的人，即使他不想做科学研究，都不得不去努力了解这改变世界的动力，而其也必定会对科学研究这种特别的脑力劳动产生兴趣。

对于科学的种类，我已经探讨了自然科学和精神科学之间所存在的典型差别。然后我努力证明差别的存在，证明它们存在于自然现象和自然产物所遵循的规律之中。无论如何，我并不否认人们的精神生活也有规律可循，这是哲学、语言学、历史学、道德学和社会科学应该建立的目标。在精神生活中，法则的影响错综复杂，以至于任何结论都有可能，却很少得到证实。在大自然中，情况刚好相反。我们已经发现了许许多多自然现象

的起源和发展规律，它们是如此精确和完整，我们可以很肯定地预测它们的未来，甚至可以根据自己的意愿来引导规律。人类运用智慧充分认识自然规律的最伟大的例子，就是现代天文学。一个简单的引力不仅可以管辖我们行星系中的天体，还可以控制非常遥远的双星的运动。即使是来自于这些双星的光线——传播得最快的信息使者，我们也要几年后才能看见。正是因为遵循这种规律，所以我们可以准确地预测一些尚未确定的天体在未来几年甚至几百年的运动。

正是依靠对规律的遵循，我们才知道怎样征服蒸汽那猛烈的力量，让它变成我们所需要的忠实仆人。而且，物理学家的研究智慧也必须依赖对规律的遵从。这是一种兴趣，与精神和道德提供的趣味不同。从某种意义上说，人们对艺术的兴趣影响了对科学的兴趣。艺术可以展现历史上的每一个伟大事件，展现每一种强烈的激情、风俗习惯、城市布置、遥远国度或者远古时代的文化。即使没有确切的科学根据，艺术所展现的都会俘获我们的心，引起我们的兴趣。我们不断发现自己的思想和情感，我们开始知道自己心中隐藏的欲望，而这些在和平的文明的生活中还没有被唤醒。

不能否认的是，人们还非常缺乏对自然科学的兴趣爱好。每一个事实本身就足以唤起我们的好奇心，或者使我们大为惊奇，或者对实际应用有益。但是，我们只能从整体的联系中，从自然规律中获得理性上的满足。我们将发现规律并在思维中运用规律的内在能力称为理性。纯理性的特殊力量要在它们所有已确定的事和所有关系中延伸开来的话，那么，广义上对自然的探索，包括数学，是最合适不过的场所了。对自然的探索不仅能让我们感受到成功之后的喜悦，而且也是我们的思想和意志对外在世界征服的成功。外在世界中有我们不熟悉的，有与我们敌对的，成功征服是对我们劳动的回报。但是，我也想说，当我们探索自然界的巨大财富时，我们能得到艺术上的满足感。自然有规律地组成了一个整体——宇宙，它是我们逻辑思维的镜像。

过去几十年的科学发展已经让我们认识到了所有自然现象的一个普遍规律。从它无比广泛的范围，从它与所有自然现象的联系，甚至从它与最远古的时代、最遥远的国度的联系来看，这个普遍规律足以给我们一种灵感，那就是我已经讲过的自然科学的特点，它是我演讲的一个主题。

这个规律就是“力的守恒定律”，我首先得解释一下这个术语的意思。它并不是一个全新的术语，因为在自然现象的各个领域里，牛顿、丹尼尔·伯努利已经对它进行了阐释；拉姆福德、汉弗莱·戴维已经认识到了它是热力学中的重要理论。

1842年，朱利叶斯·罗伯特·迈耶博士，一位斯瓦比亚医生（现在住在海尔布隆），第一次阐述了这个规律，这使它被广泛应用成为可能。几乎在同时，詹姆斯·普雷斯科特·焦耳，一个英国制造商，对热与机械力的关系做了一系列重要而又复杂的实验，并引发了一些重要的观点，但新的理论仍然有待实际运用的证实。

力的守恒定律是这样的：“在整个自然界中发挥作用的力的总量是不变的，既不会增加也不会减少。”我先来解释什么是“力的总量”，这个概念更常用于技术应用，在机械方面，我们称这个词为“工作量”。

机器的做功或者自然过程的做功的概念是对比了人类的工作能力之后得出的，因此，最好借助人的劳动来说明我们所关心的问题的最重要的特点。说到机器的做功和自然过程的做功，我们必须排除智力活动的作用因素。智力活动也能完成有难度和高强度的思考工作，这让人感到劳累，就像肌肉疲劳使人感到劳累一样。但是在机器做功过程中，无论什么样的智力行为——当然都是来源于操作者的想法，都不能施加其上。

现在，人力之外做功的种类很多，涉及不同的力、不同的运动形式和速度。但是，铁匠的两个胳膊抡着重锤狠狠下击，小提琴家的双臂弹奏出了动人的旋律，织工的手织出了精美的天衣无缝的花边，所有这些都需要一种力，这种力让他们用同样的器官以同样的姿势活动——臂膀的肌肉。如果手臂的肌肉拉伤了，人就不能做任何事。肌肉必须是健康的才能用力，而且必须能感应神经，以让肌肉接受大脑的指示。因此，肌肉是最能活动的，它能驱动各种各样的机器完成各不相同的任务。

因为人的肌肉对机器有这种作用，所以机器被广泛运用于各种装置。

通过机器的作用，我们可以用不同程度的力量和速度做各种各样的事情，从大功率的汽锤到轧钢厂——在那里巨大的铁块被切割制造得像黄油，再到纺纱和织布——这种工作可以与蜘蛛的工作相媲美。现代机器有很多方法把一组滚轮运转到另一组上，或者改变速率；有很多方法把轮子的旋转运动变为活塞杆、梭子、下落锤以及杵的上下运动，或者相反，把后面的运动变成前面的那种运动；它可以的话，还能把匀速运动变成变速运动；等等。因此，这些极为有用的机器，可以被用到工业的各个领域中去。不同种类的机器在做功时有一点是相同的，那就是它们都需要动力才能运动，就像人的手需要肌肉的动力才能劳动一样。

铁匠比小提琴手需要更大强度地伸展肌肉，在机器中也存在这种所需动力力量的不同和持续时间的不同。所以当谈到机器的“工作量”的时候，我们只需要想一下这种差异，它相当于人类劳动中不同程度的肌肉伸展。这样，我们就不会关注机器的运动和装置的不同特点，我们只关心它消耗了多少力。

我们经常用到“耗力”这个词，这说明所用的力已经消耗并且消失了，这让我们进一步地比较人工和机器生产的不同效果。肌肉伸展的程度越大，用力的时间就会越长，手就会越累，随着时间的流逝，所消耗的力就越来越多。我们应该明白工作之后的劳累也存在于无机自然界，人之所以会疲倦，也是我们现在所讨论的定律的表现之一。当我们疲倦的时候，我们需要恢复，所以就需要休息和营养。我们发现无机动力也是如此，当它们做功的能力消耗殆尽后，力有可能再生，尽管在一般情况下，适用于它们的方法并不适用于人类。

从肌肉的伸展，从疲乏的感觉中，我们可以大致了解什么是“工作量”了，但是我们必须制定一种标准，这样我们才能计算工作量，而不是通过比较进行不确定的估计。关于这一点，如果用最简单的无机动力来计算——而不是人体肌肉的伸展，会容易一些。因为肌肉是一种很复杂的组织，它以极其错综复杂的方式发挥作用。

来看一下我们最了解的和最简单的动力——重力，我们来看看重力对钟所起的作用。钟要在一个摆锤的驱动下才能运转，这个摆锤，系在了一根发条上，缠绕在一个滑轮上，和钟的第一个齿轮相连。如果它没有受到重力的吸引，它就不能使整个钟运转。现在，请你们注意下面的几点内容：如果摆锤自身不下沉的话，它是不能让钟运转的；摆锤不摆动，钟就不会转动，它只有在重力的吸引下才能转动。因此，如果钟要转动，摆锤必须一直下沉，一直下沉到发条能支撑的最大程度，然后钟就停了，摆锤也不能发挥作用了。摆锤的重力没有消失也没有减少，摆锤和之前一样受到地球的吸引，但是使钟表运转的那部分重力消失了。摆锤的重力只能使它在发条的末端保持静止，它再也不能让钟走动了。

但是，我们可以用手上紧发条，这样摆锤又上升了。发条上紧之后，摆锤又可以像之前一样摆动了，因而又能让钟走动了。

从中我们可以知道升高了的摆锤具有动力，这种力想发挥作用的话，就必须下沉，下沉之后，动力会耗尽，但是我们可以用外力——手的力——使它恢复。

摆锤驱动钟做的功并不是太大，它不断减少轮轴和齿轮摩擦产生的小的阻力，同时还有空气的阻力，这些与轮子的运动呈相反方向，它还要为钟摆振动后产生的小的脉冲和声音提供动力。如果把摆锤从钟表上拆下来，钟摆会在停下来之前摆动一会儿，但是它摆动的幅度会越来越小，在很小的阻力的作用下逐渐地耗力，最后耗尽了所有的力，完全停止摆动。因此，为了让钟运转，必须要有动力，尽管力很小，但是必须要一直给它施加力。这种力来源于摆锤。

从这个例子中，我们知道了一种测量工作量的方法。假设这个钟在一个重5磅的摆锤的驱动下工作，24小时内它会下沉5英尺。如果我们准备10个这样的钟，每一个的摆锤都重1磅，然后这些钟会转动24个小时，因此，每一个钟都会在同样的时间内像其他钟一样减少阻力，10磅的摆锤下沉5英尺所做的功是1磅的摆锤所做功的10倍。所以我们可以得出这样的结论，如果下降的高度是一样的，所做的功会随着重量的增加而增加。

现在，如果我们增加发条的长度，这样摆锤就会下降10英尺，钟会运转两天而不是一天。而且，因为其下降的高度是原来的两倍，摆锤在第二天所减少的阻力和第一天的一样，因此它所做的功是它只能下降5英尺时所做的功的两倍。重量没变，做功随着下降的高度的增加而增加。所以，现在我们至少可以用下降的高度来衡量摆锤做的功。事实上，这种测量方法并不限于个别情况，在制造业中它还是测量量级或者做功的通用标准——"英尺磅"，即1磅上升1英尺的工作量①。

我们可以把这种测量做功的方法运用于所有的机器，因为我们可以通过拉动滑轮来让它们运转。所以对于任何机器，我们可以通过摆锤下降的高度来体现驱动力的量级，这可以让机器的装置运转到一定程度。因此用英尺磅来测量做功大小的方法被广泛采用。把这种摆锤作为驱动力并不具有实际优势，尤其是在需要用手把它升高的情况下——在那种情况下，直接用手更容易让机器工作。给钟装上摆锤，这样我们就不必一整天都站在钟的旁边了。给钟上紧发条，它就积累了一定的动力，这动力足够让它再工作24小时了。

这与自然本身使摆锤上升，然后让它为我们所用是不同的，这并不适用于固体，却被广泛地应用于水，在气象的作用下水上升到山的顶部，又回到溪流中。我们把水的重力当作动力，最直接的应用就是所谓的"上射水车"（图90）。在这个轮子的周围有很多桶，它们是用来装水的，在对着观察者的一边，桶的顶部都朝上；在背着观察者的一边，桶的顶部都朝下。水从*M*处流出来，流到轮子前方的桶里，在*F*处，出入口开始向下倾斜，水就流出来了。对着观察者的这边的桶里装满了水，到另一边的时候就空了。因此，前者因为它所装的水而变重了，后者却不会，水的重力持续作用于轮子的一方，把它向下拉，从而带动轮子转动，轮子的另一方没有阻力，因为另一边没装水。正是向下流的水的重力使轮子转动，并提供动力。但是你们马上就会看到，为了使轮子转动，大量的水必须向下流。当它流到顶部的时候，尽管它根本没有失去重力，但是如果它不照例继续

① 这是功的一种技术测量，把它变成科学测量的话，必须乘以重力的强度。

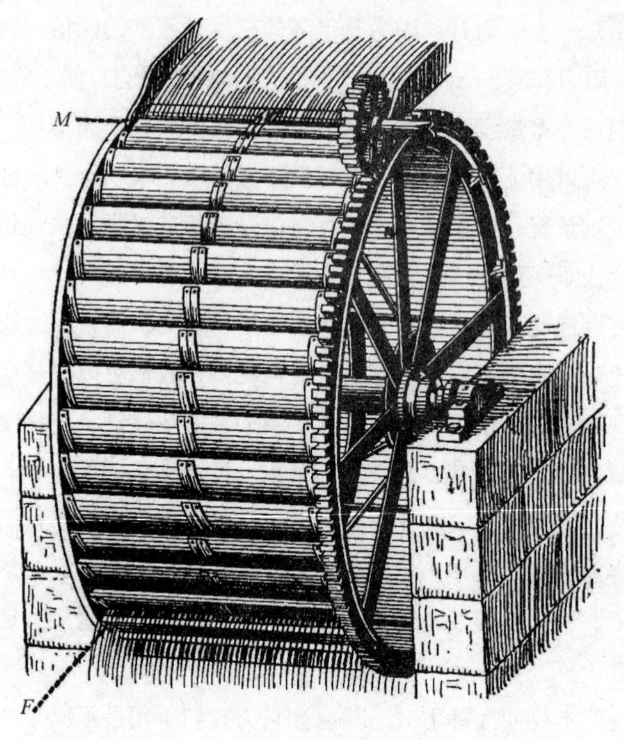

图90

流，那么不管是施加人力还是自然力，它都不会再使轮子转动。如果可以从水车流到更低的水面，它也许能让其他的轮子转动，但是当它流到最低的水平面（大海）时，剩下的动力也用光了，因为它不能在它的重力——也就是地球的引力——下发挥作用了，除非它重新到达更高的水位。这实际上受气象的影响，你们很快就会看到这些动力的来源。

水能——而不是人自己或者家畜的劳动力——是人类学会运用的第一种无机动力。据斯特雷波说，因自然知识而闻名的本都国王米特拉达提斯就了解水能，在他的宫殿附近就有一架水车。第一代罗马皇帝在位期间，首次将水车引进罗马。即便是现在，在高山、溪谷，或者水流湍急、常年积水的小溪和小河附近都有水磨。我们发现水能的运用范围与机器操作不相上下，水能推动了玉米磨坊、锯木厂、铁锤制造厂、榨油厂、纺纱厂和织布厂等工厂的运作。而且它在所有动力中是最便宜的，它在自然中的存储量有无穷之多。但是它却受地理位置的限制，只大量存在于多山的国家，在一些地势平坦的国家，需要修水库筑坝拦水来积蓄水力。

在讨论另一种动力之前，我必须回答大家的一个疑问。我们知道很多机器，像滑轮、杠杆和起重机，只需耗用一点力就可以把重物升起来。我们经常看到一两个工人把很重的石块升到很高的地方，这是单凭他们自己的力量所不能做到的。同样，一两个人用起重机可以把最大、最重的箱子从船上转移到码头上。现在有人要问了，如果用一个又大又重的物体来驱动一个机器，难道不可以使起重机或者滑轮组把被搬运的重物升得更高吗？

答案是，当机器所耗的力变小时，它耗力的过程就会延长，因此就算有了更大的发动机，机器却并没有得到更大的动力。我们来设想一下，四个工人必须用一个单滑轮升起4英担重的物体，他们把绳索向下拉4英尺，物体就向上升高4英尺。但是现在，我们把同样重的物体挂在由四个滑轮组成的滑轮组上（图91），因为一个工人不可能用一个滑轮升起这个物体，然而结果是，他把绳索向下拉4英尺，物体只会上升1英尺，因为他在*a*处拉动的绳索长度，被均匀地分配到四根绳索上了，因此每根绳索只上升了1英尺。所以，要把物体上升到同样的高度，这个工人的工作量必须是四个人工作时他的工作量的4倍。但是，总的工作量是一样的，四个工人工作一刻钟，一个工人就得工作一个小时。

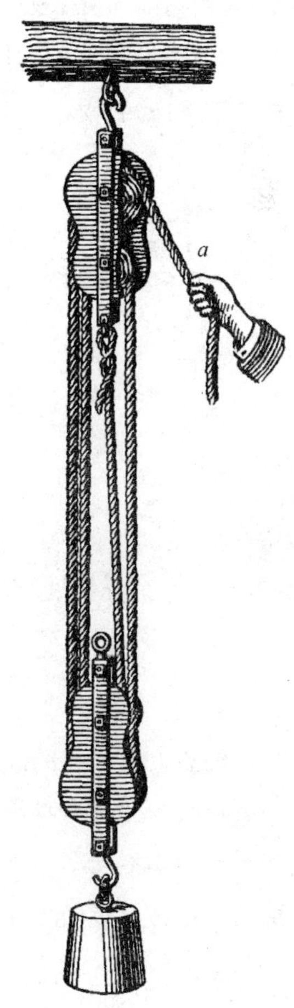

图91

如果我们使用重物，而不是人力，在滑轮上挂上重400磅的物体，在*a*处，坐一个重100磅的人，然后滑轮就会保持平衡，而且，不需要用太大的力就可以让滑轮转动。100磅的那端下降了，400磅的却升高了。不需要用太大的力，轻的那一端沉下去而把重的那一端提起来了。观察发现轻的那一端下降的距离是重的那一端上升的距离的4倍。但是，100磅下降4英尺做的功就是400英尺磅，这和400磅下降1英尺做的功是一样的。

通过调整，杠杆也可以有同样的作用。图92中*ab*为一根简单的杠杆，*c*为支点，臂*cb*是臂*ac*的4倍长。把一个重1磅的物体挂在*b*处，把一个重4磅的物体挂在*a*处，杠杆就保持平衡了。然后不需要用太大的力，轻轻地用手指一碰，它就会倾斜到*a*′ *b*′ 这个位置，同时，重4磅的物体翘起来了，而重1磅的物体却沉下去了。但是，你们看这也没有什么不同，因为重的物体上升了1英寸，轻的物体就下降了4英寸；重4磅的物体上升1英寸的工作量相当于重1磅的物体下降4英寸的工作量。

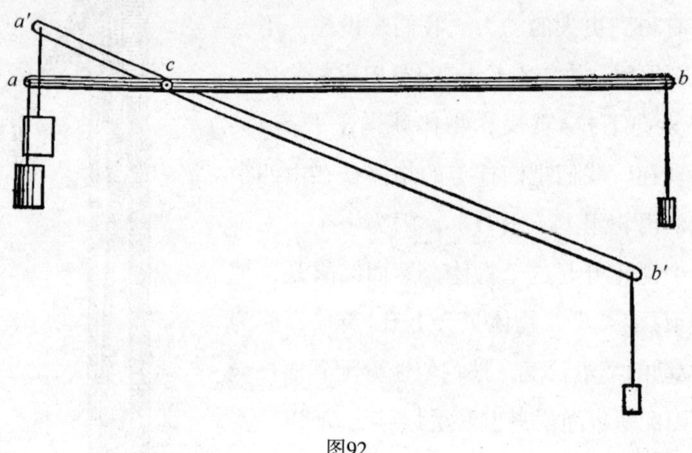

图92

机器上大多数的固定部分都可以被视为调整过的复合杠杆，例如，一个齿轮联动装置就是由一系列杠杆组成的，它的末端是由单独的齿轮做成的，它们一个连一个，按照一定的顺序排列组装起来，这样，齿轮就使邻近的小齿轮紧紧连接在一起。以图93中的起重绞车为例，假设绞车圆筒轴上的小齿轮有12个齿，而齿轮*H*′ 、*H*有72个齿，也就是说，齿轮的齿是小齿轮的6倍。在齿轮*H*和圆筒*D*转动一次之前绞车一定已经转动6次了，也在

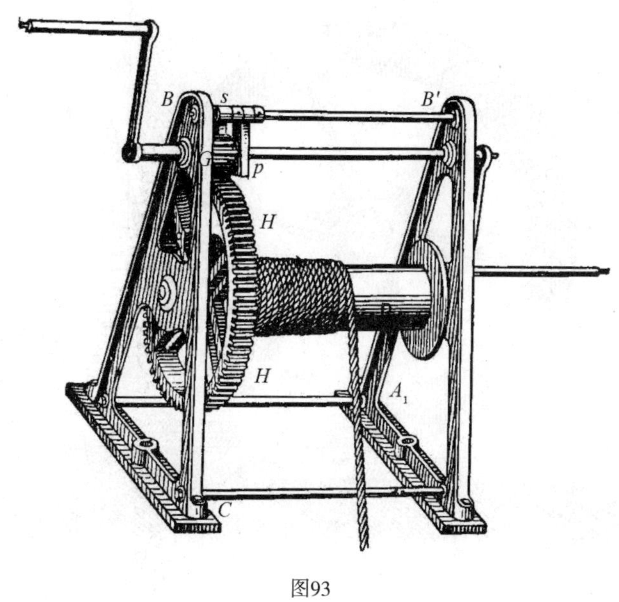

图93

升起重物的绳索上升的长度等于圆筒的周长之前转动了6次。因此，如果用手摇动圆筒D的话，那么尽管只需用六分之一的力，但工人需要的工作时间是之前的6倍。我们发现几乎所有的机器都符合这样的规律：运动的速率提高，力量就会减小；当力量增大的时候，速率就会降低。但是工作量却没有因此而增加。

前面我们已经谈到过，在上射水车中，水在它的重力下转动，但是也有另外一种水车，叫作下射水轮，它只在水的冲击下转动，如图94所示。当水流的高度不够，水不能流到水车的上面部分的时候就用这种水车。下射水轮的下面部分浸在流水中，流水撞击浮动板，并卷动它们。这种水车被用在水流湍急但没有多大落差的河流中，比如说莱茵河。只要水车周围的水有一定的流速，就不需要水流有太大的落差，水的流速对浮动板产生了影响，而浮动板的转动创造了动力。

由于缺少水位落差，风车替代水车在荷兰和德国北部的大平原上得到使用，这是另一个因为速率而运动的实例。翼板在流动的空气——风——的作用下转动，静止的空气对风车几乎没有推动作用，就像静止的水对水

图94

车几乎没有作用一样。驱动力在这里依靠的是空气流动的速率。

手中的子弹是世界上最无害的物体，因为它有重力，不会产生任何影响。但是，当子弹射出去的时候，飞快的速度所产生的巨大的力会使它穿过所有的障碍。

如果我把铁锤轻轻地放在钉子上，不管是铁锤的重量还是我手上的力都不会把钉子钉进木头。但是，如果我挥起铁锤，迅速落下去，它就获得了一种新的力，这种力可以克服更大的阻力。

这些例子告诉我们，运动物体的速度可以产生动力。在力学中，速度被当作一种动力而且可以做功，被称为活力。这个名字没有选好，这太容易让我们想到生物的活力了。不论在铁锤还是子弹的例子中，做功的时候，速度就会减慢。我们有必要对水磨或者风车进行一个关于流动的水和空气的更加仔细的调查，以证明当它们做功的时候它们的速度减慢了一些。

速度和工作效率的关系，在钟摆中最常见。把一个物体挂在一根细绳上就做成了一个摆动装置，假设图95中*M*处的球形物体就是这个重物，*AB*是一根从球体的中心穿过的水平线，*P*点是细绳所系的位置。如果我把重

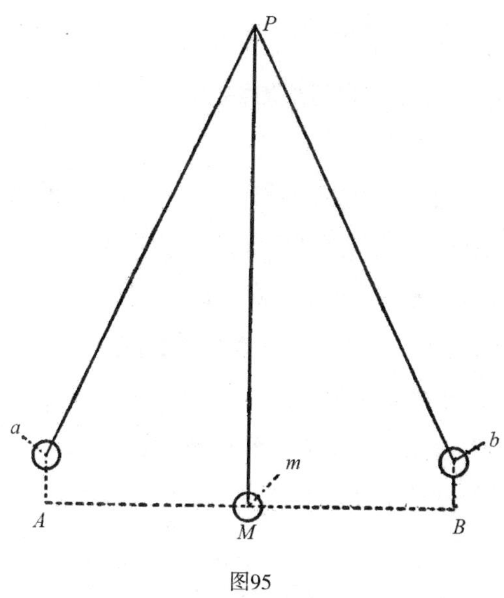

图95

物M拉向A点，它会沿着弧Ma移动，它的末端a比水平线上的A点更高，重物会从A的高度上升到a的高度。因此，我会施加一定的力把重物移动到a处。之后，重力会使重物回到M点——它所能及的最低点。

现在我把重物拉到了a点之后，放手。在重力的作用下，它以一定的速度回到M点，然而它再也不会像之前那样静止地悬挂在M点了，而是从M点摆到b点。Bb的距离与Aa的距离相等。到达b点之后，它又沿着同样的路线经过M点返回到a点，如此循环往复，逐渐地减少摆动，最终在空气的阻力和摩擦力的作用下停止摆动。

为什么重物从a点摆动到M点时，并没有静止在M点，而是上升到了b点？因为它的速度。它从Aa这个高度摆下来所获得的速度使它能够升到同样的高度Bb，因而运动物体M的速度能够使它升高——用力学的术语来表达就是做功。如果我敲一下这个悬挂的物体，给它施加一定的速度，也会产生这样的效果。

从这一点上，我们更加明白了怎样测量速度的工作功率，或者运动物体的活力。它相当于在英尺磅中所说的那种功，在最佳条件下，同样的物体在速度的作用下，可以升到尽可能高的高度①。这并不依赖速度的方向，因为，如果摆动一个用线圈穿起来的物体，我们甚至可以把向下的运动变为向上的运动。

钟摆的运动已经很清楚地告诉我们，一个升高了的物体的工作功率的形式和一个移动物体的工作功率的形式有可能相互融合。图95中物体在a、b两点的时候，物体的速度消失了；在M点的时候，它已经降落到最低的位置了，但是获得了速度。当物体从a点摆动到M点的时候，物体上升做的功转换成了活力；当物体再从M点摆动到b点的时候，活力转换成了物体上升的功。如果不考虑空气的阻力和摩擦力的影响，手最初对物体施加的力在物体摆动的过程中并没有消失，也没有增加，它只是在不断地变换形式。

我们来看看一些有弹性的物体的机械力。给钟上紧发条时，我们发现时钟和表的里面是卷绕成圈的钢簧。钟转动的时候，钢簧就会展开。把钢簧卷起来的时候我们的手臂要用力，手要克服钢簧的弹力，就像我们调整钟的摆锤时需要克服摆锤的重力一样。卷好的钢簧会做功，在它驱动发条的时候它所获得的能力会逐渐减少。

如果我拉紧一张弓，然后放手，紧绷的弦会推动搭在弓上的箭，弓弦的速度给箭施加了力。我需要拉几秒才能让弓绷紧，这种功的作用会在箭射出去的那一刻体现出来，因此，我把弓拉紧之后，它在很短的时间内就会起作用；相反，钟会转动一天或者几天。如果最开始我的手没有施加力给时钟和弓，这两者就都不会做功。

如果通过自然的过程而不是用力，能让有弹性的物体绷紧，情况就不同了。这种情况最有可能也最容易发生在气体上。例如，如果我把枪装满火药，然后开枪，大部分火药会在高温下变成气体，气体有强烈的扩散趋势，但在强压的作用下，气体只能存在于它们形成时的那个狭小的空间

① 在理论力学中，活力等于重量乘以速度的平方之乘积的一半。为使其变为功的技术测量，必须用活力除以重力的强度，也就是说，除以自由落体第一秒后的速度。

里，于是在气体强大的扩散的力的推动下，子弹以极快的速度射出去了，这就是做功的一种形式。在这种情况下，我没有用力，却让它做了功。然而，有些东西失去了——火药，火药变成了其他的化合物，然后，一种物理变化发生了，在这种变化的影响下，它开始做功。

气体更大程度上是在热量的作用下扩张。我们以大气为例，来举个最简单的例子。图96中所示的这种仪器就像勒尼奥用来测量受热气体的膨胀力的仪器一样，如果不是为了确保测量结果的精确性，仪器会组装得更简单。*C*是一个球状玻璃器皿，里面装满了干燥的空气，它放在一个金属容器里，这样水蒸气就可以加热它。它和一个装有液体的U形管*S s*相连，当开关*R*关闭的时候，两根管就相通了。当玻璃器皿是冷的时候，管*S s*中的液体相平，加热之后管*s*中的液体会升高，最后会溢出来。所以加热玻璃器皿的时候，要让一些液体从*R*流出去，管*S s*中的液体才会相平。当器皿冷却下来后，液体会沿着*n*上升。在这两种情况下，液体都会上升，因此都做了功。

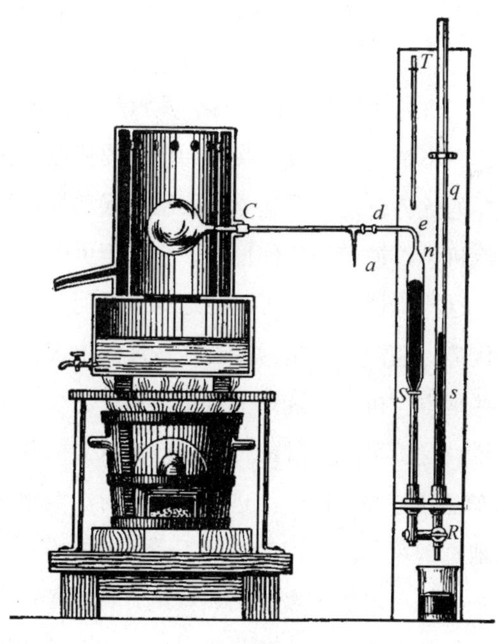

图96

为了让压缩气体不断地从锅炉中分离出来，就得持续地给锅炉加热，图96中球状器皿里的空气，很快就会扩张到最大程度，然后会被水替代，水在受热之后又不断变成水蒸气。但是水蒸气，只要它保持这种状态，它就是一种弹性气体，并像大气一样会膨胀。不是上一个实验中升起的液体柱，而是机器推动了实心活塞，实心活塞又带动了机器的其他部分运转。图97是一个高压发动机工作部件的前视图，图98是它的截面图。图中没有展示产生水蒸气的锅炉，水蒸气经过图98中的管*z z*到达汽缸*A A*中，推动塞得很紧的活塞*C*。管*z z*和圆柱*A A*之间的部分是阀箱*K K*中的滑阀。*d*和*e*两根管让水蒸气先从活塞下面通过，然后到达活塞的上面部分，同时，水蒸气从汽缸的另一半中自由地通过。当水蒸气从活塞下方通过的时候，它把活塞向上推，当活塞上升到最高位置时，*K K*中阀的活塞改变，水蒸气从活塞的上方通过，然后又让活塞下降。活塞杆与杆*P*连接之后，对飞轮*X*的曲柄*Q*起作用，使其转动。杆*S*的运动可以调节阀的开关。但是，我们不必讨论它们设计得有多精巧，我们只关注在热的作用下可任意膨胀的水汽是怎样产生的，而且在膨胀的过程中，水汽是怎样推动机器的固体部分并做功的。

我们都知道蒸汽机的作用强大而多样，蒸汽机的使用使工业得到了很大的发展，工业，而不是其他，成了我们19世纪的特点。和之前的动力相比，蒸汽机最主要的优势就是不受地点的限制。煤和少量的水就是蒸汽机的动力来源，蒸汽机可以被带到任何地方，它甚至可以移动，就像蒸汽船和机车一样。有了这些机器，我们可以在地球上任何一个地方几乎无限地发挥这种动力的优势，在深矿井里，甚至在海洋的中部；而水车和风车只能用于地面的某些地方。机车在陆地上大量地运送旅客和货物，它的速度对我们的祖先来说就是不可能实现的传说，他们认为能载六个乘客一小时行驶10英里的邮车已经是一种巨大的进步。风暴可能会把帆船吹得很远，但蒸汽机能成功地抵御风暴。蒸汽船还能不受风向的影响穿越海洋，按时到达目的地。在一些缺乏风能和水能的大城镇，各行各业大量的技术工人所具有的优势可以得到发挥，因为蒸汽机可以出现在任何地方，于是人力

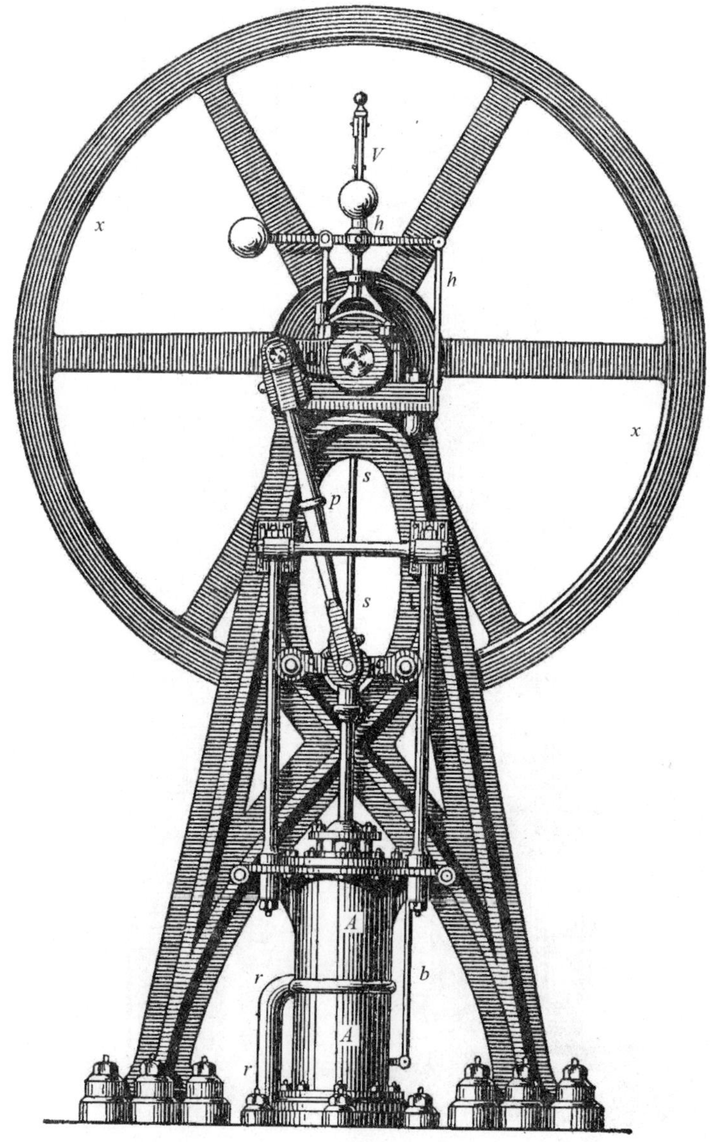

图97

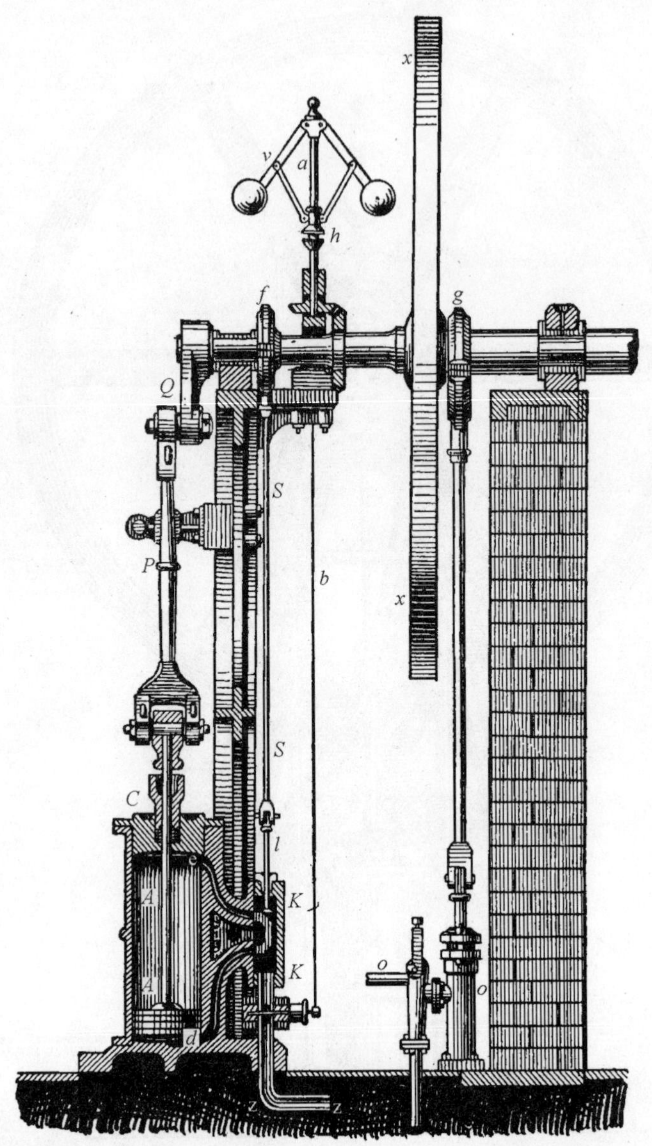

图98

就可以用在更适合的地方了。事实确实是这样的，一个地方只要土地的性质或者适合的交通路线能为工业的发展提供有利条件，蒸汽机就会在那里出现。

我们已经明白了热量可以产生机械功率。从我们讨论过的例子中我们知道，一个物理过程产生的力的多少，总是可以被精确地测量，而且自然力进一步做功的能力既不会因为它已做的功而减少，也不会因为它已做的功而消失。那么在这一点上，热量会怎样呢?

如果要把力的守恒定律放到所有的自然过程中，这个问题至关重要。回答这个问题时，传统的观点和新的观点有明显的差异。因此，许多物理学家把有关力的守恒定律的自然观称为“热量机械理论”。

对热量的性质的传统看法是，它确实是一种很小很轻的物质，但是它不能被摧毁，而且数量不可变化，这一点是所有物质的一个重要的基本性质。事实上在很多自然过程中，热量的多少可以在温度计中体现出来，但是不可改变。

通过传导和辐射，它的确能够从较热的物体传到较冷的物体，通过温度计我们可以看到前者损耗的热量，转移到后者了。很多过程都是广为人知的，尤其是物质从固态到液态再到气态的过程。在这个过程中，热量消失了——不管怎样，从温度计上看是如此。但是，当气态物质又变成液态物质，液态物质又变回固态物质的时候，在之前看来消失的热量又回来了。据说，热是潜伏的。从这一观点来看，在是否含有受限热量方面，液态水不同于冰，因为冰的热量受限制，它的温度不能传到温度计上，因此没有体现出来；水蒸气含有太多的热，因此受到了限制；但是，如果水汽凝结，而且液态的水变成冰，会释放出完全等量的热，就好像在冰的融化和水的汽化过程中，热量潜伏起来了。

在化学过程中，有时候会产生热，有时候热会消失。我们假设很多的化学元素和化合物一直都含有一定量的潜伏热量，当这些物质的成分发生改变的时候，这些潜伏热量有时会释放出来，有时需要从外界得到补充。精确的实验已经表明，化学过程中产生的热——比如说，1磅的碳燃烧后变成碳酸——是绝对不会变的，不管燃烧得慢或快。这和我们的假设完全一致，这是热理论的基础，即热是一种数量完全不会改变的物质。我们简单提到过的自然过程，是大量实验研究和数学研究的主题，尤其是18世纪90年代和19世纪第一个十年里伟大的法国物理学家们的研究主题。物理学已经翻开了辉煌而又精密的一章，在这里所有的假设都得到了证实——热是一种物质。另外，在那个时代，所有自然过程中“热量不变”的这一现象不能通过其他方式得到解释，而只能解释为热是一种物质。

但是，有一种关系——热与机械功的关系——还没有得到准确的研究。萨迪·卡诺，一个法国工程师，大革命时代中著名的国防部长的儿子，他假设这种能量会像气体一样膨胀，于是推断出热做的功，从这个假设中，他推断出关于热的做功能力的一个重要定律。即使到了现在，即使克劳修斯对该定律做了一个重要的改变，它还是热量机械理论的基础之一。从这个定律引出的实用结论，至今仍然有效。

众所周知，两个运动的物体不管在哪里相互摩擦，都会重新产生热，但是谁也不知道它是从何处产生的。

这些是公认的事实：四轮马车的轮轴亟须润滑，因为那儿产生的摩擦力很大，让轮轴都变烫了——确实非常烫，以至于都快燃烧了；机车的铁轴很可能烫得足以焊接它们的托座——当然强摩擦力不是释放大量的热所必需的；通过摩擦，一根黄磷火柴会变烫并燃烧起来；要感受摩擦力产生的热量，我们摩擦干燥的双手就够了，这比双手轻轻地合在一起所产生的热量要多得多；原始人通过摩擦两块木头来生火，就像图99中那样，用硬木做一个尖利的纺锤并放在一块软木底座上迅速地旋转。

当固体产生摩擦力时，这些固体表面的微粒被分离和压缩了，可能就是被摩擦的固体发生的些许结构变化释放了潜伏热，这被释放的潜伏热有可能就表现为摩擦产生的热。

但是，液体的摩擦也会产生热，而且这个过程中不会发生结构的变化，也不会释放潜伏热。汉弗莱·戴维爵士在19世纪伊始最先做了这类研究的一个重要实验。在一个凉爽的地方，他让两块冰相互摩擦，使它们融

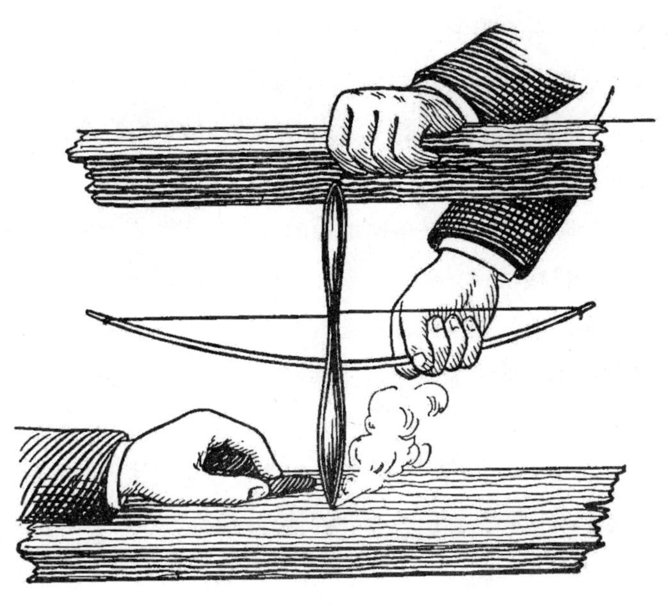

图99

化了。被这些刚形成的水吸收的潜伏热不会是冰传导的，也不会是因为结构的改变而产生的，它不可能由于摩擦以外的原因产生，只可能通过摩擦产生。

和摩擦一样，打击一些弹性不够好的物体，也可能产生热。我们用打火石敲打火镰来生火，用铁锤使劲敲打烧烫的铁棒，就是这个道理。

如果研究一下摩擦力和非弹性碰撞的机械作用，我们立刻会发现它们能让运动静止。一个运动的物体如果不受任何阻力的话，它会一直运动下去，行星的运动就是一个例子。而地面上的物体绝不会像这样运动，因为它们总是和一些静止的物体接触、摩擦。事实上，我们可以很大程度地减少摩擦，但是绝不可能完全消除摩擦。一个轮子使一个加工良好的轴转动，一旦轮子开始转动，它就会持续很长一段时间，它转得越久，轴就会变得越光滑，它越被润滑，承受的压力就会越小。然而，启动时我们施加给轮子的活力会因为摩擦而逐渐地消失。它消失了，我们对此如果不加考虑，可能会以为轮子的活力没受到任何影响就消失了。

一颗在光滑的水平面上滚动的弹丸会持续滚动，直到路面的摩擦使它停下来，这种摩擦是路面的细微颗粒受到碰撞造成的。

如果让一个钟摆振动，就算不受到摆锤的驱动，它也会持续摆动几个小时，如果发条足够结实的话。

一块从高处降落的石头在落向地面的过程中获得了一定的速度，我们知道这就等同于机械功。只要它一直保持这个速度，我们就可以通过合适的装置让它调头向上，并且用装置把石头重新举上去，最后石头着地，之后静止不动。石头与地面撞击之后速度消失，随后受速度影响的机械功也消失了。

回顾所有的例子——你们每一个人都能很轻易地从日常生活中找到更多的例子，我们会发现，在摩擦和非弹性碰撞的过程中，机械功消失了，然后产生了热。

我们提到过的焦耳的实验，将带领我们更进一步。他已经用英尺磅的方法测量了因固体和液体的摩擦力而损耗的功率的数量，而且他还确定了由此能产生多少热量，并且明确了两者之间的关系。他的实验表明，当做功产生热量的时候，是具体的做功的量产生了物理学家所说的“热量单位”的热量，也就是说，这个热量会使1克水的温度升高1摄氏度，根据焦耳最好的实验，它所需的功相当于1克重的物体降落425米所做的功。

为了让你们看看他的数据有多精确，我来列举一些他改进了实验方法后所做实验的结果。

（1）一系列铜瓶里的水受到摩擦力的影响而变热的实验：铜瓶里面有一根垂直轴，轴上的16片叶片在转动，因此而产生的旋涡又被一系列凸出的部分打破，突出部分开口很大，叶片能从中穿过。这相当于1克重的物体降落424.9米所做的功。

（2）与上面相似的两个实验：铁瓶里装着汞，而不像铜瓶装着水，它们所释放的热分别相当于1克重的物体降落425米和426.3米所做的功。

（3）两个系列的实验：用两个装了汞的锥形环相互摩擦，它们所释放的热分别相当于1克重的物体降落426.7米和425.6米所做的功。

我们发现热和功的关系是可逆的，即热也会做功。为了在可以完美控制的条件下做这个实验，应该使用永久气体，而不是水蒸气，尽管事实上后者更易做功，就像蒸汽机中的水蒸气一样。以中等速度膨胀的气体会冷却，焦耳是第一个找出它冷却的原因的人。因为气体在膨胀的过程中，它必须要克服大气和容器变形的阻力，如果它自身不能克服这一阻力，也会支持观察者的手克服这一阻力，所以气体释放的热做了功，于是它冷却下来了。相反，就像焦耳已经证明的那样，如果气体流进一个没有阻力的完美真空，它是不会冷却的；如果它的一部分冷却，其他部分变热了，在温度稳定之后，气体的温度和突然膨胀前一样。

气体被压缩的时候释放了多少热量？压缩过程需要做多少功？或者反过来，气体膨胀的时候，有多少热量被释放出来了？对于这些问题，以前的物理实验只能得出部分答案，然而最近勒尼奥已经用极其巧妙的方法得出了这些问题的答案，明确了热当量的值：

大气……………………………………………………………426.0米
氧气……………………………………………………………425.7米
氮气……………………………………………………………431.3米
氢气……………………………………………………………425.3米

将这些数据与摩擦产生的热当量和机械功作比较后发现，这与不同的观察者在各种各样的研究后得到的数据几乎完全一致。

因此，一定量的热会变成一定量的功，这些功又会产生热，而且产生的热和最开始的热几乎一样多——以力学的观点看，它们几乎是完全相同的。热是一种新的做功形式。

这些事实让我们不再认为热是一种物质，因为它的多少不是不会改变的。运动停止的活力可以重新产生热，热可以让物体运动。我们因此推断出热本身就是一种运动，一种物体内部最小的粒子的无形运动，因此，如果运动受摩擦和碰撞的影响而停止，它实际上并没有停止运动，运动只是从大的有形的表面转移到最小的微粒上了。在蒸汽机中，热的气态粒子的内部运动转移到机器的活塞上，积累久了之后，就产生了一种合力。

但是，这种内部运动的实质可能只有用气体来推断了。它们的粒子也许向着各个方向直行而去，直到它们相互碰撞，或者撞击到容器壁，它们才会改变方向。因此气体中的粒子类似于一群蚊子，尽管单个非常小，但紧紧地挤在一起。这个假说经过克罗尼格、克劳修斯和麦克斯韦的发展，很好地说明了气体的各种现象。

以前的物理学家认为热量无非是热运动的推动力，只要它没有转换成其他形式的功或者发生改变，它就会一直不变。

现在我们来看看另一种能做功的自然力——化学功，它就是火药和蒸汽机做功的根本原因，因为蒸汽机做功消耗的热量来源于碳的燃烧，也就是说，这是一个化学过程。煤的燃烧是碳与空气中的氧的化合，它在两种物质的化学亲和力的作用下燃烧。

你们也许认为这种力是两者之间的引力，然而，只有这两种物质的最小粒子靠得最近的时候，这种力才会以一种非凡的力量作用于它们。燃烧的时候，这种力就会起作用，碳原子和氧原子会相互撞击然后紧紧地粘在一起，形成一种新的化合物——碳酸，这是一种你们都知道的气体，它会从正在发酵或者已经发酵了的液体中冒出来——从啤酒和香槟中冒出来。现在，碳原子和氧原子之间的引力做的功就像地球的引力对一个升起的重物做的功一样大。当重物落到地面的时候，它会产生剧烈的震动，一部分震动会像声波一样传到附近，一部分会以热量的运动保留下来。我们可以从化学反应中得到相同的结果。当碳原子和氧原子相互碰撞的时候，新形成的碳酸的粒子一定在进行着剧烈的分子运动——那就是热量的运动，而且事实确实如此。1磅的碳与氧气燃烧后生成碳酸，释放的热量足以使80.9磅的水的温度从冰点升至沸点。就像重物一样，不管降落得慢还是快，其降落时都会做功；不管燃烧得快还是慢，不管是立即燃烧还是在一系列反应之后才燃烧，碳燃烧产生的热量一样多。

碳燃烧后产生了一种气态物质——碳酸，碳燃烧之后很快就变得炽热了。当它的热传导到附近之后，所有参与反应的碳和氧都在碳酸中了，而且，它们的亲和力与之前一样强大，但是，后者的引力现在只限于让碳原子和氧原子结合，它们再也不会产生热量或者做功，就像一个降落的重物，重物如果不再次受到外力的影响，就不会升高。碳燃烧后，我们不会再费心思去保留碳酸，碳酸对我们无益，我们得尽快把它从屋子里的排气管中排出去。

然后，其还有可能把碳酸的粒子拆散，再次给予这些粒子在结合前就有的做功的能力，就像我们将重物从地面升起来，就能恢复重物的潜力。这确实是可能的，我们之后就会知道它在植物生命体内是怎样发生的，它也会受无机过程的影响，尽管这种影响是间接的，对此的解释将会让我们的探索更进一步。

然而，这可能会轻易地、直接地体现在另一种元素上——氢，氢能像碳一样燃烧。氢和碳一样，是所有可燃的植物的成分之一，它也是一种气体的重要组成成分，这种气体可以用来照亮我们的街道和房间。在游离状态下，氢也是气体，在所有气体中最轻，燃烧的时候发出微弱而明亮的蓝色火焰。在燃烧过程中，也就是在氢氧的化合作用中，大量的热被释放出来。一定重量的氢气燃烧释放的热量是等重的碳释放的热量的四倍。氢燃烧的产物是水，水里面的氢原子和氧原子已经完全饱和，因此水不会进一步燃烧。氢原子对氧原子的亲和力就像碳原子对氧原子的亲和力一样，在燃烧的时候起作用，并释放出热量；在燃烧后生成的水中，氢原子和氧原子的亲和力还像之前一样，但是氢原子和氧原子做功的能力却消失了。因此，如果氢元素和氧元素要发生新的反应，它们一定又会分离，它们的原子会分离。

我们可以在电流的帮助下做到这一点。在这个仪器（图100）中，两个玻璃容器里装有酸性水a和a_1，中间有一块用水浸湿了的密孔板将其隔开，两边都是铂丝k，它们连接金属板i和i_1。电流一旦通过铂丝k，传到水中，你们就会看见气泡从金属板i和i_1中冒出来。这些气泡是水的两种元素，一种是氢元素，另一种是氧元素。这些气体从管g和g_1中流出来。等到容器

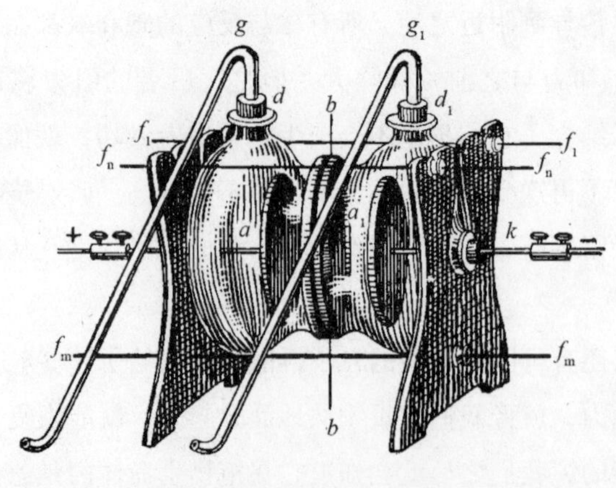

图100

的上方和管里都充满了气体的时候，我们可以在一边点燃氢气。氢气燃烧了并伴有蓝色的火焰。我把闪着火光的纸捻移到另一个管口，它绽放出火焰，就像与氧气产生的反应。它在氧气中的燃烧比在大气中的燃烧更剧烈，因为大气中氧气的体积只占大气总体积的五分之一。

我把一个装有水的玻璃烧瓶放在氢气火焰的上方，燃烧生成的水凝结在烧瓶上。

我把一根铂丝放在几乎没有发光的火焰上，它燃烧得多么剧烈！在大量的氢气和氧气的混合物中——它们是从之前的实验中释放出来的——这几乎不可熔的铂丝熔化得差不多了。在电流的作用下从水中分解出来的氢气与氧气重新结合之后，又产生热量了——因为它做功的能力，它重新获得了对氧气的亲和力。

我们现在已经认识了一种新的做功物质——能分解水的电流，这种电流可以由蓄电池组产生（图101）。这四个电池中的每一个都蓄有硝酸，里面有一个致密的空心碳圆柱；碳柱的中间是一个装有白黏土的圆柱单穿孔导管，里面是硫酸；硫酸中浸泡着一根锌柱；一个金属环将每一根锌柱和下一个电池里面的碳柱连接起来，最后一根锌柱*n*与分解水的仪器的一块金属板相连，第一根碳柱*p*与仪器的另一块金属板相连。

现在这个电流设备的导电线路连接好了，水开始分解，同时，光伏电

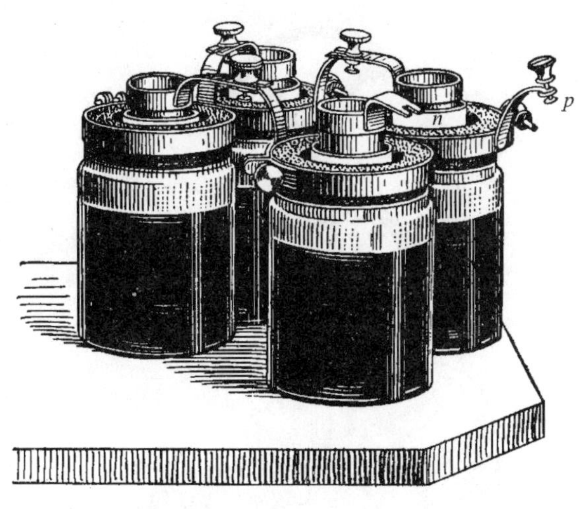

图101

池组中的电池在发生一种化学反应。锌从周围的水中分解出氧，并缓慢地燃烧，从而有了燃烧产物氧化锌，然后再和硫酸相结合——因为它们有一种强大的亲和力，从而生成硫酸锌，这是一种盐，会在液体中溶解。而且，这些氧气是从碳柱周围的硝酸中由水分解出来的。硝酸里水很多，而且很容易就释放出氧气。因此，在蓄电池组中，锌与硝酸中的氧气燃烧之后生成了硫酸锌。

当燃烧的另一种产物——水——又分解后，新的燃烧又开始了——锌的燃烧。当我们在那边重新生成能够做功的化学亲和力的时候，它在这边就消失了。电流和之前一样，只是一种载体，它将锌与氧气、酸结合的化学力转移到正在分解的电池中，并且这会阻止氢气和氧气的化学力。

在这种情况下，我们能重新得到失去的功，但是只能通过另一种力得到，就是氧化锌的力。

用电流的方式，我们已经用化学力阻止了化学力。但是，如果用一个磁电机来产生电流（图102），我们也能用机械力达到同样的目的。我转动手柄，缠绕了铜线的电枢RR_1在马蹄形磁铁的磁极前面旋转。在这些线圈里，电流产生了，从a端流到了b端。如果把这些线的末端与分解水的仪器相连，我们会得到氢气和氧气，尽管比前面我们用电池得到的少很多，但

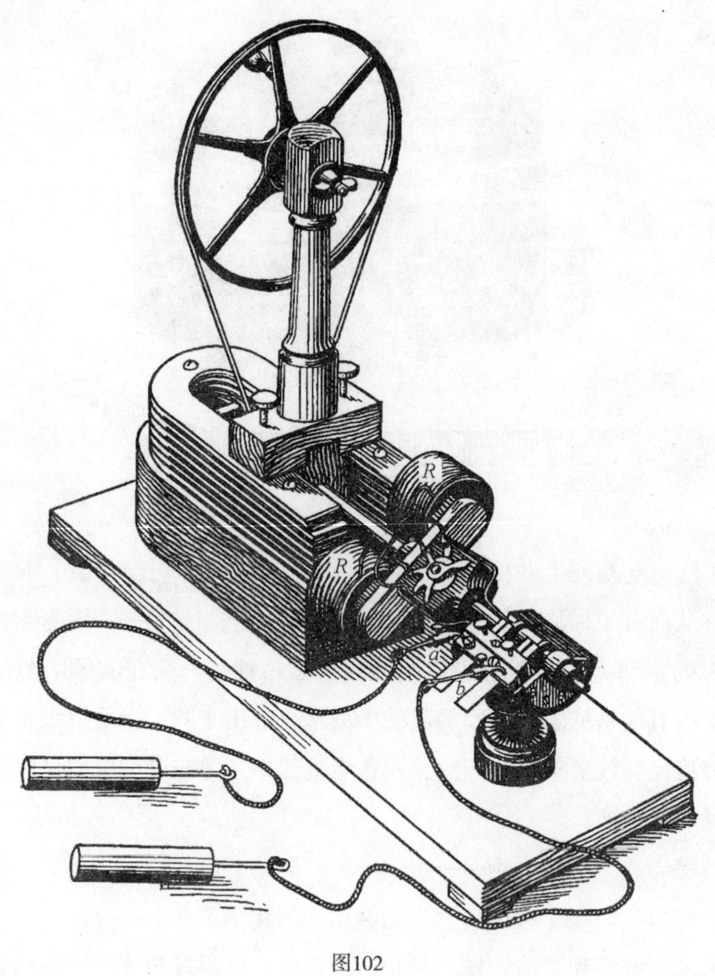

图102

是这个过程很有趣，因为手转动轮的机械力做的功被用来分离化合元素。蒸汽机将化学力转化为机械力，磁电机则把机械力转化为化学力。

电流的使用揭示了各种自然力量之间的关系。我们已经用电流把水分解成各种元素，我们也能分解其他的化合物。另外，在普通的蓄电池组中，电流是由化学力产生的。

电流通过的导体都会产生热，我把一根细铂丝拉在蓄电池组的两端（n，p）（图101），铂丝被点燃，最后熔化了。另外，在热电元件中热也能产生电流。

铁靠近通电的铜线圈就会有磁性，然后吸住其他的铁，或者是放置好了的磁钢，于是我们得到了机械作用，因此它被广泛地应用，比如用在电报机中。图103是三分之一正常体积的摩尔斯电报机，它的主要部分是一个马蹄形的铁芯，缠绕着铜线圈*b b*，在这上面是一个小的磁钢*c c*。当电报线中有电流并从线圈*b b*中通过的时候，磁钢*c c*就被吸住。磁钢*c c*牢牢地装在杆*d d*上，杆的另一端是一支铁笔，笔能在纸带上留下符号。只要*c c*受到电磁的吸引，纸带就会在发条装置的带动下转动。反过来，如果改变线圈*b b*中铁芯的磁力，我们也能从中得到电流，就像我们在磁电机（图102）中得到电流一样。在磁电机的线圈中有一个铁芯，靠近大的马蹄形磁铁之后，铁芯的两端中有时这一端被磁化有时那一端被磁化。

我不会举更多此类的例子了，在接下来的讲座中，我们还会碰到。让我们回顾一下前面所讲的，我们会意识到其中的规律是普遍存在的。

一个上升的重物会做功，但在做功的时候它需要降落，而且，当它最后落在地面上的时候，它的重力和之前一样，但它却再也不能做功了。

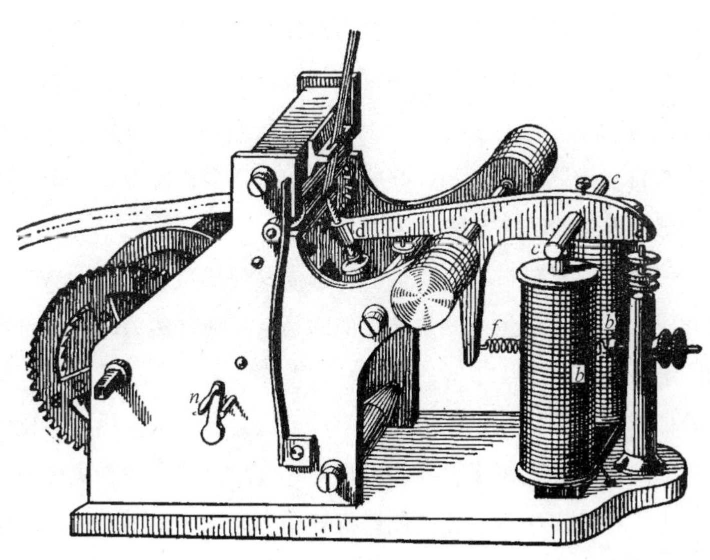

图103

一根拉紧的弹簧会做功，但做功之后它就会变松弛。

一个移动物体的速度能做功，但做功之后它就会静止。

热能做功，在做功中热会消失。

化学力可以做功，但做功会耗尽这种化学力。

电流能做功，但为了使它做功，我们需要耗费化学力。或者机械力，或者热量。

依此类推，我们可以推及所有的事物。做功的能力在做功的过程中被消耗，直到耗尽，这是所有已知的自然过程的共同特征。

我们已经看到，如果一个重物降落的时候没有做功，那么它既不会有速度也不会产生热。我们可以用降落的物体来驱动磁电机，之后电流就会产生。

我们已经知道，当化学力发挥作用的时候，它会产生热，或者产生电流，或者做机械功。

我们已经知道热会转化为功，在一些仪器（热电池）中会产生电流。热量能够直接分离化合物，因此当我们燃烧石灰石的时候，热量会使碳酸从石灰石中分解出来。

因此，不管一种自然力的做功能力是什么时候消失的，它都转换成了另一种活动。甚至在无机自然力中，在其他能够做功的自然力的帮助下，我们可以让每一个无机自然力都处于一种活跃的状态。现代物理学家已经揭开了无数自然力之间的联系，其联系是如此之多，使得每一个问题都可能有几种迥然不同的解决方法。

我们习惯于测量机械功，我也讲过怎样发现热当量。化学功的当量又能通过化学功产生的热量来测量。类似的是，其他自然力的当量也可以用机械功的术语来表示。

实验证明，如果一定量的机械功消失了，会有等量的热或者化学力产生；相反，如果热量消失了，我们会得到等量的化学力或者机械力；如果化学力消失了，会产生等量的热或者机械功。因此，在各种无机自然力的交替过程中，做功的力以一种形式消失，但随后又以其他形式等量再现，力既没有增加也没有减少，而是一直保持不变。我们接下来会看到无机自然力的过程也遵循同样的规律，这是已经得到了检验的事实。

因此，在整个宇宙中，所有能做功的力，无论怎样变化，都会永远存在。自然界中的所有变化都是这样的，力的形式和位置可以改变，它的多少却不会改变。宇宙中永远存在大量的力，它不会因外界的影响而增加或减少，虽然它会变化。

大家看到了，我们是如何从实用的技术功，被引导到一个普遍的自然规律的。该规律体现在所有的自然过程中，它并不受限于人类的实用目标，而是表达了所有自然力的一种极其普遍而又独特的性质。从普遍性来讲，它可以和物体质量不变的规律、化学元素不变的规律相并列。

同时，它也解决了在前两个世纪讨论过很多的一个现实问题——永动的可能性问题，对于这个问题前人做过无数实验，制作了无数仪器。正是这个规律让我们明白了“没有外力时一台机器可以一直做功”的可能性。这个问题解决了，人类将得到巨大的收获。一台机器只要具有水蒸气的所有优势，就不需要耗费燃料。做功就是财富，一台不需外力就能做功的机器，和一台生产金子的机器一样贵重。因此长期以来这个问题被摆在了炼金的位置，而且使许多人为之困惑。永动不可能在当时已知的机械力的作用下实现，20世纪数学力学的研究成果可以证明这一点。但是，即使热量、化学力、电力和磁力共同作用，永动也是不可能的。力的守恒定律第一次彻底否定了永动的可能性，因而这个定律也可以这样表达：永恒运动是不可能的，力不可能凭空产生，它必须耗费某种东西。

只有亲眼看见这个规律在自然界的各个进程中的运用，我们才会评定这个规律的重要性。

今天我讲到的动力的来源问题，指引我们去探索在实验室和工厂里无法涉及的领域，去探索那些在地球乃至宇宙的生命中发挥效力的伟大作用。只有下雨或者下雪之后，山上才有充足的水源，然后水才会从山上流下，形成落水之力。所以大气中一定得有水汽，水汽只会受到热的影响，而这些热则来源于太阳。蒸汽机所需的燃料来源于植物，不管是存在于我们周围的植物，还是在地球深处已经形成煤炭矿藏的灭绝了的植物。人类和动物的力必须补充营养才能恢复，而所有的营养最终都来源于植物王国。

继续探索动力的来源时，我们不得不依靠大气的气象过程，总的来说，是依靠植物和太阳。

冰与冰川

——1865年2月，在海德堡和莱茵河畔的法兰克福所做讲座的内容

冰和雪的世界，就如附近的阿尔卑斯山脉的山巅一样，如此庄严，如此孤寂，而又如此险峻，有着自己独特的魅力。它不仅引起了自然哲学家的关注，而且每年夏天都吸引了成千上万的游客来到此地，寻求精神的愉悦和身心的休养。当一些人满足于欣赏蔚蓝的天空和青翠的牧场之间那晶莹剔透、闪闪发光的雪山时，另一些人则大胆地去探索这个陌生的世界，他们想去体验一种极度冒险的乐趣，想去亲身感受它的庄严。

我不会徒劳地用文字来描绘自然的美丽与宏伟，虽然它足以使阿尔卑斯的游客为之倾倒。我十分确定，你们当中的大多数人首先看到的也是这一点，或者说，你们希望看到这一点。但是我觉得，这些景色带给人的欢乐和趣味，会让你们更想去关注关于冰川世界的卓著的现代研究成果。在那里，我们看到了冰的细微的特性——这一点被看作科学的精妙之处，这些特点是冰川发生重大变化的原因。这些不成形的岩石向观察者讲述着它们的历史，历史往往会超越人类的过去，追溯到遥远的原始世界。原始的世界里，一望无际的沙漠荒地或许正无限地扩大着，于是越来越荒凉寂

寥，或许充满了狂野、危险和混乱，成为破坏性力量的竞技场。因此，我只能承诺让你们简单了解一下这些现象之间的联系，我不会只给你们一些乏味的解释，而是让你们愉快地领略高山更为形象的宏伟景色，让你们对它更感兴趣乃至更为叹服。

我们先来回忆一下雪原和冰川的外貌特征。在讲主要内容之前，我给你们介绍一下有助于观察的精确测量方法。

山上越高的地方，气温就会越低。而大气就像一件暖和的外衣笼罩着地球，对太阳的明亮的射线而言，它几乎是透明的；但是对那些不易看清的热射线来说，它就不那么透明了，这些热射线来源于热的行星，其奋力向太空扩散，它们被大气吸收了，尤其是被湿润的大气。因而空气本身就变热了，并且慢慢地向太空散发吸收到的热量。和热的吸收比起来，热的消耗要慢一点，一定量的热会散布并停留在地球的表面。但是在高山上，大气的保护层要稀薄得多——地面的辐射热于是更容易散发到太空中，所以高山上的气温要比低空的低很多。

讲到这里，我必须补充一下空气的另一种性质，它的作用方式与我刚才讲的类似。在一团膨胀的空气中，热量消失了一部分，如果不能再吸收热量，它就会变冷，但是这团空气如果被压缩，就会重新得到在膨胀过程中失去的热量。举例来说，如果南风将地中海的暖空气吹到北方，并且使其沿着阿尔卑斯山脉的危岩峭壁不断上升，由于气压降低，空气膨胀，体积会增加一半，于是它大大地冷却下来了——平均每上升11000英尺，气温就会下降18～30摄氏度，这还要看它是湿润的还是干燥的——由此它会以雨雪的方式降下大部分的水汽。如果同样的风吹到山的北面形成焚风，使它到达山谷和平原，它又会被压缩，再次变热。因此，同样的气流，在山脉两侧的高地上极其寒冷，可以降雪，在平原上却是暖的，甚至可以热得让人难以忍受。

因为这两个原因，海拔越高，气温越低，这很明显地体现在我们附近较低的山脉上。在中欧，上升480英尺，气温大约下降1摄氏度，冬天下降得少一点——上升720英尺气温下降1摄氏度。在阿尔卑斯山脉的高处气温的差异更大，因此冬天降落在山脉高处的顶峰和斜坡上的积雪到夏天也不会融化。这条线上终年都覆盖着雪，这就是著名的雪线。在阿尔卑斯山脉的北面雪线有8000英尺高，在南面雪线大约有8800英尺高。在晴朗的日子，雪线以上非常暖和，太阳的辐射在雪的反射下愈加强烈，经常让人难以忍受。因此习惯久坐的游客除了目眩——这就需要戴墨镜和面纱来保护眼睛了，脸和手还经常被严重晒伤，结果导致皮肤炎，脸上严重水肿。强烈阳光的好处是阿尔卑斯山上的小花开得很鲜艳，花香也浓烈，花儿们在雪原间隐蔽的岩石缝中傲然怒放。虽然阳光的辐射很强烈，但是雪原上的气温只升到了5摄氏度，最高也只能升到8摄氏度，不过这已足够融化大量表层的雪，然而，要使那么多寒冷日子里降落的雪融化，暖和的日子还是太少了。因此，雪线的高度不仅要看山坡的温度，还必须看一年的降雪量。比如，喜马拉雅山脉湿润、温暖的南坡的雪线就比更加寒冷也更加干燥的北坡的雪线低。由于西欧湿润的气候，阿尔卑斯山脉的降雪量非常大，因此冰川的数量多，其范围也相当大，在这一点上地球上几乎没有山脉可以与之相比。据我们所知，这样一个冰川世界只会在以更高的高度而闻名的喜马拉雅山脉上形成、在气候更加寒冷的格陵兰和挪威的北部形成、在冰岛的一些岛屿上形成、在水分充足的新西兰形成。

因而雪线以上的地方就有这样的特征：一年里降落在地表的雪在夏天并没有融化太多，而是在一定程度上被保留了下来，夏天没有融化的雪继而在秋天、冬天和春天新降的雪的覆盖下免受太阳的照射，这些新降的雪在来年夏天也不会融化完，因此，年复一年，新的雪层不断在旧的雪层上形成。在积雪的陡峭的悬崖上，雪的内部结构暴露了出来，规则的年轮清晰可见。

但是很显然，这种雪层的累积不会一直继续下去，因为如果是这样的话，雪山的高度会逐年增加。雪累积得越多，山坡就越发陡峭，较低和较早的雪层所承受的压力就会越大，并且会产生位移。最后会是这样的：雪山太陡峭了因而新降的雪不能停在上面，而且由于对下面雪层的压力太大，它们不会一直保持在原来的位置，因此，一部分之前就降落在雪线以上，没有融化的雪，会被迫离开原来的位置，寻找新的归宿，它们会找到雪线以下的低的山坡，尤其是溪谷，在那里，受暖空气的影响，它们最终会融化，漂流而去。雪从原来的位置下降，有时候是以“雪崩”的形式突然出现，但通常是以“冰川”的形式逐渐下降。

因此，我们必须辨别冰原的两个不同的部分，一个部分是最初降落在雪线以上的，在瑞士被称为“万年雪”的积雪，它们尽可能地覆盖着山坡，使溪谷宽阔的水壶形的上游堆满积雪，形成了雪原或者“雪海”；另一个部分是冰川——在提洛尔语中被称作冰原，作为雪原的延伸部分，其经常在雪线下延伸4000～5000英尺，而且雪原上松软的雪又会变成冰川上透明的硬邦邦的冰。因此，冰川的英文名字——glacier，是由拉丁文glacies、法文glace和glacier派生而来的。

歌德将冰川的外表很有特点地比作冰流。冰川一般都沿着溪谷的深处，横贯整个溪谷，从雪原一直延伸到一个非常高的高度，因此它们会蜿蜒曲折、高低起伏地流过溪谷。两股冰流经常在溪谷的汇合之处相遇，然后合成一股冰流，充满它们漂流而过的溪谷。在某些地方，这些冰流会形成非常平滑连贯的表面，但是它们经常裂开，从表面和裂口处泛出无数大大小小的水流，这些水流和冰融化后的水合成一股水流，流过冰的一个拱形通道，汹涌而出，流向远方。

冰的表面有许多石块和岩石的碎片，它们在冰的较低的一边堆积起来，形成巨大的墙，这就是冰川的“侧碛”和“终碛”。其他的岩石堆，或者说“中碛”，在冰川的表面纵向延伸，形成长长的有规则的黑线。中碛通常起始于两股冰流相遇并汇合的地方，这个地方的中碛是两股汇合的冰流的侧碛的延续。

中碛的形成在温特阿尔冰川图中很好地呈现出来了（图104）。从后面来看，这两条冰流来源于不同的山谷，右边的那条来源于施雷克霍恩峰，左边的那条则来源于芬斯特腊尔霍恩峰。在它们汇合的地方，图中间的石墙下倾形成中碛。在图左边，我们看到冰柱上有大块的岩石，这就是冰桌。

图104

为了讲得更详细一些，我从《福布斯》上拷贝下来沙穆尼的冰海示意图（图105）。

冰海是瑞士最大的冰川，虽然它的长度不及阿莱奇冰川。它直接覆盖了勃朗峰北面的雪原，从而形成。雪原中的大汝拉峰、艾吉耶·韦尔特峰（图105和图106中的*a*处）、巨人峰（*b*）、南峰（*c*）和杜鲁峰（*d*）只比欧洲最高的山脉低2000～3000英尺。这些雪原位于山坡上，位于山脉的盆地之间，聚集了三条主要冰流。这三条冰流分别是巨人冰川、勒夏德冰川和塔勒福荷冰川，它们汇合形成了冰海，就像示意图中那样。冰海以2600英尺和3000英尺的宽度流进沙穆尼山谷之中，那里有一条湍急的河流——艾伟伦河，它从较低的*k*端（图106）流进阿尔沃河。冰海最低的峭壁，从沙穆尼的山谷中就可以看见，在这峭壁下方形成了一道大冰瀑——就是人们通常所说的布瓦冰川。

沙穆尼的大多数游客从盂坦弗特的小旅馆出发后只会涉足冰海最低的部分，在头晕之前，他们穿过冰川，到达小房子“沙波”（*n*）。从示意图

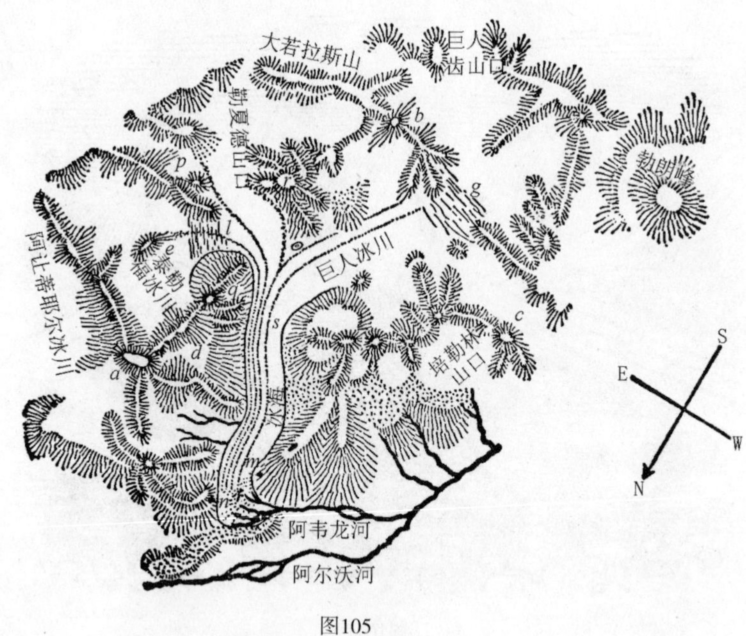

图105

中可以看出，他们只穿过了极小一部分冰川，但是这条路依然能展示出壮丽的风景，也能体现出冰上短途旅游的困难。勇敢一些的游客沿着冰川向上面的贾丁攀爬，贾丁是一个岩石峭壁，它把塔勒福荷冰川的冰流分成了两个部分。勇敢的游客还会爬得更高，爬到巨人齿山（海平面在11000英尺以上），然后从奥斯塔山谷在意大利的那一边下去。

冰海的表面有四堵岩石墙，这就是我们所说的内侧碛。第一堵墙，离冰川最近，形成于塔勒福荷冰川的两个狭长地带与贾丁的较低处合拢的地方；第二堵墙，形成于冰川与勒夏德冰川的汇合处；第三堵墙，形成于第二堵墙与巨人冰川的汇合处；第四堵墙，则形成于岩架的顶部，这个岩架从巨人峰一直延伸到巨人冰川的小瀑布（g）。

为了让大家了解冰川的斜坡和瀑布，根据《福布斯》采用的标准和测量方法，我在图106中给出了以右岸为视角的冰川纵截面图。这些字母所代表的和图105中的相同，p是勒夏德峰，q是诺尔峰，r是塔库峰，f是巨人齿山，它是环绕着雪原的高高的岩石墙上的最低点，雪原下接冰海。基线对应的长度是9英里多一点，右边的海拔是以英尺计算的。这幅示意图清晰地显示了在绝大多数地方，冰川的瀑布是多么的小，我们只能大约估计它的深度，因为到目前为止我们还不知道它的确切深度，但是，从下面的观察中我们可以看出它非常深。

图106

在塔库峰的垂直岩墙的底部，巨人冰川的边缘向前移动，形成了一堵140英尺高的冰墙，这应该就是冰川边缘的上游的一个狭长部分的深度。冰川中央的深度以及三条冰川汇合之后的深度一定深得多。在汇合点下面的某个地方，廷德尔和赫斯特都探测过一个冰川壶穴，即一个洞穴，通过这个洞穴表面的冰水都会退去，洞穴有160英尺深。而一些导游则断言他们曾经看到过一个350英尺深的类似的洞穴，深不见底。一般来说，从岩石墙形成的深槽形和类似峡谷的山谷底部来看，对于一个3000英尺宽的冰川，平均只有350英尺深是不可能的，而且从冰川的移动方式来看，裂缝下面一定有一块很厚的相连的冰。

参考熟悉的地方，我们会更加明白它的量级。我们可以想象从海德堡山谷到莫尔肯库尔或者更高的地方都是冰，因此整个小镇，包括尖塔和城堡都深深地埋在下面。再想象一下，冰的高度逐渐增加，从山谷口到内卡尔格明德，就相当于冰海下游汇合的冰流；或者，不说莱茵河和宾根的纳厄河，假设两条冰流汇合填满莱茵河谷，齐到河谷的上面，且远至我们视线的尽头。汇合后的冰流向下延伸，流经阿斯曼斯豪森和莱因斯坦堡，这条冰流也相当于冰海的大小。

图107是壮丽的戈尔内冰川的视图，更大的冰川上冰的体积由此也可想而见。

图107

绝大多数冰川的表面都很脏，因为上面有很多卵石和沙子，卵石和沙子堆积得越多，它们之间的冰和下面的冰就会融化。表面的冰已经有一部分受到了损害，因此变脆，易碎。冰的裂缝深处晶莹剔透、洁白无瑕的物体，是平原上的任何物体都不能与之媲美的，透过它纯洁的表面我们可以看见一片蔚蓝，就像天空的颜色，只是带了一点绿。这些裂缝大大小小的都有，里面洁白的冰清晰可见。最开始的时候，其只是一个小裂缝，刀都不能插入，后来逐渐大成裂口，有几百英尺甚至几千英尺长，有20英尺、50英尺甚至100英尺宽，而一些裂缝深不可测。垂直的冰晶形成了深蓝色的墙，在滴下来的水的水汽下熠熠闪光，成为大自然最美丽的景色。但是同时，它也充满了危险，只有那些完全不会眩晕的游客才能尽情地享受其中的乐趣。游客必须知道在穿上钉鞋、拿上尖登山杖之后怎样站立在滑溜的冰上，怎样站立在笔直的峭壁的边上，因为峭壁底部是无法知晓的深渊。穿越冰川时，游客一定会遇到这些裂缝。经常有游客穿过冰海的下游，我们也会沿着险峻的冰岸旅行，裂缝有时只有4 ~ 6英尺宽，两边都是这种蓝色的深渊，许多无所畏惧的游客沿着陡峭的岩石斜坡慢慢地移动，他们感到心都沉下去了，眼睛死盯着豁开的裂谷，因为他们必须认真走好每一步。但是，这些蓝色的裂口暴露在日光之下，绝不是冰川最危险的地方。因为我们的确是组织好了，所以我们可以躲过遇到的危险，但是更令人害怕的不是已知的危险，而是我们尚未看见的危险。冰川的裂口就是这样一种危险。冰川的下面部分在我们面前裂开了，这会危及生命安全，因此我们全神贯注地去应付它，所以事故很少发生。相反，冰川的上面部分，表面覆盖着雪，当雪积得很深的时候，雪就呈拱形覆盖在较窄的裂口上，宽4 ~ 8英尺，而且形成雪桥，遮住了裂口。于是游客只能看见面前美丽的平坦的雪面。雪桥如果足够厚，就能支撑一个人，但雪桥并不总是这样厚，有时甚至小羚羊都会掉下去。如果两三个人用绳索间隔10英尺或12英尺捆在一起，也许能化险为夷，因为如果其中一个人掉进裂缝里，另外两个人会抓住他，把他拉上来。

在某些地方，尤其是在冰川较低的那一端，人很容易掉进裂缝里。罗森劳依著名的格林德瓦冰川和其他一些地方，都被砍出了踏脚处，铺了木板，这样就方便多了。只要不怕这里滴个不停的水，任何一个人都可以来探索这些裂缝，欣赏洞穴纯净的水晶冰壁。这种美丽的蓝色就是非常纯净的水的自然色，冰和水都是蓝色的，但颜色不是很深，只有厚度为10 ~ 12英尺的冰层才能显示出蓝色，日内瓦湖和加尔达湖的湖水就有这种漂亮的颜色。

冰川并非到处都裂开，在冰遇到障碍的地方，在大冰流的中间，因为运动一致，其表面十分坚固。

图108是冰海在蒙唐维尔特水平部分中的一个，后面有一个小房子。在格里斯冰川，冰海形成了从上罗纳河谷到土佐谷的通道，在上面甚至可以骑着马通过。我们发现，冰川从倾斜的冰床到一个更陡峭的斜坡的过渡地方，是冰川表面最大的干扰。冰在那里沿着各个方向碎成大量冰块，冰块融化后常常会变成尖锐的山脊和角锥体，随着时间的流逝，它们会掉进中间的裂缝里，发出巨大的轰鸣声。从远处看，这个地方就像一道天然的冰瀑布，因此被叫作小瀑布，这种小瀑布在图105中*l*处的塔勒福荷冰川可以看到，在*g*处的巨人冰川也可以看到，而三分之一的小瀑布组成了冰海的下端。那也就是已经提到的布瓦冰川，它直接从沙穆尼山谷的槽谷上升到1700英尺高，相当于海德堡的王座山的高度，这在任何时候都让沙穆尼的

图108

游客为之叹服，图109是它裂开了的冰块。

对于外部结构和表面，我们已经将冰川和水流做了比较，然而，相似的不仅是外表，冰川的冰的确像水流一样流动，只是流动得更慢。我曾试图解释冰川的起源，经过深思熟虑，我认为情况就是如此，因为，低部那一端的冰逐渐消融的时候，如果山顶上降雪形成的冰没有从上面压下来，冰川就会全部融化。

但是通过仔细的观察，我们也许会认为冰川实际上是移动的。山谷的居民对冰川已经司空见惯，经常从上面越过，同时还用大块的冰作标志，通过标志的逐年下降，来判断冰川的移动。沙穆尼冰海较低的那一半逐年移动，从400英尺移动到600英尺，这样的位移最终总会被人察觉的，尽管

图109

它位移的速度很慢，尽管冰川的裂缝和岩石杂乱无序。

除了岩石和石头，其他偶然落在冰川上的物体也会随冰川一起移动。1788年，著名的吉尼维斯·索绪尔和他的儿子以及一群导游、搬运工人在巨人齿山待了16天。他们从巨人冰川那边的小瀑布的岩石下来的时候，留下了一个木梯。那是在诺尔峰的山脚，冰海第四个夹层开始的地方，因此那条线标志了冰开始移动的方向。1832年，即44年之后，福布斯和一些游客在冰海的三条冰川汇合处的下方发现了木梯的碎片，从这同样一条线（图105的*s*处）可以推断，这些冰每年平均下降375英尺。

1827年，修基为了进行观察，在温特阿尔冰川的中碛修了一个棚屋，棚屋的具体位置先是由修基自己决定的，后来由阿加西决定。他们发现棚屋每年都会向下移动，14年以后，即1841年，它降低了4884英尺，因此它每年平均移动了349英尺。阿加西后来发现他自己的棚屋——他建造在同一块冰川上的——移到了另一个稍微小一点的冰川上了。观察这些需要很长的时间，但是如果能用精确的测量工具——比如经纬仪——来观测冰川的运动，那么就不必花上几年的时间，只用一天就足够了。

目前，一些观察家，尤其是福布斯和廷德尔，已经用这种方法进行了观测。他们发现，在夏天，冰海的中间一天会移动20英寸，而较低的瀑布一天的移动量多达35英寸；冬天的移动速度只有夏天的一半；冰川的边缘和下层同冰川表面的正中部分相比，移动速度就慢得多了。

冰海上游的移动也相当慢，巨人冰川一天移动13英寸，勒夏德冰川一天只能移动9.5英寸。一般情况下，不同冰川的移动速度大不相同，主要是因为它们的大小、倾斜度、降雪量和其他条件不同。

如此多的冰慢慢地、轻轻地向前移动，是一般的人无法察觉到的，若一个小时移动1英寸，巨人齿山的冰到达冰海的下游要用120年。但是，冰以一股不可控制的力量向前移动，在这种力量面前，人类所能设置的障碍都轻如鸿毛。它的移动痕迹可以从山谷的花岗岩中清晰地看见。几个多雨的季节之后，大量的雪降落在高处，冰川的基底就会向前移动，它不仅会压碎住宅，折断大树的树干，而且还会推动漂砾墙，这些漂砾墙不受任何阻碍就形成了它的终碛。真正壮观的风景就是冰川的移动，它如此轻柔，却又如此强劲，不可抗拒。

我得提一下，从冰川移动的方式我们可以很容易地推断出冰隙（冰川的裂缝）将会在哪里、沿着怎样的方向形成，因为不是冰川所有的冰层都以同样的速度向前移动，一些会落在后面，比如冰川的边缘和中间。因此，我们如果观察边缘一点与中间一点的距离，会发现它们都在同一条线上，但是，冰川的中间后来会下降得更快，我们发现这个距离会逐渐扩大，而冰不能随着距离的不断增加而膨胀，它会破碎，从而形成冰隙，这可以在图110中冰川的边缘上看到，那是策马特的戈尔内冰川。如果我想在这里详细地解释，当所有冰川的某一部分产生冰隙的时候，更加规律的冰

图110

隙体系是如何形成的，我就偏离主题了。

我只会关注一点——那么小的位移如何能使冰产生成百上千的冰隙。冰海的截面图显示出在一些地方（在图106的g、c、h处），冰川表面的倾斜度从两度难以察觉地变成了四度，这已足够使冰的表面产生一系列冰隙。通过观察、测量和证实，廷德尔极力主张冰川的冰受到拉力就会四分五裂。

考虑到冰川表面砾石的运动，砾石的分布也就得到了很好的解释。石头的风化作用和裂缝中水的冻结，都能使砾石落下来。大部分砾石都落在了冰的边缘，有的落在表面上，有的最初被覆盖在雪下面，待表层的冰和雪融化之后会重新显露出来——它们主要集中在冰川较低的那一端，那里砾石之间的冰融化得更多。渐渐被冲到冰川较低那一端的石块有时无比巨大，这种坚硬的岩石块会出现在侧碛和终碛，有两层高的房子那么大。

这些石块的移动路线与冰川平行，因此中间的石块还会在中间，边缘的还会在边缘。边缘的岩石更多，因为在整个冰川中，砾石不断地落到边缘。于是冰块的边缘处形成了侧碛，侧碛的砾石一部分会和冰一起移动，一部分会滑过冰面，一部分会留在冰附近的岩石基上。但是，当两条冰流汇合之后，它们的侧碛会重合，位于汇合后的冰流中央，成为中碛。中碛的移动和冰流的两岸平行。中碛会露出冰川的边界线（这边界线本是属于冰川的这个或者那个狭长地带），直到冰川较低的那一端。冰流向下滑动的时候，其展现的气势是如此壮观。看一眼冰海示意图和它的四个中碛，你们就会清楚地知道这一点。

在巨人冰川和它在冰海的延伸部分上，冰面的石头以更灰的岩层和更白的岩层交替出现的方式，勾勒出一种年轮，这是福布斯最先观察到的。因为，从图106中g处的小瀑布滑落下去的冰，夏天比冬天的更多，小瀑布下的冰上面形成了很多狭长的平地，这可以在图中看见。而且，当那些狭长平地的斜坡北面的冰比狭长平地上的融化得更少的时候，前者的冰比后者的冰更纯净。根据廷德尔的观点，这也许还是因为它们的碎石带。最开始的时候，碎石大都能穿过冰川，但是后来，碎石的中间部分比后面部分移动得更快，它们就变弯曲了，就像图105中显示的那样。因为它们变弯曲了，所以观察的人才会发现，在它们的移动过程中，不同部分的速度也不相同。

一个很奇特的现象源于某些石头，这些石头埋藏在冰的底下，一部分穿过了冰隙，一部分已经与山谷的底部分离。因为渐渐地这些石头会随着山谷基底的冰向前移动，同时，由于上面的冰的巨大重量，它们也会挤压基底。埋藏在冰中的石头和岩石基底都非常坚硬，但是它们之间的巨大摩擦力会把它们碾成粉末，相比之下，人力简直微不足道。在这种摩擦力下产生的非常细小的粉末，会被水冲走，流到冰川下游的小溪里，变成白色的或者黄色的泥泞。

相反，山谷的槽谷的岩石，被其上的冰川年复一年地摩擦，已被擦得很亮，就像在一台庞大的抛光机上抛了光一样。它们圆而光亮，上面偶尔会有更坚硬的石头的刮痕。因此，当它们经历了几个热而干燥的季节之后，冰川稍微缩小了，我们就会在冰川的边缘看见它们。但是，在阿尔卑斯较低的众多山谷中，我们发现打磨后的石头要多得多。尤其是阿勒河谷向下一直到麦琴根，很高的岩石壁都受到了打磨，这非常有特色。在那里，我们发现了著名的抛光平板，上面有路了，而且路面十分光滑，因此人们在路面凿出了沟，竖起了扶手，这样人和动物就能安全通过。

以往冰川的巨大程度，可以从古老的碛沟、迁移的石块和冰川上抛光的岩石来认知。我们可以从以下几个方面来辨别被冰川带走的石块和被水冲走的石块，被冰川带走的石块十分巨大，它们的边缘保存良好，没有变光滑，它们在冰川中保存完好，与山脊上的岩石几乎一致，而被流水冲走的岩石却完全混合在一起了。

从这些痕迹中，地质学家能够证明，沙穆尼、罗莎峰、圣哥达山脉和伯尔尼阿尔卑斯山的冰川曾从阿尔沃河、罗纳河、阿勒河和莱茵河的山谷穿过，到达瑞士更平坦的地方和汝拉山脉。在那里，它们的沉积高度比纳沙泰尔湖现在的水平线高出一千多英尺。人们已经发现了在英格兰岛和斯堪的纳维亚半岛上有类似的古代冰川的踪迹。

北冰洋的浮冰也是冰川，它是格陵兰冰川中的一部分，移到海里后，它与其余的冰川相脱离，然后漂走。在瑞士的小玛耶冷湖里我们发现了类似的浮冰，虽然非常少，巨大的阿莱奇冰川的部分冰被推倒后形成了这些浮冰。浮冰上的石块可以在海面长途游弋，散布在德国北部平原上的大量花岗岩原本属于斯堪的纳维亚山脉，当欧洲的冰川范围还有这么大的时候，它们就由浮冰运过来了。

现在，我们来了解冰川是如何流动和变化的。

从我讲过的一些内容中，我们可以看出，冰川的冰缓缓流动，就像一种十分黏稠的物质的流动——比如蜂蜜、柏油或者岩浆。冰块不仅像固体滑过峭壁一样在地面流动，而且它自身还会曲折盘旋，尽管曲折盘旋的时候它是沿着山谷的基底移动的，但是，它与山谷的底部和两边相接触的部分，明显受到了强大摩擦力的阻碍。冰川表面的中间部分，是离山谷的底部和两边最远的，移动得最快。萨瓦的一位教士伦杜和著名的自然哲学家福布斯，最先提出了冰川和黏稠物质相似的理论。

现在大家也许会惊奇地问，最易碎、最脆弱的冰怎么可能像黏稠物质一样流动？你们也许会认为这是学者做出的最狂野、最不可能的论述。我承认，学者们对他们自己的研究结果也不只有一点困惑，但是事实就在眼前，不可否认。长期以来，这种运动模式的形成相当令人费解，因为冰川中大量的冰隙足以说明冰易碎，正如廷德尔正确评价的那样，这就造成了冰流和岩浆、柏油、蜂蜜以及泥流的流动的重要差别。

与自然科学领域的其他困惑一样，问题的解决方法在对热的性质的研究中找到了。对热的性质的研究很深奥，是现代物理学的重要成就之一，形成了“热的运动说”。在对于不同自然力之间的相互关系的众多推论中，热的运动说原理得出了一个结论，即水的冰点要依冰和水所受的压力而定。

我们都知道，我们称为冰点的温度——零度，是把温度计放在冰水混合物中来确定的。当水接触到冰时，无论如何，它的温度都不会降到零度以下，只要它自身不结成冰；冰如果不融化，其温度就不会升到冰点以上。冰和水只能在一个温度中共存，那就是零度。

如果我在冰水混合物的下面用火焰加热它，冰会融化，但是，只要还有冰没融化，混合物的温度就绝不会高于零度。热使零度的冰变成了零度的水，温度计显示的温度并没有升高。因此物理学家说，热变成了潜伏热，在相同的温度下，水含有的潜伏热比冰含有的多。

另外，当我们从冰水混合物中吸走热时，水会慢慢冻结；但是，只要还有水存在，温度依然保持在零度。零度的水释放它的潜伏热，变成了零度的冰。

冰川就是一块冰，到处都渗透着水，因此它的内部温度都是冰点，即使在雪原上更深的冰层，阿尔卑斯山脉的高处，每个地方的温度都是一样的。这些高处绝大多数新降的雪的温度都是低于零度的，在开始的几个小时里，阳光会使表面的雪融化成水，水渗透到更深、更冷的雪层里，然后水冻结成冰，最后整个温度都成了零度，之后这个温度就保持不变。因为，虽然太阳的光线会使表面的冰融化，但是它的温度不会高于零度；冬日的严寒对导热能力极差的雪和冰，就像对我们的地窖一样，没有太大的影响，所以粒雪的内部和冰的内部的温度一直都保持冰点。

但是，水结冰的温度在强压下可以改变。这是由贝尔法斯特的詹姆斯·汤姆森最先从热的运动说中推断出来的，苏黎世的克劳修斯也推断出同样的结论，而且这种变化的确可以预测出来。气压每增加一点，冰点就会下降一百一十五分之一摄氏度。詹姆斯·汤姆森的弟弟，W.汤姆森爵士，是格拉斯哥著名的物理学家，他做了一个实验证明了这个推论。他对一个容器里的冰雪混合物施加压力，随着压力的增加，混合物变得越来越冷，这个压力一直增加到理论上的极限。

现在，如果冰水混合物在受到不断增加的压力之后，热并没有减少，却变得更加冰冷了，这只是因为其受到了一些潜伏热的影响，也就是说，混合物中的一些冰一定会融化成水。从中我们可以得出机械压力影响冰点的原因。大家知道，水凝成冰后的体积比原来水的体积更大，当水在密闭的容器中冻结的时候，它不仅能使玻璃容器爆裂，而且还能使铁壳爆裂。因此，在冰和水的压缩混合物中，一些冰会融化成水，混合物的体积会减少，和冰点没有变化时相比，混合物能承受更大的压力。在这种情况下，压力会促进融合。

在W.汤姆森爵士的实验中，水和冰封闭在容器里，什么都不能从中逸出。冰川的情况有点不同，散布在压缩的冰中的水可以从裂缝中流出去。冰受到了压缩，但是流出的水没有。冰在压力作用下冰点变低了，压缩的冰变得更冷了，但是没有受到压缩的水的冰点没有降低。因此，我们让低于零摄氏度的冰与零摄氏度的水接触，结果，压缩冰周围的水不断冻结成新的冰，而同时一部分压缩冰又融化成水。

这只会发生在两块冰相互挤压的情况下。那些冻结在它们表面的水，和它们牢牢地结合在一起，形成了一块紧密结合的冰。在强大的压力下，冷却作用很明显，结冰也很快，但是，即使是很小的压力，也可以产生这样的效果，只要有足够的时间。法拉第发现了这个性质，并称之为“复冰”。对这个现象的解释引起了极大的争议，我已经给你们详细讲了我认为最恰当的解释。

不管形状如何，两块冰都很容易冻结在一起，然而，温度不能低于零摄氏度。当冰块正在融化的时候，实验效果最佳。只需要把它们紧紧地挤压在一起几分钟，它们就能结合在一起了[①]。接触的表面越光滑，它们的结合就越完全。如果让这两块冰接触一段时间，很小的压力就可以让它们结合[②]。

男孩们能做成雪球堆成雪人，也是因为融化的冰的这种性质。众所周知，只有在雪开始融化时或者温度虽然低于零摄氏度，但我们手的温度足以使雪温升到零度时，我们才能堆成雪人。非常冰冷的雪是一种干燥的松散的粉末，不会黏在一起。

孩子们制作雪球的规模很小，而冰川的形成规模则非常巨大。最初深层的细小松软的粒雪，受到了上面几百英尺高的大冰块的挤压，在这个压力下，它们牢固、紧紧地结合在一起。新鲜的落雪原本是由一些精致的微小的冰针组成的，它们联合形成了美丽的六角形的轻软星状物。只要雪原的上层暴露在阳光下，一些雪就会融化，融化后的水会渗透到雪里，在到达下面更冷的雪层的时候，又会结冰。因此，积雪先变成颗粒状，然后达到冰点。但是，雪上面的颗粒紧紧地结合，重量不断增加，最后它变成了一块既密实又坚硬的冰块。

人为地向雪施加一定的压力，也可以使雪变成冰。

这里有一个圆柱形的铸铁容器*AA*，底座*BB*，用三颗螺丝钉固定，可以拆卸，因此可以移开形成的冰柱（图111）。让容器在冰水中放置一会儿，以使它的温度降低到零摄氏度，然后把它装满雪，接着，将缸径规*CC*安装在内孔上，但是缸径规会产生轻微摩擦的移动——它是通过一台水压机推动的。这台水压机能使雪承受的压力增加到50倍大气压，在如此强大的压力下，这些松软的雪被压缩成很小的体积。然后移除压力，拔出缸径规，

① 在讲座中有很多小的圆柱冰块（它的制作方法之后会向你们说明），让任意两块冰的平的一端互相挤压，一根圆冰柱就形成了。

② 参阅讲座末尾的附言。

再在中空的部分填满雪。重复这个步骤，直到整个容器都装满了冰，不能向其施加压力为止。我把压缩了的雪拿出来，它已经变成了一块坚硬、半透明的圆柱形冰，从我把它扔到地上发出的碰撞声中，你们可以知道它有多坚硬。正如冰川中蓬松的雪会被挤压成硬邦邦的冰一样，在很多地方，已经成形的不规则的冰块也会结合成透明结实的冰。这在冰川小瀑布的底部最明显。这些是冰川瀑布，冰川上部止于一个陡峭的岩石墙，冰块就像雪崩一样从岩壁的边缘倾斜而下，在岩石壁的脚下，这堆碎裂的冰块结合成一块坚实紧密的冰块，然后它就成为冰川，向下流动。比分隔冰川径流的小瀑布更常见的是一些山谷的底部，这些地方有更加陡峭的斜坡，比如冰海的这些地方（图105）、巨人冰川小瀑布的*g*处和布瓦冰川下方大瀑布的*i*和*h*处，冰在这里分成了成千上万的斜坡和悬崖，然后又在一个更加陡峭的斜坡的底部汇合成一个紧密结实的整体。

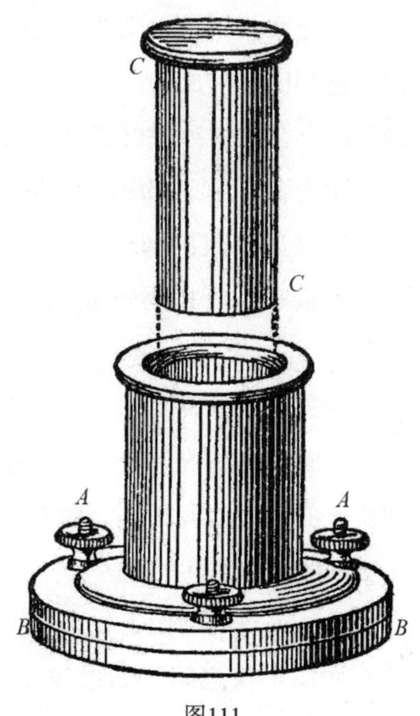

图111

这也是我们可以在冰模具中模拟的。我用不规则的冰块取代雪，把它们挤压在一起，添加新的冰，再次把它们挤压在一起，一直到模具被填满为止。把它拿出来的时候，它已经成了一块坚实紧密的、相当透明的圆柱形冰，它的边缘十分尖锐，就和模具一样。

这个实验最先是由廷德尔做的，它证明了一块冰可以被按进任何一个模具里，就像蜡一样。也许可以这样想，这种冰块在压力的作用下，首先变成了粉末，它是如此精细，因此它能渗透模具的所有裂缝。然后，这些成了粉末状的冰，和雪一样，又结合在一起。这样讲来更便捷，因为在压力的作用下，模具里面产生一阵嘎吱声和爆裂声。然而，圆柱仅有少数的几面是由冰块挤压而来的，这说明它并不是以这样的方式形成的，因为它们普遍都比雪形成的冰更透明一些，而且尽管这些被挤压在一起的，原先是单独存在的大冰块已经有一点变化并变平了，我们还是能辨认出来。当容器中有晶莹剔透的冰块，同时其余的空间满是雪的时候，这真是美不胜收。最后制成的圆柱里含有透明和不透明的交替存在的冰层，前者由冰块形成，后者由雪形成，但是，里面也有一些冰块被挤压成了扁平的圆盘。

这种现象也说明冰不需要被全部粉碎来适应指定的模具，但是它也许会在不断裂的情况下变形。这可以得到更彻底的证明，如果我们把冰放在两块平的木板之间挤压，而不是放在模具里——我们看不透模具，我们就会更加明白冰柔韧的原因。

我从冰封的河面上找来一块不规则的圆柱形自然冰，把它的两个端面放在两块木板之间。如果我开始按压，冰块在压力的作用下会破碎，它形成的每一个裂痕都会延伸到整块冰，这块冰就成了一堆大的碎冰。如果我继续施压，大的碎冰还会继续破碎。如果我停止施压，所有的碎冰的确会冻结在一起。但是，整块冰的各个面说明，柔韧性对冰块形状的影响要小于易碎性的影响，而且，单块的碎冰已经完全改变了它们之间的位置。

当我们把由雪或者冰形成的圆柱放在平板之间时，情况就很不一样了。开始施加压力时，我们会听到嘎吱声和爆裂声，但是它并没有破碎，它慢慢地改变了形状，变得更低更厚了。而且只有当它变成一块很扁的环形圆盘时，它的边缘才开始向下垮，开始破碎，就如一个小规模的冰隙。图112是这个圆柱原本的样子，图113是它受到挤压之后的样子。

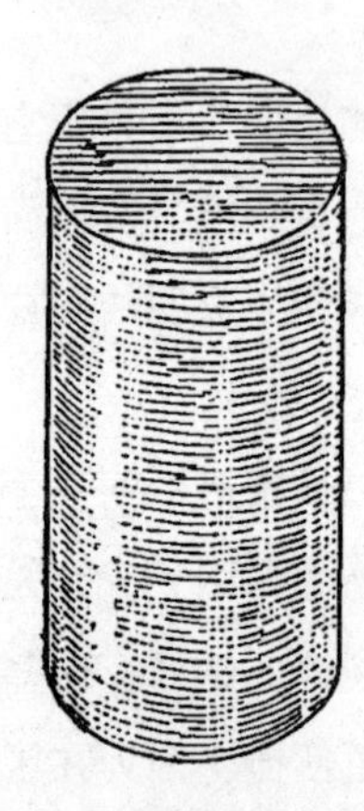

图112

可以证明冰的柔韧性的一个更有力的例子是，让一个圆柱从一个窄孔强行通过。我把一个底座放在前面提到过的模具上，底座上有一个圆锥形的孔，孔的外部直

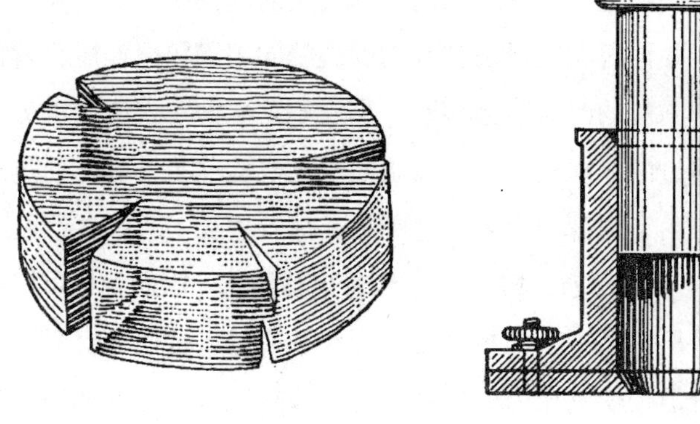

图113　　图114

径只有圆柱孔径的三分之二。图114是整个装置的一个截面图。我现在放进一块压缩了的圆柱形冰，然后把缸径规按下去，冰就从底座上的窄孔中穿过去了。先露出的是一个和孔的直径一样大的固体圆柱，但是，因为中间的冰比边缘的冰移动得更快，圆柱底面就成了弧形，末端变厚，因此它不能从孔中倒回去，最后裂开了。图115展示的是由此造成的冰的不同形状①。

图115

这里的圆柱冰上的裂缝，与冰流从窄的岩壁流到更加宽阔的山谷时形成的纵向裂口惊人地相似。

在我们谈到的一些例子中，我们看见冰的形状发生了改变，然而冰块并没有碎成单块的冰。这易碎的冰块看起来就像一块蜡一样很容易变形。

① 在这个实验中，压缩冰的温度更低，有时会传到铁模具中，因此尽管冰块和铁模具之前就在水中了，温度不会低于零摄氏度，但底部的金属板和圆柱之间的裂缝中的水还是会冻结成一块薄薄的冰。

再仔细查看由一块透明的冰压缩而成的透明的圆柱冰，我们会发现它内部发生的变化。我们看见大量极其纤细的裂缝向周围辐射伸展，就像乌云一样。当我停止施压的时候，大多数（尽管不是全部）裂缝都消失了。很明显，这块压缩过的冰在实验刚刚结束之时比实验前更模糊。通过透镜我们很容易发现，由于内部的大量白色细线，冰变模糊了。这些线是一些极其纤细的裂缝的光学反应形成的①，它们贯穿整块冰。因此我们可以得出这样的结论：这些压缩冰中有无数纤细的裂纹和裂缝，这使冰容易碎。它的微粒变得有些分散，受到压力的作用又开始收拢。因为它的四周开始冻结，裂缝立刻就消失了。只有在移位的小颗粒不能相互准确吻合的地方，裂缝才会持续存在。在光的反射下，裂缝显示为一些白色的线和表面。

我提到过，冰在受压后，温度会低于零摄氏度，这时它的温度又会升高到零摄氏度，并开始融化，这时，这些裂缝和薄层就更容易让我们看见。然后这些裂缝里注满了水，之后这些冰就会含有微粒，微粒大小从大头针的针头般到豌豆般不等，它们的边缘和突起处相互挤入，当它们之间的窄缝充满水的时候，它们中的一部分会合并。因此，在一块由冰粒形成的冰中，冰粒会紧紧地结合在一起，但是，如果这些微粒从边角脱离，它们就会变成有棱角的颗粒。冰川的冰开始融化的时候，也会有相同的结构，除非其中的冰粒绝大多数都比人造冰更大，有鸽子蛋那么大。

因此，冰川的冰和压缩的冰都是粒状结构的物质，与规则的结晶冰相反，后者形成于静止的水面上。方解石和大理石之间也有同样的差异，它们都含有碳酸钙，但是，前者是由大的有规则的水晶形成的，后者则是由不规则的成团的结晶颗粒形成的。把刀尖插进方解石和结晶冰中，形成的裂缝会延伸到整体。在粒状冰中出现的裂缝一定会变形，却不一定会超过

① 这些裂缝很有可能比较大，却没有空气，只有那些相当纯净、无空气的冰被挤压进充满水的空间中时才会形成这些裂缝，因此，空气不能进入这些冰块。冰川中的这种无空气裂缝已经得到了廷德尔的证明。后来当压缩冰融化了，这些裂缝就会装满水，没有空气留下。于是它们就更不显眼了，整块冰变得更加纯净正是由于这个原因，它们最初不能充满水。

微粒的大小范围。

由雪压缩而来的冰，开始就含有大量非常纤细的结晶针，因而冰是一种可塑性很强的物质。而从外表来看，它与冰川冰迥异，因为它十分混浊，这是由于大量的空气最初围绕在片状雪周围，而后以极其微小的气泡形式存在于那里。在木板之间按压这种圆柱形的冰，冰会更加纯净。然后这些气泡就会呈轻沫状出现在圆柱的顶部。如果被压成圆盘状的冰又碎裂了，把它放在模具中，按压进一个圆柱中，于是空气渐渐地被除去了，冰就变得更加纯净。毫无疑问，在冰川中，这些发白的粒雪块后来慢慢地变成了纯净和透明的冰川冰。

最后，当把由冰雪块压成的、有条纹的圆柱形冰挤压成圆盘的时候，冰中形成了很好的条纹，因为其中纯净的和不透明的夹层都在朝同一个方向延伸。

因此很多冰川冰中都有条纹，而且毫无疑问，就如廷德尔说的，这是由冰块间的雪的降落形成的。雪和纯净的冰的混合物在之后的移动中又会被压缩，而且其中的夹层随着移动会慢慢地延伸。这个过程与我们演示过的过程十分相似。

在自然科学家看来，这些冰川、到处堆积的冰块、它们荒凉而多石的表面，以及它们充满危险的冰隙，已经让它们变成了一条壮丽的冰流。冰流宁静的、有规则的流动绝无仅有，它有明确的规律：变窄、扩大、堆积起来，或者破碎、碎裂、从悬崖峭壁降落。如果到它的末端以上去探索，我们会看见它的水体与一条水源丰富的小溪汇合，水从冰门冲出，顺势流走。从冰川中流出来的这样一条小溪，看起来很脏很混浊，因为它带着被冰川磨碎了的石粉。如此美丽、透明的冰变成这样混浊的水让我们失望，但是，冰流的水是和冰一样纯净、美丽的，它的美只是暂时被掩藏了。我们应该等它们流过一个能沉积石粉的湖之后，去寻找这些水体。日内瓦湖、图恩湖、卢塞恩湖、康士坦茨湖、马焦雷湖、科莫湖和加尔达湖里基本上是冰川的水体，它们的清澈和极其美丽的蓝色让无数游客深深陶醉。

而且，它们的功用也让我们钦佩。这些由冰流冲走的难看的泥，在沉积的地方形成了十分肥沃的处女地，它完全是一块永不荒芜的处女地，含有十分丰富的植物所需的矿物质。肥沃的土层从莱茵河平原一直延伸到比利时，这就是“黄土”，它们只不过是古代冰川的尘土。

一个区域的灌溉也受到了雪原和山脉的冰川的影响。这区域与其他地方的灌溉不同，其他地方的灌溉量更大。因为那些寒冷的山巅聚集的湿空气最多，而且绝大多数的水都存在于雪中，还有，夏天时雪融化得最快，所以，在夏天这个急需用水的季节，从雪原流出来的泉水最丰富。

我们从另外一个视角来了解这些荒凉的、无生气的冰冻荒野。荒原上成千上万的溪流泉水带来了肥沃的水气，让阿尔卑斯辛勤的居民能够从荒凉的山坡上收获多汁的植物和丰富的营养。其在阿尔卑斯山脉相对较小的地方形成了浩大的河流，如莱茵河、罗纳河、波河、阿迪杰河和因河，它们从欧洲向北海、地中海、亚得里亚海和黑海延伸，绵延几百英里，形成了宽阔、富饶的河谷。让我们来回想一下歌德在《穆罕默德之歌》中是怎样描写山泉越过云端的源头与父亲海汇合的：

在翻腾的凯歌声中，
他给各地命名；
一座座的城市在他的脚下完成。
他滔滔地奔流不停，
把辉煌的塔顶，
大理石宫殿，他的丰功伟绩
全抛在身后。
阿特拉斯用巨人的双肩，
承载着香柏木房屋；
成千面旗帜，
在他头顶上面，
呼呼地迎风飘扬，
显示他的富丽堂皇。

他就这样率领他的兄弟，
他的爱人，他的儿郎，
欢呼着投向，
等候他们的，
生父的怀抱。

冰与冰川

附　言

冰的复冰理论引起了法拉第和廷德尔之间的科学讨论，也引起了詹姆斯和W.汤姆森爵士之间的科学讨论。在文中我采用了后一种理论，因此我现在必须为其辩护。

法拉第的实验表明，比两块冰之间的水层的毛细作用力产生的压力还小的压力，就能使这两块冰冻在一起。詹姆斯·汤姆森认为，在法拉第实验中使冰冻结在一起的压力并非必需的。我已经用实验证实，只有很小的一点压力才是必需的。然而我们必须记住的是，压力越小，两块冰冻结所需的时间就越久，而且连接点会非常狭窄，易碎。这两点都可以用汤姆森的理论来解释。因为在微弱的压力下，冰和水的温度差很小，因而潜伏热只能慢慢地从和被挤压的冰块相连的水层中释放出来，所以结冰需要很长一段时间。我们必须考虑到——不能笼统地认为两块冰的表面是完全相连的——在微弱的压力下，它们的形状并不会发生太大的改变。实际上只有三个点能接触。冰块上微弱的压力集中在如此狭窄的表面上，会产生相当大的局部压力，在压力的影响下一些冰会融化，融化的水又会结冰。但是，连接的部分并不窄。

较强的压力更有可能完全改变冰块的形状，让它们彼此更加适合，也会使原先相接的表面融化得更多，冰和水的温度差异也会更大，连接部分会更快地形成，而且连接部分的范围也更大。

为了演示细微温差下的缓慢反应，我做了以下实验。

我给一个长颈玻璃烧瓶装上一半水，将这些水烧开，直到瓶中的空气全部排尽，接着将烧瓶的颈密封。冷却之后，瓶里没有空气，瓶里的水就不会受到大气的压力。这样准备好的水要冷却到零下好几度才会开始结冰，而当烧瓶中有冰时，水在零摄氏度就会结冰，所以，在第一次实验里，我要把烧瓶放到冷冻剂里，直到水结成冰。水结成冰后，我把烧瓶放到温度为 2 摄氏度的地方，冰开始慢慢融化。当一半的冰融化成水时，烧瓶里一半是水一半是冰，圆盘状的冰漂浮在上面。我把烧瓶放在冰水混合物里，让它被冰水混合物包围着。一个小时之后，烧瓶中圆盘状的冰冻结在玻璃上。我摇晃烧瓶，圆盘状的冰就掉下来了，但是它会再次冻结在玻璃上。每次我摇晃烧瓶，都会出现这样的情况。

烧瓶可以在冰水混合物里放八天，温度会一直保持在零摄氏度。这期间，大量规则的、轮廓分明的冰晶形成了，并且慢慢地变大。这也许是得到美丽冰晶的最好方法。

因此，当外面不得不抵抗大气压力的冰逐渐融化的时候，烧瓶里水的冰点因为缺少了压力而升高了0.0075摄氏度，于是水变成了冰晶。此外，在这个过程中水释放出来的热会透过烧瓶。

1平方毫米面积上的大气压力大约重10克。一块重10克的冰在另一块冰之上，其接触点只有三个，接触面的面积为1平方毫米，这样，10克的冰在接触面上产生的压力等于大气压力。烧瓶的玻璃挡在冰和水之间，因此，冰在周围的水中比在烧瓶里的水中更快形成。在烧瓶中，即使要生成一块轻得多的冰，也会花一个小时的时间。新形成的冰的连接部分会更宽，承受上面冰的压力的面积也会更大，它也就更容易碎，因此，在如此微弱的压力下，连接部分只能慢慢变宽，如果我们试着分开它们，它们很容易就会破碎。

毋庸置疑，在法拉第的实验中，两块穿了孔的圆盘状冰块被放在一根水平的玻璃棒上并保持相互接触，因此重力不会向冰块施加压力，毛细吸引力就足以在冰层之间产生几克的压力，之前讲过了，如果时间充足，这种压力会使冰层之间形成连接部分。

如果用手使劲将上面的两块冰挤压在一起，几分钟内它们就会牢牢地黏附在一起，只有相当大的力才能把它们分开，有时候手的力量都不够。

在实验中我发现，冰块结合的力和速度与所受的压力是成比例的，我只能将其视为冰块结合的实际而充足的原因。

根据法拉第的解释，复冰的形成是因为冰和水的接触作用。但我发现这有个理论上的难点。水结冰之后，大量的潜伏热释放出来，我们不清楚其中的原因。

最后，如果冰在化成水的过程中经历了中等的黏性状态，那么在零摄氏度下放了几天的冰水混合物最后一定会保持这种状态（假如它的温度保持一致的话），然而事实不会是这样的。

关于冰的可塑性，詹姆斯·汤姆森已经做出了解释。在他的解释中，内部破碎状态的形成是没有预料到的。毫无疑问，当一块冰的内部不同部分承受了不同的压力时，受到更强挤压的部分就会融化，那没怎么受到挤压的部分和与之接触的水，就要提供这融化所需要的潜伏热。因此，冰受到挤压之后会融化，水就会在没有受到挤压的地方冻结成冰，这样冰就会逐渐变形，并且屈服于压力。冰的导热性很差，如冰川中的冰一样，受到挤压的较冷的冰层如果与没怎么受到挤压的冰和能产生热使冰融化的水相距遥远，这个过程一定会极其缓慢。

为了检验这个假设，我在一个圆柱形容器里的两个直径为3英寸的圆盘状冰块之间放了一块直径1英寸的圆柱形冰块，再在圆盘状冰块上放一个木盘，木盘上有一个20磅重的物体。直径1英寸的圆柱形冰块就受到了不止一个大气压的压力。整个容器被包裹在冰块之中，在高于冰点几度的房间中放五天。在这种情况下，容器里的冰在物体的压力下融化，可想而知，直径1英寸的那个圆柱承受的压力最大，因此最容易融化。容器中的确有水生成了，但是，这主要是因为顶部和底部那稍微大一点儿的冰块融化了。顶部和底部的冰离冰水混合物最近，因而能通过容器壁吸收到热量。直径1英寸的圆柱形冰块与下面冰块的结合面周围的冰，也融解了一点点，这说明在压力作用下生成的水又在压力消失的地方结成了冰。但是，在这种情况下，中间被挤压得最厉害的冰却没怎么变形。

这个实验说明，冰变形需要一定的时间，这和詹姆斯·汤姆森的解释一致——受力更大的部分会融化，没有受到压力的地方又会结成冰，当传递热的冰块厚度可观时，这些变化极其缓慢。在一个温度为零摄氏度的介质中，如果没有外部热量，或者冰和水都没有受到挤压，冰是不能因为融化而明显变形的，而且这里的温度差异小，冰的导热能力差，所以变化才极其缓慢。

另一方面，尤其是在粒状冰中，裂缝的形成以及裂缝表面的位移使形状的改变成为可能，这已经在之前讲过的关于压力的实验中得到了印证。而在冰川冰中发生的形状改变取决于带状构造和冰融化时产生的颗粒聚集，也取决于冰川移动时冰层的位置发生改变的方式等。因此我相信廷德尔已经发现了冰川移动的基本和主要的原因，那就是裂缝的形成和复冰。

同时我发现，在冰川的摩擦下一定有大量的热释放出来，这些热是不可小觑的。通过计算，我们可以知道，当一大块积雪从巨人齿山上移到艾云河源头的时候，因机械功而产生的热足以使积雪融化十四分之一。而且，受挤压最严重的地方的摩擦最大，无论如何，这都足以去掉阻力最大的那部分冰。

最后我再补充一点，上述冰的粒状结构会在偏振光的照射下完美地呈现出来。把一小块透明的冰块按压在铁模里，形成一块大约5英寸厚的圆盘状冰，它足够透明，有利于我们研究。用偏光仪来看，里面有很多五颜六色的小光谱带和光环，从它们颜色的排列我们可以轻易地看出冰颗粒的界限。从光轴顺序来看，它们杂乱无章地、一个挨一个地堆积着，形成了冰块。当冰块不再受压的时候，它的模样基本不变，之后由于冰开始融化，裂缝里填满了水，这些裂缝看起来就像白线。

下面讲一讲冰块在变形过程中不断结合的现象。一般来说，粒状冰的裂缝只是表面的，并没有扩展到整块冰。冰块被按压时，很明显地体现出这一点。裂缝按照不同的方向形成、延伸，就像玻璃管中由热金属丝产生的裂缝一样。冰具有一定的弹性，这可以在一块薄而柔韧的冰块中看到。这种有裂缝的冰，即使当它没有裂开的部分持续不断地结合在一起的时候，也能在形成裂缝的两边形成偏移。然后，如果最初形成的裂缝由于复冰而凝结，裂缝会沿反方向延伸，冰块会继续裂开。我也怀疑，在这些含有交错的多面体颗粒的受到挤压的冰和冰川冰中，这些颗粒在受力之前是否就完全相互分离了，而没有和即将消失的连接面连接；是否这些连接面没有产生牢固的凝聚力让颗粒堆紧紧地结合在一起。

从物理学的角度看，冰的这种性质十分有趣，因为它让我们如此近距离地看到其从水晶到颗粒的转变，而且与其他著名的例子相比它更好地说明了性质改变的原因。

威廉·汤姆森论文

Dialogues Of Plato

〔英国〕威廉·汤姆森　著

主编序言

威廉·汤姆森，受勋后的开尔文男爵一世，于1824年6月26日出生于爱尔兰贝尔法斯特。他的父亲是格拉斯哥大学的数学教授，他本人在11岁时进入格拉斯哥大学。21岁时，他毕业于剑桥大学，在大学期间获得兰格勒奖金第二名。在巴黎学成之后，他回到了苏格兰，任格拉斯哥大学的自然哲学教授，成为他父亲和他哥哥的同事。他在之后的人生里显示出令人叹服的智慧，取得了丰硕的科学研究成果，所获的奖几乎遍及这一领域里所有的奖项。因为有功于装设第一条大西洋海底电缆，他于1866年被封为爵士，并于1892年晋升为贵族。他在格拉斯哥大学任教53年，并担任过该校校长。他于1907年12月17日逝世，被葬于威斯敏斯特大教堂。

开尔文男爵的研究不仅范围广泛，而且意义重大。他的许多成果只能得到学识渊博的数学家和物理学家的欣赏，但他对物质最终构成的思考、对地球能源消耗的观点、对地球寿命的计算，还有其他很多的成果，引起了人们的广泛兴趣。他的发明也同样著名。他发明设计了许多仪器，他对海洋电力的贡献尤其有价值。在他去世前很久，他就被认为是他那个时代最杰出的科学家和最受欢迎的人物。

后面的讲座虽然没有涉及他最擅长的课题，但也是他所讲课程的绝好范例。

查尔斯·艾略特

光的波动理论

——1884年9月29日在费城音乐学院讲座的内容

很高兴今晚我要讲的主题对费城的人来说并不算陌生，在座的很多人可能在几年前就听过史蒂文斯学院的莫顿院长关于光的精彩演讲，还有廷德尔教授就同一主题所做的令人折服的演说。这足以让各位有充分的思想准备来了解我要讲的光的波动理论。

我的能力有限，所以只能告诉你们这一伟大理论的一些数学和力学上的细节。不幸的是，我不能通过精彩而有指导意义的实验来展示这些内容。但我很高兴，很多人都准备认真地理解我讲的内容；我也很高兴，看过那些实验的人这一次能感觉到它们的存在。同时，我希望我能够讲得浅显易懂一些，让那些没有系统听过课的人也可以理解。由于时间短、内容长，所以没有更深入的开场白。

简要地说，声和光都是以波的形式传播的振动。我得先定义构成声感和光感的传播方式和运动方式。

同是振动，光的振动与声音的振动大不相同。相比这两类振动在力学和数学上的内容，我更容易告诉你们光的振动频率与声音的振动频率有很大的区别。用“频率”这个术语来描述振动是很方便的。雷利阁下在他关于声音的书里用“频率”来定义单位时间内振源的全幅振动数目。想想声音和音调的振动频率，大家知道，在音乐上这是用字母和1、2、3等音符来表示的。现代音符的音阶对应不同的振动频率。音符和其上的八度音阶对应每秒一定数量的振动，抑或那一数量的双倍。

我可以最开始就适当地解释C调，我是说C中调，我认为那是次中音的C调，与说话最接近的音调。音符对应每秒256次全幅振动——每秒256次来回振动。

想想每秒钟1次的振动，钟的秒摆2秒钟振动1次，或者每秒对应半个振幅。以画室里一个10英寸的钟摆为例，这种钟摆振动的次数是普通钟摆的两倍，它每秒振动1次，也就是一秒之内前后摆动1次。现在想想每秒3次的振动。每秒钟我可以轻易地摆动我的手3次，在非常努力的情况下，我可以每秒来回摆动5次。如果我有4倍的力量，我便可以每秒摆动两个5次。

那么，我们想想，一个肌肉非常发达的手臂，可以每秒摆动10次，即10次摆动到左边，10次摆动到右边；再想想每秒20次，这也要求4倍的力量；每秒30次，则要求9倍的力量。如果一个人的手臂肌肉比最发达的臂肌还强9倍，那他的手可以每秒摆动40次。不用任何乐器，直接通过手的摆动就可以制造出与管风琴的踏板一样的音符。

你们如果想知道踏板管的长度，可以这样计算。有些数据你们必须记住，比如这个。在这个国家，你们要使用英国的度量衡系统，要使用英尺、英寸和码[①]。我不得不使用这套系统，但为此我要向你们道歉，因为它实在太不方便了。我希望所有美国人能竭尽全力地引进法国的度量衡制度。我希望某位英国大臣所干的坏事能够得到纠正，那位大臣的名字不用提及，因为我不想指责任何人。他废除了一项很有用的规定，该规定只实行了很短的一段时间，我希望这一规定能重新生效——全国的学校可以教授法国的度量衡制度。我不知道美国的情况是怎样的，美国的学校制度看

① 1码=0.9144米。

起来令人钦佩，我希望在美国的学校里度量制度的教授不会像地球仪的使用一样被忽视。我是很严肃地说这个的，但我想没有人知道我这样说的时候有多么严肃。我鄙视我们英国糟糕的、伤脑筋的度量衡制度，用它简直就是在受罪。继续使用它的原因是我们进行改革的困难，而非其他，但我认为在美国没有任何困难能够阻碍这一非常有用的改革的推行。

我知道声音以英尺计算的速度，如果我没记错的话，在干燥的空气中，零度以下是每秒1089英尺；在我们所谓的中等温度，即59度或者60度以下是每秒1115英尺（我不知道费城有没有到达过那个温度，我还未曾经历过，但有人告诉我费城的气温有时是59度或者60度，我信了。），用整数表示，我们可以说每秒1000英尺，这也省了计算风琴管长度时的麻烦。在风琴管内振动一次的时间就是从一头到另一头并且回到始点所用的时间。在一根500英尺长的风琴管里，振动的周期为每秒1次；在一根10英尺长的风琴管里，周期为每秒50次；在速度相同的情况下，在一根20英尺长的风琴管里，周期为每秒25次。因此，每秒25次和每秒50次的频率分别与20英尺长和10英尺长的风琴管的周期相同。

两头都开着的风琴管的振动周期，与声音从一头传播到另一头并且回到始点所花的时间大致相当。请记住，声音在10英尺长的管里的干燥空气中的速度，比每秒50次的周期长一点点。如果周期上升到每秒256次，就相当于2英尺长的管的振动周期。我们以512周期每秒为例，其就相当于一根约一英尺长的笛子。这根两头开口的笛子，为了一个主要的空音，上面的孔排列得非常整齐，那么音波的长度就约为1英尺。较高音的音符对应较高的振动频率——每秒振动1000次、2000次、4000次，每秒振动4000次相当于非常短的笛子的振动周期——仅有一英寸半长，想想一只小狗哨或其他什么哨子，一英寸半长，两头是开的，或者想想，一个电键有一根3/4英尺长的管，一头封闭，那样每秒就有4000次振动。

声音的波长是声音在振动周期中传播的距离。一种凝聚现象沿着我们屏幕上的画面传播，我将要以此来说明声音的振动是什么。声源会持续不断地使空气在凝聚和稀松之间交替变换。当我用力地向一个方向挥动手时，手前边空气的密度变得很大，而手背后的空气则变稀薄了。当我向另一方向摆动手的时候，情况则相反，原先凝聚的空气会散开。在半个波长之间，空气先凝聚，后变稀松。在整个波长之间，空气凝聚后又紧接着凝聚。

在这种音阶[①]下，有许多发光的微粒，代表聚在一起的密度更大的空气。在高一点的音阶下，空气就没那么紧密。我现在慢慢转动这个装置在幻灯内的手柄，你们可以看见那些发光的凝聚体在屏幕上慢慢地向上移动，你们也可以看到另一个凝聚体组成一个波长。

这幅图，或者说图表，代表一个4英尺的波长，它代表一个4英尺的声波。1000的1/4是250。我们现在看到音阶的C调——代表男高音的低音调，从歌手嘴里出来的气流和你们现在所看到的一样，在凝聚和稀薄间交替变化。但是前者以每秒1000英尺的速度进行，你们眼前的这一运动的准确频率是每秒振动256次。

空气中的微粒一个个相接形成声波的一部分，就像屏幕上的光波由这些移动的亮点来表示。现在这一部分下降了，然后另一部分也迅速下降；现在停止下降了；现在又开始下降和上升了。当它快接近最大的凝聚度时，便以逐渐减小的速度上升。当空气变得最稀薄的时候，微粒便停止上升，开始下降。当空气密度很小时，不管怎样，微粒都在以最大的速度移动。这些运动你们很容易理解，并且你们能够明白每一颗微粒在沿着凝聚的方向移动。

我还要展示这些振动和光的振动的区别。这是这些微粒静止时而非运动时的样子。你们可以想象出一些由运动而构成光的物质，我们称之为以太，这是唯一我能确信是动态的物质。我们确信一点，就是以太的现实性和实质性。这一仪器仅仅提供一种方法，用来使光的传播图表动起来。我会给你们看固定图表中的相同情况，这一布置展示了运动的方式。

现在我们来跟踪观察每一颗微粒的运动。这个代表一颗发光的以太微

① 指的是一张由正在投射的幻灯片产生的声波运动的动态图表。

粒，它在中央的位置时，移动的速度最快。

你们看这两种形式的振动[①]，声和光一起移动，空气凝聚和变稀薄的波动和横向的转移波动。注意传播的方向，你们看这儿，它是从你们的左边到你们的右边的。看速度加快后的运动。现在方向相反了。波的传播从右往左，然后又从左往右了。每一颗微粒都是沿着与传播路线垂直的方向运动的。

我已经向你们展示了声波的振动，但我必须告诉你们，那个移动的图表所展示的凝聚与稀薄是按实际需要被极度夸大了，因此，实际上声波振动的最大凝聚度也不及图表所展示的1%或2%，或1%的一小部分。在声的图表中除了凝聚度被夸大让我们得以清晰观看之外，我们还能从这幅图表中清晰地看到C调声的传播过程。

另外，在光波的移动图表中，我们是以什么来代表光波的呢？微粒组成的线条的曲线被夸大了许多。你们先想象一下一条由微粒组成的直线，然后再想象这些微粒被打乱而组成曲线，曲线的形状相当于被搅起的波。看过了波的传播以后，我们来看看这一幅图表，然后再看看那一幅。光波的传播相当于我最开始说的不同声音的传播。光波的长度是从波峰到波峰的距离，或者从波谷到波谷的距离。我提到波峰和波谷，是因为我们从图表上看见了波传播时的许多起伏。

这里有一个波长[②]。在下面的图（图117）里你们可以看见紫光的波长。紫光的波长只是红光波长的一半；紫光的周期也只有红光的一半。很大程度上，不仅图中的坡度被大大地夸大了，图中波长的显示也被夸大了。这里有紫光光波的示意图。标有“红色”的图（图116）是红光的，下面一幅（图117）是紫光的。上面的曲线相当于光谱范围里的红外线下面一点点的光，下面的曲线相当于紫光上面一点的光。波长在红光的4.5和紫光的8之间变化，而不是4或者8。红光光波的波长几乎是紫光光波的波长的

① 同时展示两个运动的图表，一个代表光波的运动，另一个代表声波的运动。

② 展示图或表格，分别代表红光和紫光的光波（如图116和图117所示）。

2倍。

为了比较声波的振动次数和光波的振动次数，我得说每秒30次振动差不多是产生音乐性声音的最小次数，每秒50次可以使带踏板的风琴产生低沉的音调，每秒100次或200次能产生男低音的声音，每秒250次、300次、1000次、4000次乃至8000次会产生人耳能承受的尖锐的声音。

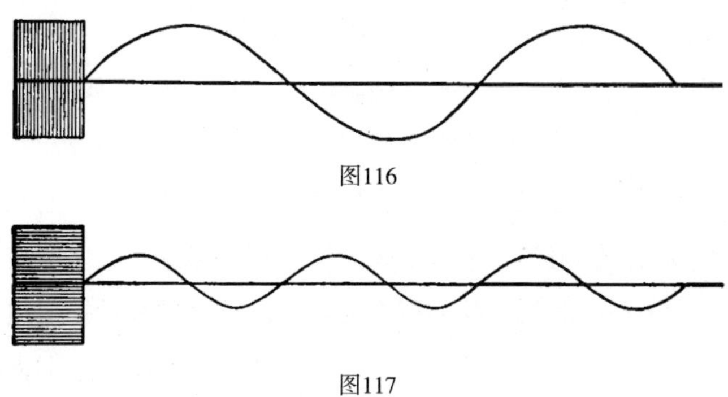

图116

图117

我们平常用数字描述音阶，如每秒从200次或300次到600次或700次，用以描述光波的不是这些数字，因为光波每秒的振动次数非常多，也就是说，不是每秒400次，而是每秒400万亿次——这是产生红光时的振动次数。

红光从最远的星体穿过太空，是以波或振动来传播的，在这个过程中，介质中的每颗微粒每秒来回振动400万亿次。

有人说他们不懂万亿，那些人简直就是不懂2乘以2等于4。当有人对我说其难以理解这么大的数据时，我是这样说的，我说宇宙的有限性是难以理解的，宇宙的无限性反而是可以理解的。让我们运用一点逻辑知识，无限地否定命题不可理解吗？你行1英里、10英里，或者1000英里，或者到加利福尼亚州，然后发现你走到了宇宙的尽头，你认为这是可以理解的吗？你能够想象物质的终点或者空间的终点吗？这是没法理解的事。即使你行走数百万英里，这样就走到了宇宙尽头的想法还是不可理解的。你很容易理解每秒1次，那么理解每秒1000次也同样不是什么难事。你可以理解从1

到10，然后用10乘以10，乃至1000，毫不费力，然后你就可以懂得十亿和万亿了。你们完全可以理解。

每秒400万亿次振动是红光的构成部分。关于紫光，我们看过那条曲线（图117）后，就知道紫光每秒约有800万亿次的振动。由比这频率高得多或者低得多的振动引起的光有明显特征。你们或许会想到约有两倍紫光频率的振动，还有约有1/15红光频率的振动，但你们还是没有跨越持续性的现象的局限，这种现象只是组成可见光的一部分。

在可见的红光下面又会有什么呢？有些东西是我们用眼睛看不见的，也是一般的摄影师的感光板不能带给我们的。它是光，但我们看不见。这种光与可见光相距甚近以至于我们会以不可见光来命名它。通常它被称为辐射热、不可见的辐射热。或许，在逻辑的荆棘路上，我们面前飞舞着看不懂的词，为了简便起见，我们称之为辐射热。当你靠近一个熊熊燃烧的煤火或者一个火热的蒸汽锅炉时，当你靠近暖气片而不是站上去时，当我们靠近沸腾的锅时，我们的脸和手感觉到的热力就是辐射热，脸和手上由此产生的热度也是辐射热。

或许你们已准备好用陶制的茶壶做实验，这种茶壶比打磨光了的银制锅炉更利于辐射热量。把手放于茶壶之下，手会感觉到热量；把手护于茶壶之上，手会感觉到更多热量。把手置于茶壶之上，手能感觉到热量，这很容易理解，因为茶壶上面有上升的热气；把手放于茶壶之下你会感觉到有冷气上升，手的上面被辐射烤热，而下面却有风吹着——因为上面滚烫的茶壶而感觉到下面的凉意。

对热的感知，事实上是对光的感知的延续。辐射射线的波长（用概数表示）差不多是可见光或者红光的4倍，周期是它们的1/4。红光每秒振动400万亿次，那么最低的辐射热每秒约振动100万亿次。

我原本也希望能告诉你们一个更小的数字。兰利教授已经在海拔15000英尺高的惠特尼山顶，用他的辐射热测量器完成了著名的实验，测试结果将辐射热的波长降低到一个很小的数字。我将其中的一个数字读给你们听，我还未记住这一数据，因为我还期望从他那里获得更多信息[①]。一年半以前我了解到，兰利教授用衍射的方法测得辐射热的波长的最小值等于一厘米的28/100000，与红光的7.3/100000相比，大约为红光的4倍。因此，4倍红光振幅的波长或者红光频率的1/4，都已经被兰利教授证明为辐射热。

大家都知道“摄影师之光”，也听说过不可见光能在相机的用化学法配制的感光板上产生可见的效果。用整数表示的话，我可以这样说，把我提及的紫光的频率提高两倍，你们就来到了有着最高振动次数的，已知光范围的另一个极端。我的意思是你们接触到的是还不能直接观察的频率。就我们目前的知识而言，摄影师之光或者光化性光，其波长不及紫光波长的一半。

因此，你们会明白，尽管我们能理解自红光以下到只有红光1/4频率的对眼睛有影响的光波的运动，但我们在振动方面的知识只能让我们理解这些两倍于紫光频率的光。以整数计，有4个八度的光线，对应音乐里的4个八度音阶。在音乐里，八度音阶的范围包括相同音符的两种不同频率。在光方面，有一个八度的可见光，有一个八度光在可见光的范围之上，有两个八度光在可见光之下。有每秒100次、每秒200次、每秒400万亿次的不可见的辐射热；有每秒800万亿次的可见光和每秒1600万亿次的不可见光或者光化性光。

热效应是很常见的。热效应在月光中很小，所以至今也无人知道月亮的光线中有热存在。赫歇尔认为，月光可使不太厚的云消散，这是空中的热效应被感知的一个途径。这种效应在满月时较明显，在非满月时较少见。然而，赫歇尔指出，这种说法值得怀疑。但是现在，这不再是一个值得怀疑的问题，兰利教授已经证实，月光使热敏器的指针发生明显的转动。相对以前的说法，这个事实显示出令人惊讶的热效应！

---

① 我讲座的部分内容来源于兰利教授，他通过一个岩盐棱镜测得可折射度，并从“莱斯利立方体”（一个盛满热水，并从一个黑面辐射热量的金属容器）推出热量射线的波长。因此他发现的最长的波长是千分之一厘米，是钠光的17倍，对应的周期约为每秒30万亿次。《十一月》，1884年——威廉·汤姆森。

我得告诉你们，如果你们中有人想对月光的热做实验，那你用来测量温度的装置只能受到月亮光线的影响而不能受其他影响，这是必要的预防措施，比如，你把辐射热测量器或者其他测量热的装置从一个气温较高的房间拿到室外夜晚的空气中，位置变化会使仪器显示的温度下降。你必须确保装置的温度与周围均衡，然后把装置的凸透镜对准月亮，再把它对准月亮旁边的天空，这样你就能得到不同的辐射热。比较月亮和天空的辐射热的大小，你会发现月亮有明显的热效应。

我们继续研究可见光，那是从光谱中的红光到紫光（我会分别给你们展示）的连续波动。首先我得指出这张图表（图118）上从字母A到D的区域只有视觉效应和热效应，没有普通的化学效应或者照相效应。摄影师可以将他们的化学感光板暴露于黄光和红光下而不受任何影响，但是当你移向蓝光那一段时，照相效应就渐渐显现，越接近紫光，这种效应就越强烈。当你移到紫光之外，那里的不可见光主要以其化学作用而被感知。从黄光到紫光有视觉效应、热效应和化学效应；紫光之上只有化学效应和热效应——热效应很少，几乎不能被感知。

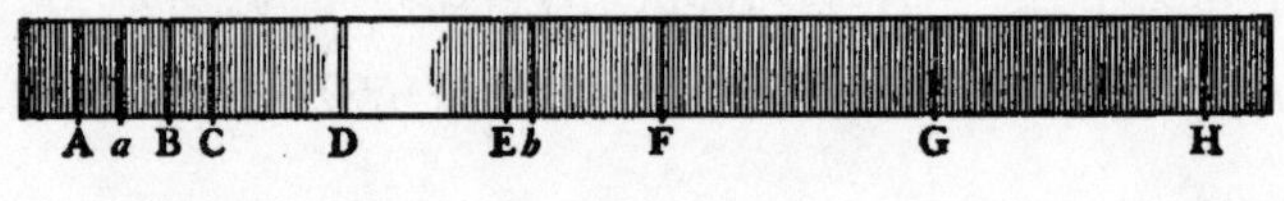

图118

这个棱柱状的光谱是牛顿发现的，它是白光的构成光谱。白光由从红光到紫光各种不同的光构成。现在，这里有棱镜产生的牛顿棱柱状光谱，我会放一个类似有色玻璃的东西——透明滤光板——在光前面，来对光的本质稍加展示。我要放进一块由化学材料制成的红色透明滤光板，然后观察将会发生的。在照到这块透明滤光板上的所有光中，只有红光和橘色光能通过，其透出的光呈现出一种混合的红色。这是块绿色的透明滤光板，它吸收所有的红光，只透出绿光。这块滤光板，光谱的各个部分它都能吸收一些，紫光吸收得最多，透出黄光或者橘色光。这里还有一块滤光板，它吸收绿光和所有的紫光，透出的光是红光、橘色光和微绿的光。

当光谱被精确地制作出来——比牛顿所知道的精确得多，我们就能得到一个均匀的光谱。必须注意的是，牛顿并未理解什么是均匀的光谱，他没有制作出均匀的光谱，也没有在他的学术著作中指出制作均匀光谱的条件。用合适的光线可以制作出均匀的光谱，像在阳光下一样，光谱如图118所示，按照牛顿所使用的术语，依次有红光、橘色光、黄光、蓝光、靛蓝光和紫光。牛顿从未用过窄光束，因此没有得到均匀的光谱。

这是一幅画在玻璃上的示意图，展示的是我们已知的颜色。今晚如果我做光谱分析的话，可能会花上两三个小时，我们必须尽量避免这一主题。我要给你们念一些被称为“夫琅和费谱线”的黑线的波长，它们分别对应太阳光谱中的不同位置。我将以1厘米的1/100000为单位。1厘米等于0.4英寸，比半英寸还少。我取一厘米的1/1000，再取1/1000厘米的1/100作为单位。在红光那一端，那条黑线附近的A光的波长为7.6单位，B光的波长为6.87单位，D光的波长为5.89单位，A光的频率为每秒390万亿次，D光的频率为每秒510万亿次。

声音每秒只有400次振动，相比之下，光的振动中有什么力量呢？想象一下，同一个物质在同样的范围内，但以每秒400万亿次的速率来回移动。它需要的动力，从数值上看，是频率数的平方。同样的振源振动，如果频率变成原来的2倍，那么动力就要变成原来的4倍。假想我又像先前那样振动我的手臂，如果我每秒只振动1次，那么我只需一个不大的动力；如果每秒振动10次，那么我需要100倍那么大的力；如果每秒振动400次，则需16万倍的动力。如果我让手在四分之一英寸的范围内每秒移动1次，只需一个很小的力；即使在这么小的范围内，如果要让手振动10次，还是需要一个相当大的动力；但想想每秒振动音叉400次所需的力吧，并把它和每秒振动音叉400万亿次所需的力比较一下。如果振源的质量相同，振幅也相同，那么振动音叉所需的力为万亿的平方那么大——这个数字就像数字2、3、4一样好理解。现在想一下这个数字意味着什么，还有，这个数字对我们来说有什么参考价值。我的眼睛和光之间存在什么力呢？什么力存在于我们的眼睛和太阳之间，什么力又存在于我们的眼睛和最远的可见性物体之间呢？其间除了有物质和运动，还有什么巨大的力量呢？

我在这以太之中移动，好像它并不存在。但是如果在钢铁或者黄铜一类的介质中有这样的振动，那么，在1平方英寸的物质表面，作用的力将以百万兆吨计。空气中没有这样的力量。彗星搅动空气，或许彗星的运动把以太分裂开了。所以我们用以太的运动来解释电的本质，我们不能说那就是电。那以太是什么呢？以太就是各个星体都能在其间自由运动的东西。以太弥漫在空气中。就我们的思辨方式而言，在空气中和在星际间的太空中，以太的状态都相同。空气对以太的干扰作用很小，你能用抽气机把空气的密度变成原来的1/100000，但是这对光在以太中传播的影响很小。以太是一种有弹性的固体，我能给出的最接近的类比是果冻[①]，对于光波最接近的类比是——你们想象一下——果冻的运动，中间还浮有一个木球。看，我用手上下振动这个红色小球，或者绕着球直立的直径迅速转动，然后朝相反的方向转动。这是我能展示的最直观的以太的振动。

其他可以类比以太的物质是苏格兰鞋匠的蜡或者勃艮第树脂，但是我更了解苏格兰鞋匠的蜡。它比水更重，正合我意。我取出一大块蜡，放在一个盛满水的玻璃坛子中，放一些软木在下面，再放一些弹丸在上面。它像我手中的特立尼达岛的树脂和勃艮第树脂一样易碎——你们可以看到它有多硬，但如果不管它，它会像液体一样流动。鞋匠的蜡随着一声脆响破裂了，但它有黏性，之后会渐渐垮掉。

对于以太我们所知道的是它有固体的刚硬，但也会渐渐垮掉。它是否易碎，是否会断裂我还不能断定，但我相信，电和彗星的运动以及它们发出的大量的光倾向于表明以太内部会断裂——表明电的闪光和北极光与以太内部的断裂之间有联系。不要以为那是结论，那仅仅是一个模糊的科学梦想，但是你可以把以太的存在当成一个科学事实，即有一种弥漫的介质，是一种有弹性的固体，硬度非常大——以它密度的比例来说其硬度是如此之大，以至于光以我之前讲到的频率在其中振动，其波长我之前也讲

① 他展示一大碗透明果冻，其表面接近中央的地方镶嵌着一个红色的小木球。

到过。以太是否有重力这个根本问题还没有得到解决，我们不知道以太是否被重力吸引，由于有人认为它没有重量，所以有时人们认为它是不受重力的。我称它为与有弹性的果冻有着同样硬度的物质。

这是两块电气石，如果把它对着光，我们会看到周围全是白光，也就是说，它是透明的。如果我把其中一块电气石翻一下，光就灭了，电气石完全变黑了，似乎是不透光的。这就是光的极化现象。要给你们讲光的特质，我必须先讲光的极化。在对那碗果冻体现的力学现象作进一步说明之前，我想给你们看一个非常美丽的光偏振的效果。你们现在看到的是两块水晶般的电气石板（我想是产自巴西的），它们有这样一种特质：把它们按晶体轴的方向放置时，光线能透过它们。当把其中一块电气石板以不同的方向放置时，光线就不能通过。现在我在灯里放一个叫作“尼科耳棱镜”的装置，它也会发出偏振光。尼科耳棱镜是一块冰洲石，我把它切为两块，巧妙地把其中一块翻转一下，再将两块放到一起，并用加拿大香胶把它们粘成一块。尼科耳棱镜因冰洲石双倍折射度的属性，产生了现在你们看到的现象。我把棱柱按一定的方向旋转，你们会看到光——最大亮度的光；我再把它旋转一个直角，你们会看到一片漆黑；我又把它转动90度，你们又看到最大亮度的光；我继续旋转一个直角，你们又看到最大限度的黑暗；我继续旋转90度，你们又会看到很明亮的光。我们又难得有这样好的尼科耳棱镜的样品。

还有一种方式可以产生偏振光。我站在光前面转动尼科耳棱镜，并通过它观察桌上的一块玻璃板的反射光。现在，我以一定角度倾斜玻璃板——比55度大很多，我发现一个奇特的位置，在那个位置上，我一边转动手中的棱镜一边观察它，会出现这样的效果：在一个位置它绝对会使光变暗淡，在另一个方向它又会使光有最大的亮度。我使用“绝对的”这个词，有些草率，其实仅仅是使光减弱一点点，不像把两个尼科耳棱镜连接使用时那样使光完全消除。对于这一现象，从未听说的人可能不知道我在说些什么，只有物理的光学课程才能将其解释详尽。问题是光的振动必须在光的传播路线的一个特定的方向上。

看这个示意图，光是从左往右传播的，而振动所沿的方向与光的传播方向垂直。这起起伏伏的线是振动的示意线。假设这里是一个光源——紫光的光源，前面是传播路线，声音的振动在传播路线上往复运动，但它是横向的。这是另一种，与图是垂直的，仍然遵循横向振动的规律；这又是一种，是环形的振动。想象一根长绳子，旋转绳子的一头，便会看到螺旋式的运动随之而起，可以使这一运动沿着一个方向或者相反的方向。

平面偏振光指只在一个平面上振动的光，从技术上说，“偏振面”的射线与这一平面垂直。环形偏振光由进行环形运动的以太的波动组成。椭圆形的偏振光是介于这两者之间的，既不是直线，又不是环形线，它振动的路径是一个椭圆。偏振光是以一种方式或者方向持续运动的光。运动路线是直线的是平面偏振光，运动路线是环形的则是环形偏振光，运动路线是椭圆形的则是椭圆形偏振光。

一股没有偏振的光线进入冰洲石时，被冰洲石双倍的折射度分成两股偏振光，并且在这两股迸射的光线里，振动也是各自垂直的。从表面的垂直方向算，当光以56度的角度射在未镀银的玻璃上或者以52度的角度射在水面上，被反射出来时，总是被偏振了的。水的入射角的正切是1.4。希望你们能亲眼看看光的偏振。从玻璃表面以56度的角度射出的光和从水面上以52度的角度射出的光，沿着与入射平面和反射平面垂直的方向发生偏振。

在物理光学中有一个著名现象叫作“海丁格刷”，它的发现者是费城一名著名的地质学家，此现象是以这位发现者的名字命名的。不用仪器我们也可以看到这种现象。以和太阳成90度的方向看天空，你会看到一个黄色和蓝色的十字叉。黄色向着太阳，蓝色背着太阳，像两条狐狸尾巴，蓝色夹在黄色中间，而且蓝色的右边有两刷红色。如果你看不见，那是因为你的眼睛不够敏感，稍加训练就好。如果以这种方式你看不见，可以试试别的方法。往桶底是黑色的一桶水里看，或者将一透明玻璃盆盛满水，把它放在黑布之上，在一个有白云的日子往下看水面（如果在费城能见到这样的天气），以约50度的角度观看，你会看见天空倒映在这盆水里。头偏向一边看水面，接着再把头偏向另一边看，视线不离开水面，这样你就会看见海丁格刷。别做得太快，否则你会眼花缭乱的。对这一现象的解释是视网膜的感知能力变清新了。海丁格刷总是存在的，你没看见是因为你的眼睛不够敏感。如果你能看见一次，那你总能看得见；当你不想看见它时，它也不会把自己硬塞到你跟前让你心烦。你能在黑色的布上面的玻璃中，或者在一盆水里看见它。

我要讲讲我们是如何知道光波的长度和光波的振动频率的，并以此来结束今晚的讲座，事实上我们要测一测黄光的波长。现在我要给你们看衍射的光谱。

你们看屏幕上①，在白色光带的两边，有各种颜色的光带，白色光带两边的第一条光带呈现蓝色或者靛蓝色，与中间的白色光带相距约4英寸远，红色光带离蓝色光带又有4英寸远，蓝色光带和红色光带之间是鲜艳的绿色光带。这个效果是由我手里的光栅——刻在玻璃上的每厘米有400条线的光栅——产生的。接下来我们要试的是1英寸上有3000条线的光栅。你们可以看见中间的区域，其两边各有许多光谱，一边是蓝色的，另一边是红色的。在第一个光谱中，红光距离中心的距离是蓝光距离中心的距离的两倍，这一事实证明红光的波长是蓝光的波长的两倍。

现在我要演示如何测试钠光的波长，钠光是类似于光谱（图118）里D的一种光，钠光是由有盐的酒精灯产生的。钠蒸气被加热到好几千度，它发出的光就像我们玩“抢葡萄干”游戏时把盐撒在酒精灯上发出的光。

我手中拿着漂亮的玻璃光栅，其通过李比格过程镀过银。这个光栅每英寸有6480条线，是我的朋友巴克教授的，他好心给我们带了过来。当我把从光栅反射的光转向你们，并让光束在屋里照射时，你们会看到灿烂的五颜六色。现在你们已经亲眼看到了这些从光栅反射的明亮的颜色，并且也已看到这些颜色从放有光栅的灯投射到屏幕上。现在用一个每英寸有17000条线的光栅，你们会看到第一个光谱离中间的光亮区域远了多少，也会看到这一光栅对方向或者光束的衍射有多大的改变。这是光栅的中心，

① 展示衍射的光栅投射在屏幕上的光带。

第一个光谱就在那里。你们会注意到紫光被衍射得最少，红光被衍射得最多。光的衍射首先向我们证明的无疑是光的波动理论。

你们会问为什么光不能像声音一样绕着角落传播，在这些衍射光谱中光确实绕着角落传播，它通过了这些棒，但偏转了30度，因而显示出来就是绕着角落传播的。光绕着角落传播，这种现象叫作光的衍射。用那些改造而来的仪器就能显示这种效果，并能测量光穿过其中的角度。

我会给你们展示一个测量光的波长的仪器。让我不证明就直接告诉你们公式吧。灯芯上撒了盐的酒精灯发出差不多同质的光，也就是说，波长一样的光或者周期相同的光。现在我手中拿着一个非常小的光栅，我透过这个光栅看我前面的那根蜡烛。在蜡烛后面的不远处有一根染黑了的木条，木条上有两个相距10英寸的白色标记，标记所在的线条与那根在我观察位置的线条相垂直。当我观察那个撒了盐的酒精灯时，我看见了一系列光谱。由于我有点近视，我将用这副眼镜和天生的眼睛晶状体来看远视的人不用眼镜就可以看见的东西。在那个屏幕上，你们可以看见一连串光谱。现在我直接看蜡烛又会看到什么呢？我看见蜡烛的两边分别有5个、6个颜色鲜艳的光谱。但当我看撒了盐的酒精灯时，我看见一边有10个光谱，另一边也有10个，每个光谱都是单色的光带。

我要这样测量这种光的波长。我走到很远处，看酒精灯和那些标记。我看见一系列光谱，第一条白线正好在火焰之后。我想要第一个光谱到那条白线的右边去，正好与10英寸远的另一条白线重合。当我离开那个光谱时我看见它距那条白线非常近，现在它与白线重合了。现在要测量从我的眼睛到那儿的距离，并且要把英尺换算成英寸。从光谱到我眼睛的距离是34英尺9英寸。院长先生，那是多少英寸呢？417英寸，约为420英寸。然后我们可以得到比例，光栅的线条之间的距离比钠光波长，等于420比10，即42比1。光栅的线条之间的距离是1厘米的4%，因此，根据我们简单、容易、迅速的实验，波长就等于1厘米的4%的1/42。根据最准确的测量，钠光的真实波长约为1厘米的1/17000，这与我们的实验结果相差不超过1%！

你们看到的唯一装置就是这个小光栅——一块4/10英寸宽，有着400条线条的玻璃。如果有人愿意去买一个光栅，就可以自己测量蜡烛火焰的光的波长。我希望你们当中有一些人愿意自己动手做这个实验。

如果我往酒精灯的火焰上撒盐，那么我通过光栅能看见什么呢？我只看见一束耀眼的黄光，它组成蒸发了的钠的光谱，然而从蜡烛的火光，我看见颜色精美的光谱，比你们从屏幕上看到的漂亮多了。事实上我看见蜡烛两边有一系列光谱，靠近蜡烛的是蓝色的，外边一点是红色的。撒了盐的酒精灯的火焰，正如我所说的，仅仅是黄光，所以我测量了它的光谱，但我找不到一个能测量蜡烛火焰的光谱的东西。我在蜡烛火光中看到的最高的蓝光现在正好在那条线上。从那儿到我眼睛的距离，是44英尺4英寸，或者532英寸。那么这种光的波长为四百分之一厘米的53.2分之一，即1厘米的1/21280，化为整数是1厘米的1/21000。然后测量红光，最低的红光的波长，约等于1厘米的1/11000。

最后，我们如何知道振动的频率呢？

通过光的速率。我们又如何知道速率呢？虽然由于时间限制，现在我不能解释更多，但我们可以以很多种方式知道光的速率。任何特定光线的振动频率都等于光速除以波长。光速为每秒187000英尺，但最好以千米为单位——约为1英里的6/10，那么光的速率就是每秒30万千米，或者每秒300亿厘米。现在以钠光的波长为例，我们刚刚用撒了盐的酒精灯测量过了，是1/17000厘米，并且我们发现钠光的振动频率为每秒510万亿次。你们可以自己观察，并计算频率。

最后，我得告诉你们蓝天的颜色，通过这个镶嵌在有弹性的固体里的小球可以展示这一点（图119）。我想在2分钟之内给你们解释波动的形式，以最简单的平面偏振光为例。这是在有弹性的固体中发光的小球，想象这种固体横向延伸好几英里，上下也延伸好几英里，想象这个小球上下振动。很明显，它在所有水平的方向上进行相似的横向振动。偏振光的平面是一个与振动的路线相垂直的平面。因此，由上下振动的分子产生的光，像你们面前果冻里的红球一样，在一个水平的平面被偏振，因为振动是垂直的。

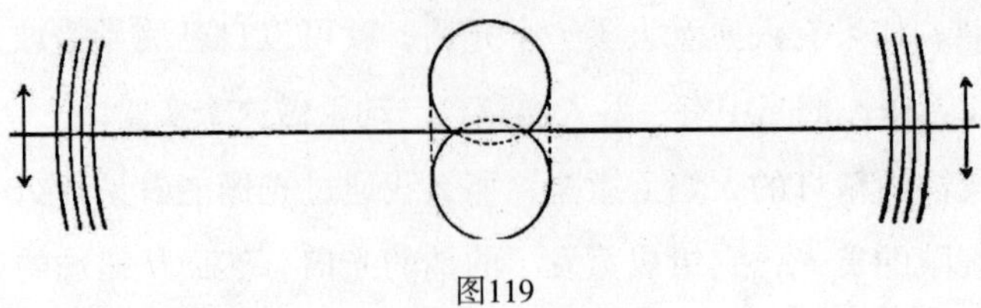

图119

这里还有一种振动方式。现在我转动果冻中的小球，小球随之产生振动，均匀地横向传播。当我转动这个小球时，果冻也随着旋转，快速地往回旋转，果冻又流了回来。振动随着果冻的惯性向各个方向传播，而且是在果冻里横向传播。数英里之内的固体都会随之振动，虽然你们看不见，但你们要知道，是有振动存在的。果冻如果往回流，便产生振动。横向振动的波纹从活动的分子处向外四散传播。

现在我使这个红球水平地来回振动，与活动的分子的运动范围垂直的平面里的运动路线和振动平行。是什么构成了蓝天？发光的小球的运动构成了天空的蓝光，但是被空气改变了一点点。想想地平线附近的太阳，想想阳光照射进来，带来头顶上的天蓝色和紫光。先想想任何一颗微粒，再想想它以这种方式运动产生的横向和纵向的、环形的和椭圆形的振动。

你们从吹进空气的高压水蒸气里可以看见蓝天，在廷德尔的蓝天实验中你们看到蒸汽压缩形成的是和天空完全一样的蓝色。

相对于那个小球，以太的运动能形成一种效果，其与那个小球在力的作用下的反向运动类似。所以，你们可以认为天空的蓝色来自于空气中物质的来回振动，就像嵌在果冻中的小球的快速振动。

一般来说，结果是这样的：来自蓝天的光线是在通过太阳的一个平面时被偏振的，但是环境使天空的蓝光变得复杂，其中一种情况是空气不仅被太阳照亮，还被地球本身照亮。如果我们能用一块黑布把地球盖住，那么我们就能以一种简单的方法研究偏振光，当然那是不可能的。事实上，自然界有非常复杂的光的反射——从海洋反射、从岩石表面反射、从山丘反射和从水域反射。

观察者不仅要在冬天地面覆盖着雪之时观察蓝天，而且也要在夏天地面覆盖着绿叶之时观察蓝天，这样有助于解释争议中的那个复杂的现象。但是天空的天蓝色是由振动的以太反应产生的光，其或许是直径为1厘米的1/50000或者1/100000的小水珠，或许是小尘埃，或许是小颗粒，或许是食盐的晶体，或许是尘土微粒，或许是飘在空气中的植物的胚芽。那什么是以太呢？它是密度比空气小很多的物质——只有空气密度数的百万兆分之一的样子。我们可以得出关于它的局限性的一些观点。我们相信它是真实的事物，有着相对于它自身的密度来说很大的硬度，它可能每秒振动400万亿次，并且它的密度小得不会对通过它的物体产生任何阻力。

回到对鞋匠的蜡的说明上来，如果一个软木浮子在一年之内能够向上穿过放在水里的那种蜡板，如果一个铅弹能够穿过蜡板到水下面去，阻力的定律是什么呢？很明显，这取决于时间。那个浮子在一年之内慢慢地向上穿过2英寸厚的蜡板，如果给它1000年或者2000年的时间，阻力会小很多，因此一个浮子或者子弹的2000年1英寸的速率，可与地球通过以太的运动速率（每年9300万英里或者每秒19英里的6倍）相比较。但是当我们面前真有一种像果冻一样有弹性，或者像树脂一样会垮掉的物质时，我们自然也有足够坚实的根据来支撑关于有弹性的以太的纯理论假说，这构成了光的波动理论。

潮　汐

——1882年8月25日晚在索斯安普敦会议上对英国协会讲座的内容

今晚我要讲的主题是潮汐，一开始我就发现要讲清这个主题是很不容易的。当有人问我要通过潮汐表达什么意思时，我感觉很难回答。潮汐和海水的运动有些关系，海水的起伏有时被称为潮汐，但我知道，在克莱德湾的海军部海图上，艾尔萨·克雷格和艾尔郡海岸之间的海域标记有“此处潮汐很小”。现在我们发现那里有足足10英尺的起伏波浪，但我们得到的官方消息依然说那里没什么潮汐。事实是，“潮汐”一词被海上的水手用来指海水的横向运动，但是住在陆地上的人或者港口的水手却用它来指海水的纵向运动。我希望我的朋友弗雷德里克·伊万斯爵士允许我提个意见，那个海图中的标记必须只为那部分海洋的水手导航。我还想说，还有种很多陆地上的人所谓的潮汐——水面相对于陆地的上下波动，虽然仅有极小的洋流。

潮汐理论的一个有趣之处是水流决定水的起伏的产生。到目前为止，水手对于潮汐运动最重要因素的观点是正确的：因为在水上下波动之前，必须有水从其他地方流过来，而且水从一个地方流到另一个地方时，必须要横向运动或者接近横向运动通过一个很远的距离。因此，潮汐的主要现象发生在潮汐水流之后，而且海图中我们用箭头标示的“此处潮汐较少”或者“这里潮汐很剧烈”指的就是潮汐水流。

在波特兰附近有一个非常有趣的例子，我们听说“波特兰民族”是一个产生于强烈的潮汐水流的民族，但在波特兰港湾，几乎没有水的上下波动。潮流那么少，很令人疑惑，似乎海水不知要流往哪里。海水有时上升、下降，似乎也在思考这个问题，一会儿后再次上升。波特兰的涨潮对于南安普敦的人来说是很有趣的，因为南安普敦有双高水位，而在波特兰有双低水位。似乎整个海峡都是双高水位。在勒阿弗尔，还有勒阿弗尔出口的沙滩上，都有对水上运输非常有用的双高水位，但我相信南安普敦比英国其他所有城市在这一方面的条件都更便利。南安普敦足有三个小时的高潮，水位在第一次高潮后会下降一点点，在接下来的一个半小时或两个小时内，又会上涨得更高一点点，然后潮落。

我会尽量再次提到这个话题。引起这种现象的不仅是怀特岛，这个影响向东远及基督城，与波特兰相反，我们这里有着勒阿弗尔两倍或者更高的高潮，因此很明显不是像我们想象的那样，这种现象并非仅由怀特岛引起。

什么是“潮汐”？“浪潮”是潮汐吗？报纸上所谓的“浪潮”有时会出现几分钟，造成巨大损失，然后又平息，平息过程较缓慢。世界各地频频出现那种浪潮。然而，那种水的运动并非潮汐，而多由地震引起。但我们习惯把水的持续时间不太短的上下波动称为潮汐，当我们站在堤岸倾斜的、有长期海浪的海岸线上，看见那些海浪使海水渐渐下降和上升，我们会认为那是波浪，而非潮汐，直到出现一个非常慢的波浪，那时我们会说“那更像是潮而非波浪”。事实是，在那种波浪的运动中有某种持续的东西，从玻璃琴里最小周期只有1/1000秒的波纹，到索伦特海峡周期是1秒或者2秒的“激荡的海面”，再到有着15秒到20秒周期的巨大的海浪，都是我们所谓的波浪而非潮汐（图120）。任何周期明显比波浪周期更长的水体的上下起伏，或者从最低水位到最高水位更慢的上升，我们称之为潮汐。用

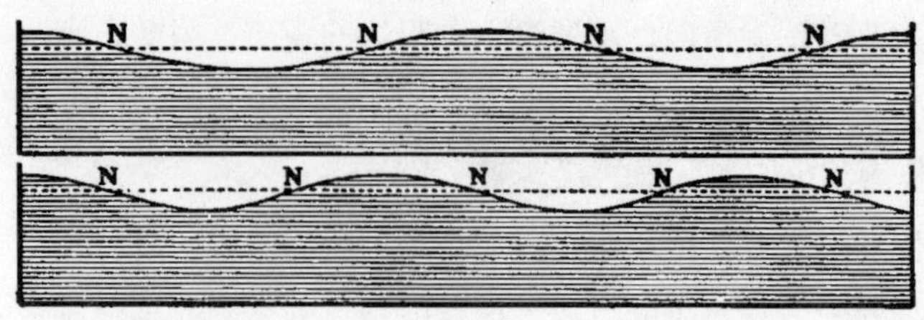

图120

潮汐分析法分析并计算出结果的一些现象，就实际而言，与其说是潮汐，不如说是风浪。

暂时不说这些复杂的问题，我要打断一下，不予证明那就假定一下我的原因，并用原因来定义这个现象。我要这样定义潮汐：潮汐是由于太阳和月亮的吸引而产生的地球上水体的运动。我不能说潮汐是由太阳和月亮的作用而引发的运动；因为这样的话，我就能把使水塘微动的波纹，索伦特海峡或者英吉利海峡的波浪，大西洋里的长长的风浪和每年一次的、从一个半球到另一个半球然后再回去（就是潮汐观测中的谐波抑制）的巨大洋流统统归结到潮汐的标签之下。而对于洋流，我只能用太阳的热去解释其原因。

但是当太阳的热量通过风引发水波和各种波浪时，也会产生图示的高浪（图121）。假设风从水域的一边吹过，风会使水面产生波纹，如果风很强烈，就会起浪，结果风在水面产生了一个巨大的沿着切线方向的力，如果一艘船在有很强切向力的水面上行驶，那么就会发现，以侧风行驶的大船尾部的水沿背风方向快速流过很长一段距离，就像在海面航行的船的高高露出的船体给风提供大面积的作用点一样，所有涌起的波浪都高出水面，沿着喧嚣大海的整个表面我们就有一个横向的切向力。结果海面上的水从海洋的一边被拉动到另一边——从大西洋的一边到另一边，并在风吹的方向上越积越高。为了了解这一现象的动力学知识，想想一条又直又长的运河，有风沿着它纵向吹拂。风在水面上沿切向方向产生的力随着风速的增加而增加，在这个力的作用下，水将在运河的尾端积聚起来，如图所示（图121），整个运河表面的水都是沿着风的方向在运动——图中用在水面之上和水面下的两个箭头表示，但是要恢复被打乱的静体流力学的平衡，被积聚起来的水将流回原来那一端，由于风吹起的表面的水流会阻止这一运动的发生，回流就会沿着运河底产生，方向与风向相反，如图中最低的箭头所示（图121）。然而，海洋中的回流并非总是在水流之下，有时是在边侧回流。因此一阵超过维度为10的风将会引起水面的水的运动，但是回流并不一定是在水下的，也可能是在被风影响的海域的一边或者另一边。例如，在地中海有一股强劲的东风沿着非洲海岸线吹，其结果是沿着那一海岸线的从东往西的潮流以及沿着地中海北海岸的回流。

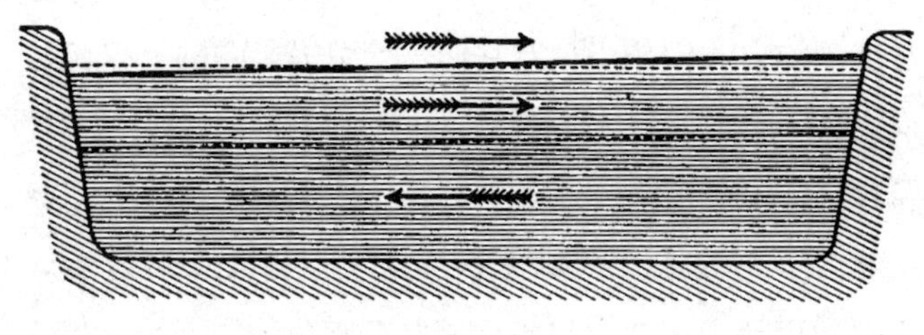

图121

这些运动产生的水的上下波动几乎是与真实的潮汐的上下波动联系在一起的，不可分割。

还有一种波动，也是与太阳的热效应联系在一起的，我不把它称为真正的潮汐，因为它是由于气压的改变而形成的。当一大片海域的气压很高时，静体流力学平衡的趋势会使水位更低。由于气压高的水域的水被更重的空气压下去了，气压低的水域的水位就会更高。并不是所有低气压的水域都遵循这个规律，因为那样的地方可能没有时间产生那种效果，只是有那种倾向。大家都知道，两三天的低气压会在海岸线产生更高的潮水。在苏格兰、英格兰和爱尔兰，两三天的低气压一般会在海岸一带产生比高气压的时候更高的水位。这种效应在潮汐高水位时尤其常见，因为人们对低水位不太注意——就像在波特兰，人们对双低水位也不会想太多。因此我们连续不断地听说气压较低时涨潮较厉害——非常高的水位。然而，我们并非经常受到气压低时巨大浪潮的影响。反过来，也有些奇特的现象。有时，当气压计显示气压很低、附近有大风时，浪潮很少，因为水一直在积聚。恐怕我已经离题了，由于这些问题我讲不完，我还是回到正题上来好了。

现在想想我对潮汐的定义，另外，想想太阳。太阳的作用不能被定义为引发太阳潮的原因，太阳潮是因为太阳的作用，但并非所有因为太阳作用的水的波动都是潮汐。确实有受太阳影响的潮汐，如平均太阳日潮，其有着24小时日照时间的周期，它和我刚刚提到的气象学的潮汐密不可分——那些受太阳热、风向的变化、一天中气压计显示的即时气压的变化影响的潮汐。结果，当我们分析潮汐中的太阳潮时，我们无从知道有多少分析结果应归于吸引力，有多少应归于水或是空气，或是被空气影响的水。至于月球潮汐，我们相当肯定它们是受引力影响的，仅仅是引力的影响。但我希望在后面讲讲对月亮和天气、月亮与潮汐的关系的假设。

我已经对潮汐下了定义：地球上的水体由于太阳和月亮的吸引力而产生的运动。根据这一定义，我们怎么辨别观察到的水体运动是不是潮汐呢？只需要把理论和观察结合起来。如果有充分的依据使人相信水体的那种运动是由于太阳的吸引力或月亮的吸引力，或两者同时的吸引力，那我们就得称之为潮汐。

回顾古代关于潮汐的知识，我发现在加的斯，公元前200年就有对潮汐的清晰记录，这真值得我们好奇。但是罗马人一般只知道地中海，对潮汐的了解却甚少。在那以后很久，我们从古希腊的作家和探险家——波西多尼斯、斯特拉博和其他人——那里听说，在世界遥远的地方，极北之地、大不列颠、高卢，还有西班牙遥远的海岸上，有海水的运动——海水的上下波动，它在某种程度上受月亮的影响。尤利乌斯·恺撒懂一些潮汐知识，但是很明显，在恺撒大帝从地中海出征镇压不列颠的混乱时，罗马海军没有给船长们提供潮汐表。恺撒谈到他们在不列颠着陆后的第四天时说："那晚是满月之夜，惯常来说海水会大涨，可是我们的人都不知道。"然而他的部下当中有些人是知道的——有些舵工曾经在英格兰生活过，虽然他们知道，但是罗马海军的纪律规定那些人没有权利显示他们的知识，因此，尽管一场暴风雨汹涌在即，但没人告诉恺撒，夜里涨的水比平时涨的水会高很多，他们与英国人交战时，没有采取任何措施保证他们岸上交通工具的安全。后来无疑有人告诉恺撒大帝：“哦，我们事先就知道，但是即使我们说了，也没人听。”

斯特拉博说：“月出不久之后，海水开始高涨，然后汹涌澎湃，直到月亮升到天空中间。当月亮下落时，海水也开始退去，直到月落时分，那时水位最低。当月亮从地平线以下落到另一半地球的天空中间时，海水又开始涨。”仅仅参考月亮来描述潮汐是很有趣的。但是斯特拉博古老的记述不止这些，他还引用波西多尼斯的话：“这是海洋每日的回流。不仅如此，潮汐还有每月的规律。据此，水最汹涌的波动都在新月时发生，然后渐渐减少，到半月之时，再增长直至满月。”最后他提到传闻中的加迪达尼的报告——关于海水每日上下波动量的年周期，内容似乎不完全正确，而且有一部分已被证实是猜测的。当然，他没有给出理论，并且避免了涉及太阳的难题。但仅仅是对年周期的提及，在潮汐理论的历史上也是很有趣的，它表明水的上下波动不仅与月亮有关，而且也和太阳有关。现在加的斯所发生的现象与波西多尼斯的描述一致。在很多地方，相反的情况也是真实的，但是在加的斯，海水在新月和满月时的高潮时间都是接近12点。我们只有用定义来与模棱两可的错误划清界限。被我们称为潮汐的海水运动取决于月亮这个观点，即使在伽利略看来——他在著名作家开普勒的作品中读到这个观点的时候——都深感遗憾，并认为这是可悲的神秘主义。

确实，想避而不谈理论是不可能的。首先提出理论的是牛顿，我现在要试着充分讲解这一理论，这样，在我们处理潮汐现象所表现出来的某些非常复杂的问题时，判断我们所关心的力就有了理论基础。

我们想象月亮在吸引着地球，这取决于不同的物体彼此间施加的力。我们不使用黑格尔的理论——地球和行星不是像石头一样运动的，而是像受到祝福的诸神一样独立运动的。如果黑格尔在他关于太阳系的观点里有那么一丁点哲学气质，那么牛顿关于潮汐理论的观点就全是错误的。牛顿研究了太阳对地球和月亮的吸引力、地球对月亮的吸引力、地球各部分的相互吸引力，并把这问题遗留给卡文迪什，卡文迪什通过展示天平里的两块铅的吸引力来完成对重力的发现。牛顿引力理论中的潮汐理论是与庞大的哲学体系的强有力的链接。在解释引潮力时，我们遇到一些微妙之处以及一些物理天文学的因素。我不会来解释细节，因为这对于那些已经懂得潮汐理论的人来说没用，而对那些不了解潮汐理论的人来说又不可理解。

我或许会说月球吸引一个物体——比如说地球上的一个1磅重的物体，我们把地球的吸引力与这个吸引力相比较。月球的质量是地球的1/80，月球距地球中心的距离是我们距地球中心距离的60倍。牛顿的重力学理论表明，当你脱离地面时，1磅的物质因此而受到的吸引力，不管地球是一个庞大的球体还是所有质量都集中于地心一点，对其他物质的吸引力都是一样的。这个力会与距中心距离的平方成反比。就一般理论而言，同样的规律也适用于月球的吸引力。因此，月球对这个1磅重物体的吸引力是地球对同样重量物体的吸引力的1/（80×60×60）即1/288000。但这不是引潮力。月球吸引地球表面离它最近的物体，它对这些物体的吸引力大于它对地球中心的同等质量物体的吸引力，对更远一些物体的吸引力更小。想象地球表面的这么一个点，月亮就在其之上，再设想过这个点的直径在地球另一头的那个点（如图122中的*B*和*A*），月球吸引最近的点（*B*）的力大于月球吸引较远的点（*A*）的力，这两个力的比例是61的平方比59的平方。因此，月球对最远物体的吸引力与对最近物体的吸引力的差异，等于月球对地球中心相同质量的物体的吸引力的1/15，或者是地球对在地表同质量物体的吸引力的约1/4320000，或者是大约1/4000000。因此，水倾向于往月球的方向和远离月球的方向突出。如果用一根硬条把月球和地球固定在一起，水会被吸到离月球最近的一边——被吸引到好几百英尺高的惊人水位。但是地球和月球并不是这样被联系起来的。我们可以想象地球往月球方向落去，月球往地球方向落去，但并没有变近。事实上，这两个天体是绕着它们共同的重力中心旋转的。最靠近月球的那点似乎已经被拉扯脱离了地球，但结果是离月球最近的点和离月球最远的点的表面重力相差仅约1/4000000。在圆圈中间的*C*点和*D*点（如图122所示）之间，存在一个颇为复杂的运动。由于那个运动，引力增加了约1/17000000，引力的方向也改变了约1/17000000，因此，一个长度为17000英尺长的钟摆或一个比从勃朗峰峰顶到海平面还长的铅垂线，如果可以真实反映月亮干扰的力量，将会偏转1/1000英尺的空间。似乎用一个铅垂线来展示月亮对重力的影响是不太可能的。用弹簧秤表明强度的变化、用铅垂表明方向的变化，这些都是可以想象的，但是我们很难相信这两者能被创造出来，而且显示这些结果需要很高的精确度。

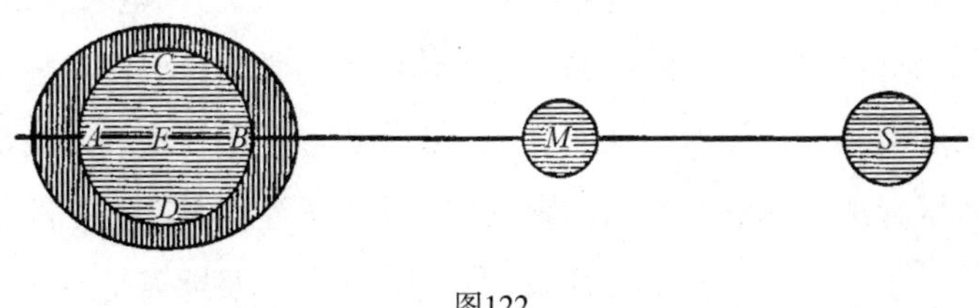

图122

乔治·达尔文先生和霍勒斯·达尔文先生做出了非常严肃而坚持不懈的努力来测验重力由于月亮的干扰产生的变化，他们还制作出了装置来进行观察，即使是那些最细微的现象也能被精确地显示出来。但当他们拿出精心准备的钟摆——长度约为普通秒摆长度的铅锤（他们精密的放大装置将这一底端的运动放大了百万倍，这个装置在一块感光板上通过一束光的反射来显示结果。），他们发现那个细小的图像在感光板上不断地前后运动，不协调也不规则。他们得出结论，重力有频繁的局部变化。但我们还不知道它的规律，这一变化比他们寻找的月亮的干扰所带来的变化大得多。他们发现了地球表面的持续运动，虽然这并非他们观察的主要目标，但比起他们苦苦寻找而没有结果的目标来说，这还有趣一些。因此，只有严密地观察我们才可能取得丰硕的成果。米尔恩、托马斯·格雷、尤因以及意大利的许多严谨的观察家们已经以一种非常科学和精确的方式观察到了这些干扰和地震相关联。所有这些观察结果在表明地球上各地持续的振荡和颤动方面都一致。

现在我将介绍另一个现象，这一现象被福雷尔称为湖震。他描述起这个现象，就好像他是在日内瓦湖和康士坦次湖中观察到的一样。他把这些归结于湖两端的气压计显示的不同气压，而且那个现象可能也部分受此差异的影响。但是我认为，并非一切都由于这个差异。波特兰和其他一些地方的潮汐曲线，比如10年前由库珀先生提出来的著名的马耳他潮汐曲线，还有大西洋沿岸和其他地方的观察结果，都表明了这些现象的部分特征。仔细观察用验潮仪绘制的曲线上的一个小波浪或者狂风大浪，它们都表明了不规则的变化，但其都以20分钟或者25分钟为周期。有人提出，这是由电的作用导致的。每当一个事物的起因不明时，人们都会用电来盖棺定论！

我很愿意给你们讲讲潮汐的均衡理论和动力学理论，但我恐怕只能说有那样的理论。拉普拉斯在他的名著《天体力学》中首次表明均衡理论完全不足以解释那些现象，并给出影响它们的力学作用及其真正的原则。引潮力必然产生的影响是使水往月亮和太阳的方向以及远离月亮和太阳的方向凸起。当它们在同一直线上时，就能形成规则的椭球体。如果仅在月亮的作用下，最长的半径比最短的半径约长2英尺；如果仅在太阳的作用下，最长的半径与最短的半径相差1英尺；当太阳和月亮同时作用时，这个半径差为3英尺（如图122和图123所示）；当它们交叉作用时，半径差为1英尺（如图124和图125所示），这样就产生了相反的效果。这些图示展示的是朔望大潮和小潮，地球E周围的阴影，表示笼罩着地球的水体。“neap”（小潮）一词的来源引发了不少争议，它似乎是一个安格鲁撒克逊词汇，意思是“狭窄的”。“spring”一词就和“spring up”（“雨后春笋”）里的“spring”一样。我清楚记得在爱丁堡的英国协会会议上，一个法国成员提到“朔望大潮”时，说的是“grandes marées du printemps”（“春潮”）。或许你会发笑，但他是相当正确的，因为比起其他时间，朔望大潮在春天最汹涌。这一类推就此停止，因为在秋天也有很高的朔望大潮。这两个词语是同源的。小潮是狭窄的潮汐，而朔望大潮是瞬时到达较高高度的潮汐。

潮汐的均衡理论是描述潮汐现象的一种方法。我们说，如果按均衡图，水将是怎样怎样的。水并没有像我们在示意图（图122 ~ 图125）中所

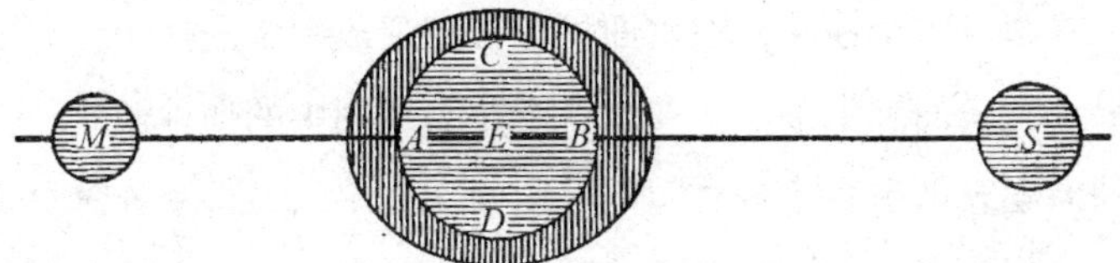

图123

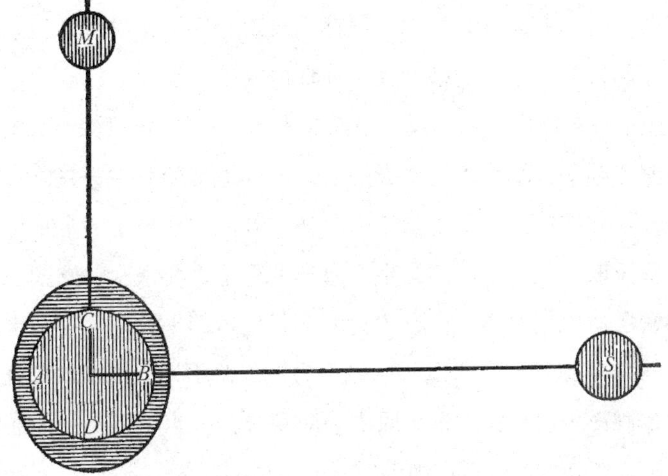

图124

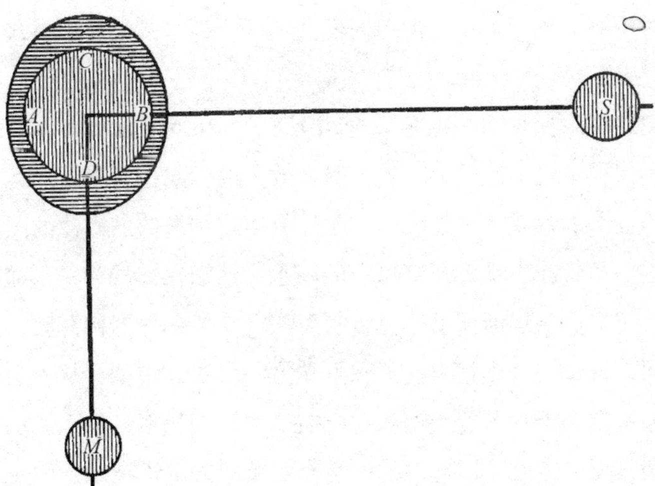

图125

表现的一样覆盖整个地球，但水面可以被想象成图中的样子，只要有水，而且如果地球表面被水覆盖，那水就会是平衡图中的那种模式。但这里有个复杂的问题，即水各部分之间的吸引力。如果水在整个地球上流动，这个吸引力必须被考虑在内。如果我们想象水的密度非常小，以至于与地球的吸引力相比，水自身的吸引力可以忽略不计，这样，我们才想出了均衡理论。但是另一方面，如果水和地球的密度相同，结果将是固态的核也会随时漂浮起来。如果水的密度大于地球的密度，那我们连潮汐都不用考虑了。想想地球表面覆盖着一层水银而非水——一层1英尺深的水银，固态的地球会漂浮起来，结果密度更大的液体流到地球的另一边并以一定深度将其覆盖，这样就使地球似乎是浮在海洋以外。这解释了一个奇特的结果，就连拉普拉斯都困惑不解的结果：海洋的稳定性要求水的密度小于固态的地球的密度。但把海洋当作有重力的水，地球的平均密度仅为水的密度的5.6倍，这不足以使水和水之间的吸引力被忽略不计。由于水自身各部分间的引力，潮汐现象比没有这个吸引力时更剧烈一点。但是我们通常所谓的均衡理论是忽略这个因素和固态地球的变形的。

为什么水不遵循均衡理论呢？为什么有的地方的潮水有20英尺、30英尺或者40英尺高，而另外一些地方的潮水仅有2英尺、3英尺高呢？因为水在12小时中没有机会采取平衡图的模式，因为当水接近那种模式时，水很快就流过去了。

你们想想水槽里水的振荡。这幅图（图126）可以帮助你们理解潮汐效应是如何被水的惯性的力学效应明显放大的。水持续不断的运动阻止了水采取均衡图的模式。（他展示一张标有英吉利海峡的潮汐的图，从图上可以看出，尽管在多佛有21英尺高的潮水，然而在波特兰，水却很少上下波动。）想象一条运河而不是英吉利海峡，一条起于多佛海峡，止于兰兹角的运河，设想一个干扰力使水积聚在另一尽头，水就会从一头振荡到另一头，如果这个干扰力的周期和自由振荡的周期相似，那么波动将会远远超出均衡作用的范围。因此多佛的水有21英尺的上下波动。波特兰的水的上波动显示在图（图126）的最上边。因此，多佛的高水位在兰兹角只能

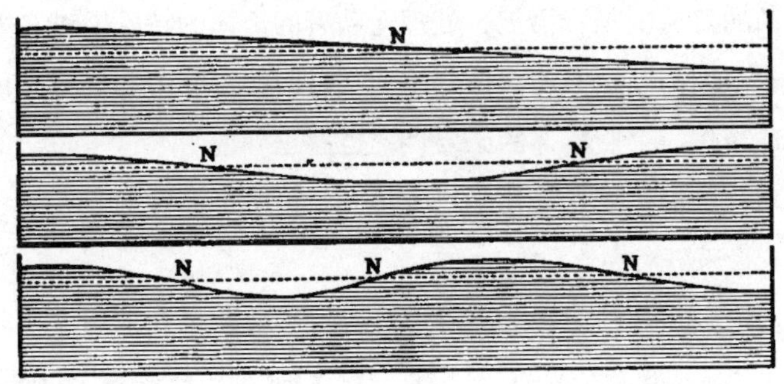

图126

算低水位，可以说，水在从波特兰到勒阿弗尔这条线上（图中用N表示）起伏，而非一根直接从一头到另一头的线，因为在海峡另一头情况相当复杂。

在多佛的高潮时期，英吉利海峡几乎没有潮流。当多佛的水位开始下降，潮流才会流经整个英吉利海峡向西而去。在多佛的潮中旬，潮水在英吉利海峡的流速最快。这是海军上将比奇最先发现的。

我希望我有时间给你们讲爱尔兰海峡类似的潮汐理论。水沿着英吉利海峡到多佛，再沿爱尔兰海峡到马恩岛周围的海盆，并将之填满，途经爱尔兰海峡在金蒂尔岬角和爱尔兰东北海岸线之间的北入口，水从金蒂尔和拉斯林岛之间的海峡涌入，注满利物浦湾和马恩岛周围的海域。潮水从北而入，往南流经英吉利海峡，在利物浦盆地与从南入口进来的潮汐流汇合，这导致利物浦的高潮时间在半个小时以内，在这段时间里，英吉利海峡的北部和南部都没有潮流。

我想给你们念一念最近皇室天文学家对拉普拉斯关于潮汐的著作的赞誉。

艾里称赞拉普拉斯时说道："如果现在我们不考虑研究的细节，只考虑总的计划和目标，我们得让这一项研究名列过去那个时代里最伟大数学家的最杰出的成果之一。要认识这一点，读者必须考虑以下四个事实：第一，作者的胆识。作者清楚地知道他的前辈们在方法上有显而易见的瑕疵，但他依然有勇气继续研究该课题，他所倚仗的，不过是一些基本正确的根据（然而，从后面的推测来看，这些根据是有局限性的）；第二，处理液体运动的普遍困难；第三，处理运动着的液体的特殊困难，尤其是处理覆盖在非平面的凸出面的液体；第四，高明的洞察力和技巧。他能够察觉到把地球当作一个旋转体的必要性，也有正确地引入这一想法的技巧。在我们看来，这最后一点，比起对木星和土星不平衡性的夸大解释，更能给学者本人带来好名声。”

潮汐理论必须和潮汐观测同时进行。仪器会测量和记录任何时候的水位高度，并会显示观测结果[①]。这里有一台这种仪器——验潮仪（图127）。

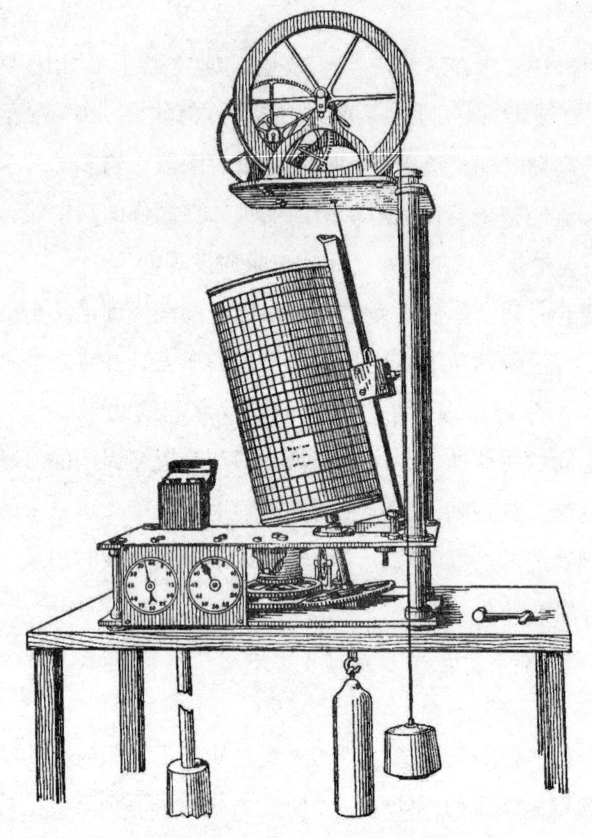

图127

① 这篇演讲所提及的各种仪器和潮汐曲线在论文《验潮仪、潮汐谐波分析仪和潮汐预报仪》中有详细介绍，该论文于1881年3月1日在美国土木工程师学会宣读，并发表于他们当时的《会议公报》中。

那个浮标是用薄铜皮制成的，并由一根铂金线悬挂着。浮标随着水的上下波动而产生的纵向运动，被一个小齿轮和轮盘以缩小的比例传输到一个带有记号笔的结构，或者说划线器。记号笔在记录纸上记录曲线，记录纸卷在卷筒上，卷筒通过时钟，每24小时转动一圈。卷纸筒类似比萨斜塔的结构，其以及划线器和浮子之间极其简单的连接，使这个装置成了一个新奇事物。这个验潮仪和格拉斯哥的皇后码头入口处记录克莱德河河水上下波动的仪器很相似。这种观测仪一周测得的记录曲线都在这张纸上（图128）。

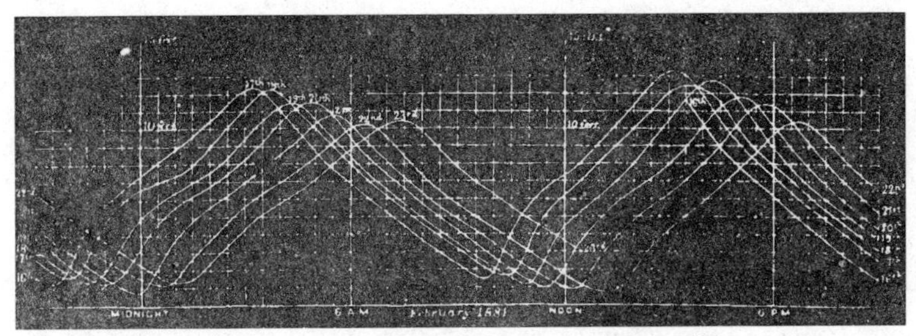

图128

得到观察结果后，下一步就是使用这些结果。迄今为止，对这些观察结果的使用要依靠烦琐的计算工作。我手中拿着英国潮汐委员会最新的关于潮汐谐波的分析报告，这是在英国协会持续的补助下，长约8年辛勤工作的成果。印度政府已为其各大海港继续进行潮汐谐波分析。印度政府当局发布的“1882年印度港口潮汐表”表明，对以下港口潮汐谐波的分析研究正在进行中，即亚丁、卡拉奇、奥哈点和卡奇湾入口处的贝特港、孟买、卡瓦尔、贝布尔、勃本帕斯、马德拉斯、维萨卡帕特南、珍珠港湾、格洛斯特堡，和胡格利河上的加尔各答、仰光、毛淡棉，以及布莱尔港。罗伯茨先生是第一个被英国协会委任计算潮汐数据工作的人，他已经被请去为印度政府工作。最近，印度本国的一些计算工作人员在梅杰·贝尔德的带领下，已经采用罗伯茨先生为英国协会工作的方法和形式来计算①，其目标是找出不同的潮汐组成要素的数值。我们想从海洋的整个上下波动中将太阳的影响、月亮的影响分开，将月亮的一部分影响和月亮的另一部分影响分开。由月亮的位置决定的复杂状态——赤纬潮，取决于月亮是否在赤道平面上，以及太阳的位置。因此，有全日赤纬潮。当月亮在北赤纬（如图129所示），（均衡理论里）月球正午的水位比月球午夜的水位还高。高潮在高度上的差异以及由于太阳没有在地球的赤道平面上形成相应的太阳正午潮汐和太阳午夜潮汐，它们一起组成了月亮和太阳的全日赤纬潮。夏天，正午高潮可能比午夜高潮的水位高，因为在正午，比起地球背面的地区，头顶的太阳离我们更近。

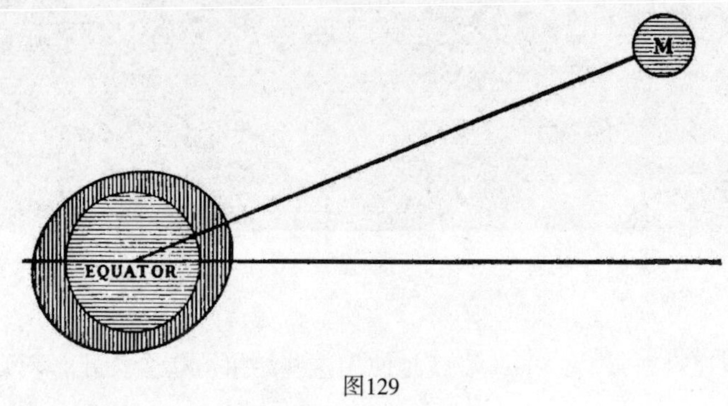

图129

幸得弗雷德里克·伊万斯爵士的允许，我才可以把这些曲线图展示给你们看，这些图是由英国海军部水文地理部的皇家海军上尉哈里斯画的，画的是从1877年1月1日到12月31日，皇家公主港、乔治王湾、西澳大利亚州的海域的潮汐波动，还有从1877年7月15日到1878年7月23日布罗德海峡、昆士兰州、澳大利亚的水域的潮汐波动。请看这一张，它是澳大利亚的东北角的潮汐波动图。好几天里高潮都是在正午。当潮汐值得我们注意

① 1887年9月17日的注释。对于潮汐谐波的分析，请参阅梅杰·贝尔德的《潮汐观测的说明手册》，该书于1886年由泰勒先生和弗朗西斯先生在伦敦出版，还可参阅英国协会委员会的报告《关于潮汐观测结果的谐波分析》——威廉·汤姆森。

时，高潮都发生在正午。不在正午时的潮汐很小，小到没有人注意。这样看来似乎潮汐不受月亮影响，但事实并非如此。当我们仔细看时，发现如果正午的潮汐较汹涌，那夜的月就是一轮满月，否则就是新月；如果潮汐很小，那么月亮就是半圆的；当潮汐最小时，高潮六点出现。昼夜高潮的区别很大，它们的区别被称为全日潮。这幅曲线图以更小的比例尺体现出了类似的现象。这幅曲线图是第一台潮汐预报仪测绘出来的。在某个时间点，两个高潮水位变得相同，两个低潮水位却很不相同。

谐波分析的目的，是从验潮仪绘制的复杂的曲线图中分析出最简单的谐波元素。简谐运动可以被想象成一个物体在一条直线上简单地上下运动，和钟表指针的末端一样，始终如一地做圆周运动。潮汐中非常复杂的运动可被分析为一系列周期、振幅或运动范围不同的简谐运动，这些简谐运动组合在一起便构成了复杂的潮汐运动。

迄今所有的工作都要靠纯粹的计算来完成，但是如此有条理的计算，应该让一台机器来完成。潮汐谐波分析仪运用了詹姆斯·汤姆逊教授的“圆盘-球-圆筒”积分器，用于谐波分析所需要的积分赋值。在1876年和1878年，在詹姆斯·汤姆逊教授和另一位学者交流的数篇论文里，他们向英国皇家学会详尽描述和解释了机器的原理和主要的细节。这些论文发表于那几年的会议录[①]，还同1879年4月汤姆逊和泰特的《自然哲学》的第二版附录B的一个附录一起发行过。它是现存对这些交流最后所提及的机器进行描述和解释的文献，该机器是迄今为止唯一一台潮汐谐波分析仪。然而，值得一提的是，普通气象学现象中更简单的谐波分析所需要的构造较简单的类似仪器，已经被气象委员会制造出来了，现在正在工作室里有条不紊地运转着，在R. H.斯科特先生的监督下对气象观察的结果进行谐波分析。

图130展示的是在作者的指导下并在英国皇家学会资助基金会的资助下制成的潮汐谐波分析仪（的11个曲柄）。这仪器的11个曲轴分工如下：

① 请参看本套书第24卷的第262页和第27卷的第371页。

曲柄	目　标	标示字母	速 度
1和2	发现平均月亮半日潮	M	2（$\gamma-\alpha$）
3和4	发现平均太阳半日潮	S	2（$\gamma-\eta$）
5和6	发现日月全日赤纬潮	K_1	γ
7和8	发现更慢的月亮全日赤纬潮	O	（$\gamma-2\alpha$）
9和10	发现更慢的太阳全日赤纬潮	P	（$\gamma-2\eta$）
11	发现平均水平全日赤纬潮	A_0	…

该仪器的大致结构可以从图130中看到。背面靠中间的大圆环仅仅是一个计数器，用以计数闰年周期中四年里的年月日。它由一个连接在中间轴上的螺纹管驱动，有一个齿轮与太阳柄上的另一个齿轮相连接。正面的中间是太阳柄上的纸卷筒，以对应12个平均太阳时的周期运转。在最左边，第一对圆盘，还有球和圆筒，它们之间的直角里有曲轴与曲柄，驱动着它们的两个十字头，对应于K_1，或者日月全日潮。旁边那对圆盘、球和圆筒，对应于M，或者平均月亮半日潮——这是所有潮汐中的主要类型。下一对位于带着纸卷筒的总轴的两边，对应于S，或者平均太阳半日潮。右边第一对对应于O，或者月亮全日潮。右边第二对对应P，或者太阳全日潮。最右边的那个圆盘仅仅是詹姆斯·汤姆逊教授的“圆盘-球-圆筒”积分器，用于测量经过机器的曲线的面积。

测量M和O两种类型的潮汐的闲置轴分别在前面中间的左右两边，测量K和P类型潮汐的另外两个长轴在后面，因此看不见。测量P类型潮汐的轴也是为最右边的简易积分器服务的。

那个中空的大大的黄铜方手柄，横在机器上边，牢牢地装有11个叉状部件，指向下面，在一个支架和小齿轮之间的范围内来回移动，通过前面中间偏右一点的纸卷筒上的手柄和轴来推动。11个叉状部件中的每一个，分别转动11个球（构成这个机器的11个“圆盘-球-圆筒”积分器）中的一个。前面中间左下一点的另一个手柄和轴，以一个合适的速度，通过一个螺旋管慢慢推动着测量太阳潮汐的轴，并经过它，推动那四个闲置轴和另外四个测量潮汐的轴。

要运转这个机器，操作员须用左手转动驱动柄，右手转动跟踪柄，跟踪柄又带动叉状部件。操作员的左手须以几乎恒定的速度，一直往同一方向转动，因为这样方便其右手以相反的方向，用铁制的指针在纸上绘制潮汐曲线。纸被卷筒带动，指针在纸上来回运动，纸卷筒转动的速度与操作员左手的速度成比例。

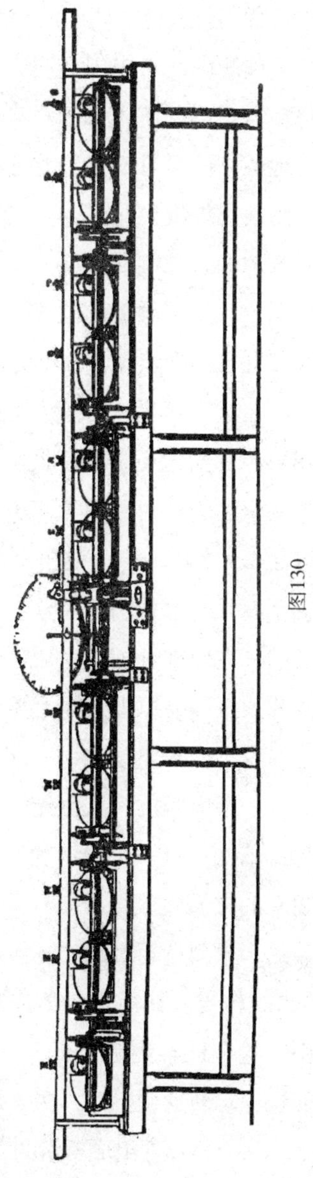
图130

每一次操作开始，圆盘前面圆筒的11个小计数器都要归零，操作当中计数器不时都要被取数，以提供11个积分的值，作为那个时候的特定值，这一机器的目的就是得到那些数值。

第一工作模式谐波分析仪被当作模型，也被当作气象分析仪，现在正在气象工作室里工作，正在你们眼前。它有5个“圆盘-球-圆筒”积分器，以1∶2的比例装有轴系。因此，英国著名的《海军部指南针手册》里的谐波表达式“$A + B\sin\theta + C\cos\theta + D\sin2\theta + E\cos2\theta$”中的系数“$A$、$B$、$C$、$D$、$E$”就由这一机器根据铁船上罗盘的偏离曲线来决定。

我设计制造的第一台潮汐预报器，在1876年南肯辛顿的科学仪器汇编目录中有描述，那台机器本身被英国协会放在南肯辛顿博物馆展览，它现在还在那里。第二台以相同原理制造出来的仪器在伦敦，罗伯茨先生正在用它为印度各港口分析潮汐。他的工作成果包含在“印度港口的潮汐表”里，在表中，我们首次有了印度的14个港口出现潮汐的时间和高潮、低潮的高度。

预测印度、中国、澳大利亚的海域的潮汐比预测英国港口的潮汐要难得多。“英国海军部潮汐表”为英国港口提供所有必需的信息，但是世界其他地方的全日潮是如此之多，以至于我们的工作变得非常复杂。最完整的图表是能提供每天24小时内每个小时的水位高度的，至今无人冒险给世界各地的海域制作这样一张表格。但是对于较为复杂的印度海域的潮汐，从潮汐预报器绘得的曲线中，我们可以得到印度潮汐表中提供的信息，这些信息也的确能预告24小时内任何时刻的水位高度。

在这台机器上，我所使用的机械方法主要来自于Rev. F.巴什福斯。1845年，当他还是剑桥大学圣约翰学院的文学学士和研究员时，他在1845年一个名为“对寻找数字方程根和跟踪各种有用曲线的机器的描述”的交流会——英国协会（剑桥）会议的A节上阐述了这一机械方法，这在英国协会年度报告里曾引起关注。1869年罗素先生在英国皇家学会的交流会上也对同一主题进行了阐述，题为“关于曲线的机械描述”①，其中包括一幅和潮汐预报器的原理大体上类似的仪器的图画，3号潮流预测仪采用的就是这个原理（如图131所示），现在就摆在你们面前。

一根绳索的一头固定，绳索穿过一个滑轮，再从另一个的下面穿过，如此依次穿过一个个滑轮。曲轴带动这11个滑轮上下移动，每个滑轮以其运动的方向收放绳子。这些曲柄都是由与固定在驱动轴上的11个轮子相连接的一系列齿轮带动的。所有齿轮中最多的齿数为802，与另外一个齿数为423的相接。其他齿轮的齿数相对较少。如果再装上一块铁铸的底板和背面，这个机器就完成了。一个惯性很大的飞轮使我能够不用猛拉滑轮，也能快速运转这台机器，在大约25分钟以内就打印完一年的潮汐曲线。这机器是用来分析15种组成要素的，除此之外，还有一个是分析长周期潮汐的。

下面的表格显示出这些齿轮齿数的选择依据，这些数据精确得犹如天文学的数据。

① 载于1869年7月17日英国皇家学会会议的记录（请参看本套书第18卷第72页）。

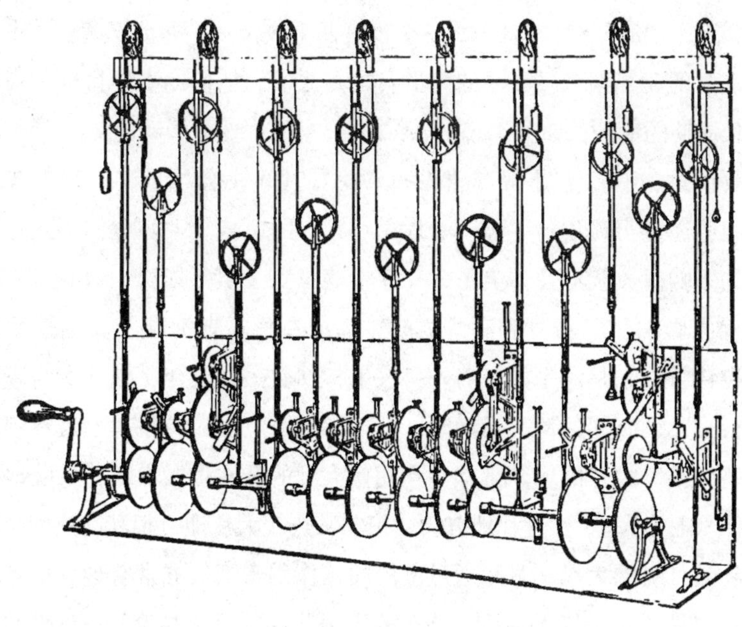

图131

潮汐成分	每平均太阳时程度速度		机器角度损失	
	准确数据	机器数据	每平均太阳时	每半小时
M2	28o.9841042	15 × 485/251= 28o.9840630	+0o.0000412	0o.180
K1	15o.0410686	15 × 366/365= 15o.0410959	- 0o.0000267	0o.117
O	13o.9430356	15 × 343/369= 13o.9430894	- 0o.0000538	0o.237
P	14o.9589314	15 × 364/365= 14o.9589040	+0o.0000242	0o.119
N	28o.5284788	15 × 802/423= 28o.4397163	+0o.0000133	0o.059
L	29o.5294788	15 × 313/159= 29o.5283018	+0o.000177	0o.78
v	28o.5125830	15 × 230/121= 28o.5123966	+0o.0001864	0o.82
M S	58o.9841042	15 × 230/121 × 271/131= 58o.9836600	+0o.000444	1o.95
μ	27o.9682084	15 × 468/251= 27o.9681275	+0o.0000809	0o.36
λ	29o.4556254	15 × 487/248= 29o.4556451	- 0o.0000197	0o.087
Q	13o.3986609	15 × 410/459= 13o.3986928	- 0o.0000318	0o.14

今天（1882年8月25日），一个仅有两个成员——乔治·达尔文先生和剑桥大学的亚当斯教授——的委员会被委派了，他们的主要目标之一就是调查长周期的潮汐。

我说过，有一点非常有趣，如果我有时间我会尽量讲，我没有时间了，但我还是得说说这一点——月亮对天气的影响。“当我们听到月亮对天气的影响时，我们几乎笑了，”弗雷德里克·伊万斯爵士对我说，“但是的确有影响。”新月和满月之时，大风在托雷斯海峡及其周遭尤为盛行。拉特雷博士是海军的一名外科医生，1841—1844年，他在参与军队里“飞行号”调查船的调查活动时，发现了这一点。拉特雷博士观察到，每当这些时候，大片的珊瑚礁都会在朔望大潮的低水位被发现，从陆地往海域延伸六七十海里①。这片地方会变得非常热，大片地方很高的热度会引起新月和满月时的大风。月亮通过潮汐间接作用于天气非常有趣，但是这不能推翻“月亮对天气无直接、普遍的作用”这一科学结论——月亮的圆缺变化和天气变化之间的联系还只是幻想。

弹性潮汐把固态地球的弯曲度考虑在内，它也将是乔治·达尔文先生他们的委员会的一个重要目标。把水拉向或拉离月亮的引潮力同样也会拉动地球。想象地球是由橡皮制成的，它被拉近或拉离月亮时，将被拉成扁长形的（图132）。如果地球是由橡皮制成的，潮汐就不存在，水的上下波动对于地球根本就不存在。地球如果有一层20英里或30英里厚的壳（一个长期流传的地质学家的假说），里面装着液体，就不会有水相对于陆地或者海底上下波动了。地壳将会向月亮、远离月亮屈曲，水根本就不会相对地壳运动了。如果整个地球像玻璃一样平坦坚硬，有计算显示，固态的地球会弯曲得很厉害，以至于潮汐只会是在地球完全坚硬状态下的三分之一。再次假设，如果地球的硬度是玻璃的3倍，和钢球的硬度差不多，即便地球再大，它在那个很大的力的作用下仍然要弯曲，这弹性弯曲足够使潮汐只有在地球完全坚硬状态下的三分之二。乔治·达尔文先生对两星期一

① 1海里=1852米。

次的太阴潮做过调查，核实后总的结论是，地球的确或多或少有所弯曲，只是和钢球的硬度差不多。

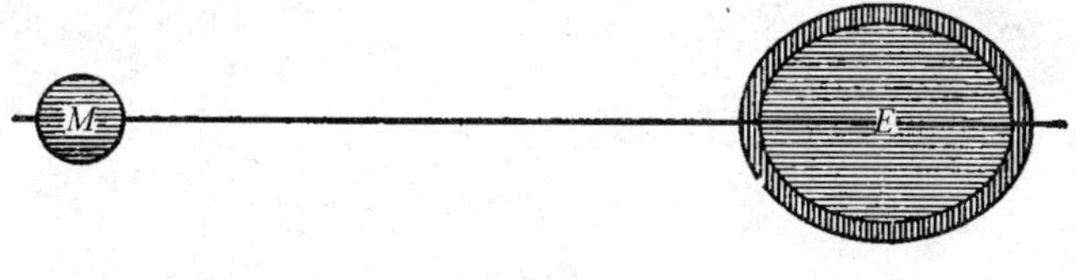

图132

潮　汐

附　录

本附录节选自格拉斯哥科学讲座协会发表的一篇关于“潮汐”的演讲稿——这篇演讲稿至今未发表，节选内容被归类为对先前演讲的某些段落的详细解释。

（1）万有引力定律

万有引力定律是由牛顿提出来的伟大理论，该定律认为宇宙间的任何物体对其他物体都存在吸引力，吸引力的大小取决于相关的两个物体的质量大小以及它们之间的距离。

牛顿定律的内涵之一是，质量相同的两个物体，彼此受到的吸引力相同。质量翻倍，则吸引力翻倍。这似乎是可以想见的。要解释这个陈述中的所有内容，我们得花更多时间，但容我解释一下不同种类物质的运动是如何受到一种叫“惯性”的属性的影响的。这是一个铁块，我给它施加一个力，它就进入运动状态；我给它施加一个更大的力，在相同时间内，它的速度会增加。如此可以类推。现在，不是铁块了，我要挂起铅块，或者木块，通过同一时间内同一个力的作用产生的运动，或者同等时间内同等力的作用产生的运动，来测验同等的质量。因此，尽管跟物质的种类无关，我们还是要对物质的量进行测量。或许不用放进天平，你就能掂量出一磅茶和一磅黄铜的重量。你用一个合适的悬浮装置挂起一个物体，可以用一个弹簧秤测得所施力的大小，先是施加于一个物体的力，再是施加于另一物体的力。如果一个物体在一定时间内在一定的力的作用下获得的速度的大小，与另一个物体在相同时间内在相同的力的作用下获得的速度的大小相同，则说明这两个物体的质量相同。

我已经提到两个物体之间的吸引力，我们考虑一下物体在地球表面的质量。牛顿解释过整个地球对一个物体的吸引力使物体有了重力。现在把一个56磅的铁块和一个56磅的铅块放在天平两端，它们的重量相同。我们有个很不同的想法。你们衡量一块铅和一块铁，或者称量要出售的商品时，例如，在称量成磅的茶时，就把茶和黄铜做比较，比较它们相对于地球的吸引力——比较不同物体的重量。但我让大家思考的第一个题目与重量毫无关系。第一个题目是，通过不同物体对加之于其上的作用力的抵抗来测试它们的质量。我可以这样说，物体有这样一种属性，即阻止使之运动的外力以及当其运动时阻止使之停止的外力，这种属性叫作惯性。

牛顿的第一项发现表明，如果两物体的惯性相同，那么这两个物体具有相同的质量。他的证据之一是他著名的硬币和羽毛的实验，该实验表明，在没有空气阻力的情况下，硬币和羽毛的下落速度相同。另一证据是使不同材质——铅、铁、木头——的钟摆振动并观察其振动的实验，牛顿发现，质量相同的物体有相同的惯性。

万有引力定律的内涵之二是，两个物体之间的吸引力与它们之间的距离的平方成反比，吸引力随着它们之间距离的增大而减小。距离是2倍时，力减少为1/4，距离是3倍时，力减少为1/9。如果我们要比较1百万英里距离下的力和2.5百万英里距离下的力，我们得把两个数分别平方，再求这两个平方之比值。力与距离的平方成反比，这是万有引力定律中最常被引用的部分，但是该定律如果没有第一部分就不完整，因为第一部分在两个性质不同的物体之间建立起了联系。牛顿在许多自然现象的基础上得出了这一定律。行星围绕太阳的运动和月亮绕着地球的运动证明了对每一颗行星来说，它所受的力与它距太阳的距离的平方成反比，行星与行星之间的力与它们的质量成正比，与它们距离的平方成反比。潮汐是这一理论链中的最后一个环节。

（2）引潮力

现在我们差不多准备好了结束有关引潮力的理论，虽然对事物最初的粗略看法并不总是错的，但是这个说法——月亮把地球上的水吸引向它，因而水在地球的一边积聚起来——并不是事实，如果地球和月亮处于静止状态并且有一根坚硬的棒阻止它们吸引到一起，那倒有可能。如果地球和月亮被钉在一根硬棒的两端，静止在那里，那么月亮的吸引力就会把地球上的水拉向靠近月亮的那一边，但是事实却截然不同，并没有坚硬的棒连接着月亮和地球。那为何月亮不落向地球呢？根据牛顿的理论，月亮总在落向地球。牛顿在他的花园中冥想他的伟大理论时，他察觉到苹果从树上落了下来，之后在他著名的论述中，他把月亮的下落与地球表面石头的下落相比较，月亮在往地球下落，每小时下落的距离等于石头每秒钟下落的距离。如我之前所说，用地球的半径来表示从地球到月亮的距离，60个地球半径就差不多了。仅在这个情况下，才能引入秒和小时的比较。每小时有60 × 60秒钟，从月亮到地球的距离是60个地球半径那么远，因此我们就被引导到已经说过的那个比较上去了，但是，我要颠倒一下牛顿比较的方向。通过观察他发现，月亮每小时落向地球的距离等于石头每秒钟下落的距离，因此可以推断出，月亮受到的吸引力是地球表面相同质量物体所受的吸引力的1/60的1/60。他通过准确的观察，了解到从地球到月亮的距离，也察觉到地球表面物体的重力和使月亮保持在其轨道上的力之间的变化规律。在牛顿定律中，月亮一直在落往地球，那它为何又不下来呢？它可不可能一直下落却一直不下来呢？那似乎是不可能的。它的确在往下落，但是它还有一个方向与它下落的方向垂直的运动，它持续下落的结果只是改变了这一运动的方向。

探究这一理论会花掉我们很多时间，那仅仅是离心运动的动力学理论。正如石子从手中扔出却画出普通的曲线所表明的那样，运动的路线中有持续的下落。你们都知道，如果石子被水平扔出，它会画出一条抛物线——石子从它被扔出的路线落下。每时每刻，月亮都在落离它运动的路线，向地心落去，以不断变化的方向落向地心。你们可以看见月亮一直在往地球落，现在以现在的方向，现在又以改变了的方向，在进一步的路线上以进一步变化了的方向，所以月亮会一直有落下的运动，但绝不会落下来。月球最靠近地球的那部分落得最快，月球离地球最远的那部分落得最慢。就月球整个球体来看，每个部分都在往下落，结果我们觉得它似乎在直接下落。

尽管月亮一直落向地球，地球也一直落向月亮，二者却保持着一个不变的距离，或者二者中心的距离几乎不变。地球最靠近月亮的那部分所受月亮的吸引力，要大于在平均距离上同等质量的物体所受到的力；而离月亮最远的那部分所受的力，小于平均距离上同等质量的物体所受到的力。整体来说，地球的固体部分，根据其质量，所受的力取决于平均距离；然而地球表面的水受的吸引力是由它自身与月亮的距离来决定的。很明显，其结果是产生凸向和远离月亮的趋势，所以我向你们解释了水为何不是积聚到离月亮近的一边而是被拉得远离月亮从而形成一个卵的形状。示意图（图123）展示了向月亮和远离月亮的凸起。（图中太阳在离地球更远的那边，但需说明的是，此比例严重失真，如果不失真，三个天体就不可能被画在一幅图中。）

（3）弹性潮汐

又一个问题出现了，巨大的重力在各个方向上作用，在一个地方拉，在另一个地方压，会不会把地球挤变形呢？我发现大家露出了怀疑的表情，你们认为这不可能产生可以被感知的影响。嗯，我得告诉你们，不是不可能产生这种影响，不是不会产生这一影响，而是我们不得不把地球想成非常坚硬的材料，以使这些扭曲效果不会影响潮汐现象。

有个非常受欢迎的地质假说，我相信很多在场的人都听说过，或许现在很多在场的人都相信，但我希望走出这个房间之后不再有人相信。那个假说是说地球仅仅是一个30英里或40英里，最多50英里厚的壳，里面充满了炽热的熔岩流体。这并不是一个荒谬可笑的、毫无根据的、不合理的假设，但它已经被仔细衡量过了，结果是它不甚符合事实。在许多要点方面它都与事实有偏差，其中一个要点是，除非这一设想的壳的材质异常坚硬，比钢铁还硬很多倍，壳能自由地在引潮力的作用下弯曲，形成平衡图示的形状。但那样的话，也就不会有水的上下波动来给我们展示潮汐现象了。

想象这个（图132）代表一个固态的壳，外面有水，如果固态的壳自由弯曲，就会只有非常少的潮汐供水来展示了。我说那坚硬的钢铁如此自在地弯曲似乎很奇怪，但想想钢铁很高的硬度和橡皮球很低的硬度，想想地球巨大的体积，再想想小小的空心橡皮球，它多么容易在手的压力之下屈曲，或者当它被放在桌子上，它在自己的重力之下就变形了。现在以巨大的像地球的物体为例，当质量越大，力随着质量的增加而增加时，物体就越容易在力的吸引下发生弯曲。现在我不能给大家完全论证这个结论，但是我要说，计算表明，由于质量巨大，要想不变形，其所需的硬度需大大地增加。地球直径为4200万英尺，而壳有50英里厚，或者25万英尺厚，如果以这些真实的尺寸和比例来计算，我们发现，地球需要几十倍于钢铁的硬度，才能保持良好的形状，以容许适当程度的流体静力学平衡的形状差异，并允许水通过相对的位置变换来给我们带来潮汐现象。这个结论的地质学推论是：我们不仅要否定地球的流质说，还要否定流质是被一层薄薄的壳围起来的说法。总的来说，地球的硬度比相同大小的玻璃球的硬度大得多，或许比相同大小的钢球的硬度还大。无可否认，地壳里较大的一个空间是被液体占据的，虽然我们可以确信并没有假想中的中间被液体占据的空壳那样的空间，但我们知道的确有很大的空间中是熔岩，只是我们不知道这空间到底有多大。整个地球都很坚硬，或许非常坚硬，很有可能在地下更深的地方，在更大压力下的岩层比表面的岩层更坚硬。

地热现象将地质学家引向那个推测，但它并不能用他们的假设——充满液体的薄薄的地壳——来解释。更何况，在地球史上，我们对地下温度的所有看法都证实了一个论断，即我们没有权利去假想地球内部的流体。

纽科姆论文

Dialogues Of Plato

〔美国〕西蒙·纽科姆　著

主编序言

尽管美国的机械发明和应用科学硕果累累，但美国却很少有纯科学的分支能使它进入领先国家之列。美国最卓越的领域可能是天文学，在这一领域，西蒙·纽科姆是最杰出的人物，直到他去世都是。

1835年3月12日，纽科姆生于新斯科舍省的华莱士。他的父亲是一名教师，给予他所有的基础教育。他18岁时就在美国马里兰州的一所乡村学校教书。两年后，他到了马萨诸塞州的剑桥市，担任“航海年鉴”的计算员这一职务。在那里，他在哈佛大学学习至1861年，被任命为美国海军的数学教授。他在政府部门工作到1897年，以一名海军少将的身份退休，他不仅当过数学教授，还从1884年起在巴尔的摩的约翰·霍普金斯大学当天文学教授。

纽科姆主要是在数学天文学部工作，还从事解释其所观测到的天体运动的工作。工作中所涉及的计算的困难和复杂程度超出行外人士的想象。他的学术成就为大众所信服，而且给纽科姆带来了几乎所有文明国家的荣誉。尽管如此，他对学术中能普及的部分的阐述能力也令人钦佩，所附论文是他将宏大学术主题处理得简单明白的很好例子。

纽科姆的兴趣不仅在他的专业领域，他还花费精力，发挥他的创造性，写了关于金融和经济的论文，其论文在他那个时代的大众精神生活中发挥了重要作用。1909年7月11日，他在工作时去世，在美国科学领域他所留出的空位难以轻易被填补。

查尔斯·艾略特

浩瀚的宇宙

我们不能预料，很久很久以后，我们最聪慧的后代能在成千上万年的精确观察的基础之上进行计算，却会在没有保存措施的情况下，就对这个主题下结论。既然如此，或许该做出智慧的决定：把相关考虑留到某个拥有更好信息保存方式的年代。但只思考创造的可能性这习性还是我们种族的特点，有问题就不应该拖延。关键不是我们是否应该全然忽略这个问题，像拉斐尔画中的夏娃，而是在研究这个问题时，我们能否总是正确地进行科学推理。我正尝试这样做，并请读者注意科学所暗示的内容。我得提前承认，知识的确切范围比起创造的可能性来是很小的，在这个范围以外，我们只能或多或少地陈述一些可能的结论。

渴望进入这一主题的读者，应该这样开始，在一个明朗、没有月亮的晚上，在没有尘世琐事干扰安宁思想的情况下，把自己带到一个地方，可以平躺在长凳或者屋顶上，一眼看尽整个天穹。你可以在夏末或者秋天做这件事。在最适合安静思考的环境下，思考者会对宇宙的神奇形成一种新的观念。如果选择夏天或者秋天，银河巨大的拱形形状会经过天顶附近。以美丽的、蓝色的织女星为首的天琴星座，离那个点不会很远。南边可以看见天鹰座，以明亮的牵牛星为标志，牵牛星在两颗更小但显眼的星之间。明亮的大角将在西边的某个地方，而且如果不是在该季节太早的时候观察，你会看到毕宿五（金牛星座中的一等星）在东边某处。当将注意力集中在这个场景时，银河两边成千上万颗恒星将会使你的脑海中充满一个巨大的包罗万象的框架，除此之外，所有人类事务都变得不重要了。对于太阳系在太空中的运动这样一个天文学的著名事实，即将形成一个新的观点。它反映了一个事实，即纵览人类所有历史，太阳系一直都挟裹着地球朝天琴座里的或者南边的某个地区飞去，其速度超出人类的想象，却没有明显改变普通人观察星座的视野。不仅是天琴和天鹰星座，构成天空框架的成千上万颗恒星中的任何一颗，都和我们的祖先看见它们时一样。任何时候我们都可以使身体获得休息，停下我们的劳作，在某个避暑胜地好好放松我们的神经系统，但是我知道，要放松疲惫的灵魂——完全放下所有人世忧虑，没有比在之前描述的状况下思考满是星星的天空展现出来的景象更好的方式了。当我们了解到这个满是星星的框架结构的内容时，我希望读者在以这种方式思考。

对于爱探索的读者，第一个浮现在心中的问题是：怎么可能以现在天文学家所知的观察方法来完全了解宇宙呢？我们可以以一个较为全面的方式来回答这个问题。那可能是因为，虽然宇宙很广阔，但它是一个统一和有界的整体。它并不是处于混沌状态，也不是各自以自己的方式存在的事物的集合。如果是那样的话，宇宙里两个相隔很远的地区就没有共同点。但是事实上，在整个结构上它显现出统一性，只在细节上显示出多样性。最普通的观察员看到，银河本身也是一个单一的结构，这个结构是宇宙形成的基础，银河各处都有相似的成分。在肉眼的可见范围之外，极小的星体形成了云团似的结构，其颜色大多比宇宙的其他星体更蓝。

在前面关于宇宙结构的文章中，我们已经指出了几个体现宇宙整体性的特征。现在我们应该把这些和其他特征联系起来，形成一个表现它们与宇宙的广度的关系的观点。

在一定程度上，银河是整个系统构建的基础，我们首先得注意到整体的对称性。这点体现在天空中两个相对的区域里，不管我们选择哪里来比较，两个区域都有某种相似性存在。如果我们在银河中选择两个区域，恒星比其他任何地方都多；如果我们选择银河内或者靠近银河的两个对立的区域，我们会发现那两个区域的恒星比其他任何地方的都多；如果我们在银河两端某个地方选择两个区域，我们会发现较少的恒星，但它们两个区域的恒星的数量是一样的。我们据此可以推测，无论是什么原因确定了恒星在太空中的数量，在太空中两个对跖的地区里，这些原因的本质都是相同的。

另一个表明统一性的更精确的标志，是构成星体的化学元素。我们知道组成太阳的元素能在地球上找到，我们还在实验室里分解化合物得到这些元素。在最遥远的星体上也发现了相同的元素。确实，这些天体似乎有我们在地球上找不到的元素，但这些未知元素分散于整个宇宙的空间中，也仅仅是进一步加强了整个宇宙的统一性。星云，至少部分是由那些不同于我们已知物质的物质的各种形式组成的。虽然它们或许不同，但是在我们考虑的整个领域里，它们的一般特征是相似的。即便在恒星自行这个特点中，我们也能看到统一性。读者知道这些天体每一个都在太空中沿着自己的路线飞行，速度可以和地球绕着太阳运动的速度相比。速度在从每秒的最小极限到每秒高达一百多英里的范围内变化。这样的多样性似乎会减损整体的统一性，但当我们通过取它们的平均数来了解一些确切的东西时，我们发现，只要确定了这个平均数，它在宇宙中相对的区域里就非常相似。就在最近，有充分证据表明，非常明亮的某一恒星——它们以“猎户星座群星”闻名，因为在猎户星座，有许多那样的恒星——分散在整个银河系里。平均来说，它们可能比其他恒星运动得更慢一些。还有一个可确定的特征贯穿于整个宇宙。在关注整个宇宙的这些相似之处时，我们不应该把结论直接建立在它们之上。它们引出的是宇宙具有有组织的体系的性质，在“它是这样的体系”这一事实之上，我们才能通过其他事实得出关于宇宙的结构、广度和其他特征的结论。

与宇宙相关的重大问题之一是它的广度。这些恒星有多遥远？我们所描述的统一性之一马上得出结论：星体距我们的距离一定非常不同。远一点的星体很可能比最近的星体远1000倍，或许更远。这一结论首先得有个基础，即恒星似乎是均匀地分散在宇宙中与银河无关联的区域中。要证明这一原理，设想一个农民用10蒲式耳①的麦子给一块完全不知边际的麦田播种，我们去参观这块麦田并且想知道它的英亩②数。如果我们知道在10蒲式耳中有多少粒小麦，我们便可以做到。然后我们在田野中测量任何一块2平方英尺或3平方英尺的地，数那一块地中的小麦数量。如果整块田里的小麦都是均匀地撒的，我们就可以基于以下规律算得麦地的广度：地的广度与我们测量的地的大小之比，等于10蒲式耳麦粒和我们所数的麦粒之比。如果在1平方英尺的地里数得10颗小麦，我们便知道整块田的平方英尺数是所播种的麦粒数的1/10。满是恒星的宇宙也是如此。如果恒星是被均匀地撒在太空中，太空的广度就一定与它所包含的恒星数量成比例。

但这并没有告诉我们任何关于恒星之间的距离或者它们分布的密集程度的信息。要得知这点，我们必须能够确定一定数量的恒星的距离，正如我们设想的农民数麦田里一小块地里的麦粒数一样。这是我们能确切地测得任何一颗恒星的距离的唯一方法。像地球在其庞大的绕太阳的年轨道上摆动一样，恒星的方向从轨道一端看起来肯定和从另一端看起来不一样。这个差异被称为恒星的视差，要测得这个视差是整个实用天文学中最棘手、最困难的问题。

在天文学家把仪器完善到得到测量的承认之前，19世纪在这方面就进行得很好。从哥白尼时期到贝塞尔时期，许多学者都在尝试测量恒星的视差。一些热心求解的天文学家不止一次地自认为成功了，但是后来的研究都证明他们是错的，并且他们认为的视差效应是由其他原因引起的，或许是仪器的不完善，或许是热或者冷对仪器，或者对要测量的恒星所在的大气层，或者对钟表走动的影响。这种情况一直持续到1837年，贝塞尔宣布

① 1蒲式耳（英）=36.3688升。

② 1英亩≈4046.86平方米。

用量日仪——所有用于测量的仪器中最精密的仪器——测量出天鹅星座中某颗恒星有1/3秒的视差。设想一个人在山顶的房子里透过1平方英尺的窗户看100英里远的山上的另一座房子，通过玻璃窗的边缘看远处的房子，再从另一个边缘看，他得测定1英尺的位置变化所引起的远处房子的方向变化，据此他能估量出另一座山有多远。要做到这一点，他得能测量出贝塞尔发现的恒星视差。然而这颗恒星是距我们的体系最近的几颗星之一。在所有恒星中，最近的半人马阿尔法星，只有在我们中间偏南的纬度可见，其或许是贝塞尔的恒星的一半远，天狼星以及其他一两颗恒星和它一样远。据说大约一共有100颗恒星的视差被测出，但它们的可能性或大或小。这项工作一年一年地继续着，一般而言，每一位继续该工作的天文学家都能用更好的仪器或者更好的方法，但是，即便是仔细测得的这100颗恒星中的一些星星的距离仍然相当可疑。

现在，让我们回到划分太空的想法。在太空中，宇宙存在于一个以我们的体系为中心，周围有许多距离不同的天体的环境中。现在我们得以从地球到太阳的距离的40万倍为标准，把这个距离视为一个单位，想象我们从任何方向测量出这一距离的2倍，再测量出一个3倍远的距离，这样无限下去。这样就有连续的范围，其中以更近的那个为单位，被第二个范围填充的整个空间将是8倍单位那么大，第三个范围的空间是27倍单位那么大，依此类推，空间倍数是距离倍数的立方。每一个范围包括所有它其中的东西，因此每两个范围的空间大小将与这些数据的差——与1、7、19等等——成比例。把这些空间的大小与它们当中包含的恒星的数量做比较，如果我们以这些范围中最小、最里面的空间为单位，以从地球到太阳的距离的40万倍为半径，结果一般都是任何一个这样的范围内星星的数量与其包含的空间单位的数量基本相同。因此我们能够形成一些关于太空中星星的密集程度的一般概念。我们不能声称有什么具体的数据来支撑这个观点，但是在没有更好方法的情况下，它的确能给我们的推理提供依据。

现在我们可以用设想中农民衡量麦田广度的方法继续我们的计算。让我们来设想一下，天空中总共有1.25亿颗恒星。这是一个非常粗略的估计，但就让我们暂时做这么个假定吧。接受“恒星在整个太空中是均匀分布的”这一观点的话，它们必须包含在一个范围内——其大小等于1.25亿乘以我们作为单位的空间的大小。通过取这个数据的立方根，我们得到这个范围的外围距离是500单位，因此我们可以宣称，作为粗略估算的结果，我们设想的数量的恒星被包含在由地球到太阳的距离的40万倍乘以500的距离以内，即它们被包含在地球到太阳距离的2亿倍的范围内，这是光在其间要传播3300年的距离。

恒星的数量很有可能比我们估计的多得多，若我们承认有8倍多的恒星或者10亿颗恒星，那么我们应该把边界扩张到2倍远的距离，这样光就要在其中传播6600年了。

还有一种估算恒星在太空中分布密度的方法，按这个方法计算，宇宙的广度将会很有趣，这个方法是以恒星的自行为基础的。我们这个时代的天文学的成功之一，是对恒星的实际速度的测量。这些测量是使用分光镜来完成的。但遗憾的是，这些测量对亮一些的恒星更有效——测量那些肉眼不明显可见的恒星就有些困难。尽管这样，好几百颗恒星的运动也被测量出来了，而且被测的恒星的数量在持续增加。

把所有这些测量和其他估量的结果总结起来，可以说每一颗星在太空中运动都有个平均速度，这个平均速度约为每秒20英里。我们还能估计出这些恒星运动速度的比例，从最低到最高，最高可能达到每秒150英里。知道了这个比例，通过对恒星运动的观察，我们就有了另一种方法来估量恒星在太空中的分布密度，即估量一颗恒星所占空间的平均大小。用这种方法测得的恒星的密度比用测量视差的方法测得的值高25%。也就是说，像我们之前提出的第二个范围，半径有地球到太阳距离的80万倍，因此其直径是该距离的160万倍，据恒星的自行判断，这个范围内有10颗或12颗恒星，然而通过视差的测量，以太阳为中心的同样直径的范围内就只有8颗恒星。恒星密度较大的可能性较大，但是，这一差异并不会改变对可见的宇宙范围的总的结论。即使我们不能像得出地球的大小一样确定地估量出宇宙的广度，但我们仍然可以形成一个大致的观点。

我们所做的估量建立于恒星是均匀分布在太空中这一设想之上。我们有理由相信这对于银河中的恒星以外的恒星都是成立的，但是，毕竟银河系很可能包括用望远镜望去可以看见的所有恒星一半的数量，所以可能出现的问题是：是否我们的结论会由于这个原因而出现严重失误。这个问题最好由另一种估量某些恒星之间的平均距离的方法来解决。

恒星的视差，是由于地球从其轨道一端到另一端的摆动引起一颗恒星的方向变化而引起的。我们已经说过太阳系——地球只是其中一个天体—— 一直都是在太空中作直线运行的，因此我们看恒星的位置会不断变化。如果恒星是静止的，我们可以通过测量它们向与地球相反的方向运动的表观速度来确定它们的距离，但是由于每一颗恒星都有自己的运动，所以在任何情况下都不可能测定其表观运动为得到一个确切的结果，天文学家在使用这个方法时，发现现在可用的数据严重不足。通过比较一颗恒星在相差久远的两个时期中在太空中的位置，我们才能确定它的自行。为达到这一目的，大约从1750年开始，布拉德利在格林尼治天文台开始非常精确的观察，然后是英国皇家天文学会的观测。但是在布拉德利测定的3000颗恒星中，只有少数能达到确定它们自行的目的。即使在他那个时代之后，每一代天文学家做的测量都不够完整和系统，不能为准确测量恒星自行提供材料。确定任何一颗恒星的位置都涉及大量的计算。要以一个令人满意的方式攻克这个难题，我们就应该至少在一个世纪里不时地观察一百万个这样的天体。根据目前可用的数据，我们有理由相信银河系里的恒星分布在地球到太阳的距离的1亿到2亿倍之间的范围内。在比这更小的距离处，恒星似乎是以某种具有一致性的方式分布在太空里。我们可以得出一个总的结论，几种估量的方法表明，我们用望远镜看到的所有恒星都包含在一个不大于太阳距离的2亿倍的范围内。

好奇的读者在此可能会问另一个问题，就算我们能看见的所有恒星都在这个范围以内，那在这个范围之外，可不可能也有一定数量的恒星呢？它们不可见是由于它们太遥远？

如果我们承认最遥远的恒星发的光在传向我们的过程中不会遇到任何

障碍物，那么这个问题的答案很容易就确定了。对星光的测量最能说明问题。如果恒星往外无限延伸，那么每一星等恒星的数量将是下一个更亮的星等的恒星数量的4倍。例如，星等为6的恒星是星等为5的恒星数量的4倍；星等为7的恒星数量是星等为6的恒星数量的4倍，依此类推。尽管事实上这个增长比例对于较亮的恒星是成立的，但对于较暗的恒星就不成立，当我们对用望远镜可见的较暗的恒星进行计数时，后者增加的数量急剧下降。事实上，很久以来，众所周知宇宙是无极限的，恒星均匀分布在整个太空中，这样的话，整个天空就会闪耀着无数遥远恒星的光芒，甚至是望远镜都看不见的恒星的光芒。

这一结论在某种情况下不成立，即在传播过程中星光在某些方面消失了或被挡住了。近一个世纪前，斯特鲁韦提出了一个关于这种效应的理论，但是后来人们发现他提出的那些事实不能证明那个结论是合理的。事实上，那个结论假设的成分相当高。现代科学的理论倾向这样的观点，即不管光在空气中的纯以太中传播多远，一条光线都不会丢失。但是还有另一个导致光消失的原因。在过去几年中，通过使用分光镜，一些由于较暗淡而不可见的恒星被发现，这在几年之前是不可思议的，即使在现在，其也肯定会引起惊奇和赞美。总的结论是，除了太空中闪亮的恒星，还有很多暗淡的恒星，我们的望远镜永远看不见它们。可不可能是这些天体的数量太多而把我们可能见到的来自遥远天体的光芒切断了？当然，不可能以肯定的方式来回答这个问题，结论可能是否定的。我们可以肯定地说，暗淡恒星的数量不足以把来自银河的星光的重要部分切断，因为如果那样的话，银河就不会像现在这样清晰可见了。我们有理由相信银河是由比我们太阳系更远的恒星组成的，所以我们很自信地认为，很少有光会被望远镜能看到的远处暗淡的天体切断。在这么远的距离处，我们发现恒星还是那样。在我们所理解的宇宙范围内，很有可能一半以上的恒星太暗淡，即使在配备最强有力的望远镜的情况下，人类的眼睛都看不见。但是它们之所以不可见，仅仅是由于它们的距离太远，由于它们本来的光很微弱，而并非由于中介的阻碍。

因此，暗淡恒星存在的可能性并不会使我们对于这个主题的调查所指向的总体结论无效。如我们所见，宇宙是一个有边界的整体，它被一条巨大的恒星带围绕，在我们的视线中，这恒星带就是银河。尽管我们不能给它的距离设定具体的边界，但是我们仍然很自信地说它是有边界的。在其巨大的范围内有同一性贯穿其中。如果能够飞到银河那么远的距离，在银河之外，我们会看到更少的恒星。我们确实不能设定确切的边界，也不能说在此之外什么都不存在，我们能说的是包含可见恒星的范围有类似于边界的东西。我们可以清楚地预期在即将来临的一个世纪里，每一代天文学家都会在这个主题上取得更多成绩，给我们这个恒星体系找出更确切的边界，并得出可能性越来越大的、关于这个体系以外到底有没有物体的结论。

盖基爵士论文

Dialogues Of Plato

〔英国〕阿奇博尔德·盖基　著

主编序言

阿奇博尔德·盖基爵士于1835年出生于苏格兰的爱丁堡，就读于爱丁堡大学，后来成为苏格兰地质调查局的一名工作人员。1867年，他被任命为苏格兰地质调查局局长。从1871—1882年，他被默奇森任命为爱丁堡大学的地质学和矿物学教授。后来他辞去该职务，担任英国地质调查局的总长职位，直到1901年。他一直都是一个卓有成效的调查研究者，他的成果给他带来了来自国内外学术团体的许多荣誉，包括骑士荣誉、英国协会主席的位置，还有英国皇家学会的秘书一职。

他较为重要的著述有：《从自然地理看苏格兰的风光》（1865）、《地质学教程》（1882）、《英国古火山》（1897）、《自然风景的类型及其对文学的影响》（1898）、《历史上的风景》（1905）。

下面这篇和他的《国内外地质梗概》（1882）一同发表的《地理演化》的论文，其实题目拟成“地质演化”更准确些，因为“地质”的意义贯穿整篇论文，而非“地理”的意义。

他的几本书名所体现的文采对他的著作也不是没有影响，因为当今没几个科学作者能够掌握这样好的文风。在这篇论文中，他的阐释能力表现在，他仅用寥寥数页就表述出了他那个流派在地球地质史方面的观点。

查尔斯·艾略特

地理演化

——1879年3月24日晚在英国皇家地理学会的会议上演讲的内容

哈克卢特在《英语国家的航海和航行游记》富有奇趣的序言中，称地理学和年代学为“日与月，所有历史的左右眼”。300年前由英国伟大的编年史学家提出的地理学的地位，直到现在也还未得到承认。地理学家和旅行家的职能普遍被认为是完全一样的，都包括对外国的描述，那些国家的气候、产品和居民，一方面充满让人毛骨悚然的统计数据，另一方面却是大量轻松愉快、激动人心的冒险故事和个人轶事。确实有很多人证明这一流行的假说。直到19世纪，卡尔·里特尔把地理学未来发展的基调定下来后，地理学才超越了旅行家的游记和散乱的观察，变成了有序的科学进步。然而，这个调查的分支已经不再仅仅追求统计数据，也不再追求记录奇妙的而且常常是用鲜血和危险换来的冒险。它试图呈现出一幅明白易懂的地表图，呈现地球各种各样的外形，呈现出陆地、岛屿、海洋、山岳、山谷、平原、河流、湖泊、气候、植被和动物。它努力创作的不仅仅是一幅地形图，它总是寻找分散的事实之间的联系，试图弄清存在于地球各部分间的关系、它们的相互作用以及它们各自对整体系统的作用。当代地理学研究地球表面上植物的分布，也通过研究动物和其周围无生物的环境之间的作用与反作用来研究动物的生活，它研究人类是如何有意或无意地改变了地球的外貌，同时地理环境又如何铸造了人类的进步。

坦白来说，有了这些目标，地理学就会有助于许多不同的学科，然而它不以任何方式占据这些学科的领域。它提出了一个有关人类核心利益的问题，而这些学科对这个问题的考虑略显不足。地理学首先要求人们了解，它们的问题在人类以及这个世界——在这个有着美妙秩序的世界里，人类又是无可置辩的统治者——的历史上，是如何解决的。地理学自由地借用气象学、物理学、化学、地质学、动物学、植物学的知识，但事情并不总是单方面的。要不是来自地理研究的推动力，这些学科中的很多都达不到现在的状态。它们获得大量事实论据，或许在地理学把这些事实相互联系起来的时候其能够有所帮助。

现代地理学在其精确度和完整度方面尤为突出。它已准备了探索性的考察，而且已经备有必要的仪器和设备，有助于取得准确而明确的结果。它指导和促进研究，并且急切地想对人们的劳动表示感激，那些劳动增长了我们对地球的认知。人类的勇气和耐力所得到的热烈赞赏并不比以往少，但是在它们把旅行者提高到最高等级之前，它们必须联合起来使人类形成非凡的观察力。我们读最近的旅行手册，欣赏冒险精神、肥沃的资源、呈现出的思想，还有作者的其他道德素质时，我们本能地问自己，合上书后，我们的地球知识因此而增加了多少？从地理学的角度出发——这些评论也只是从这一角度出发，我们必须从探险家在增加我们的知识、拓宽我们关于自然的视野方面来评价他们。

现代地理学的要求因此一年比一年严格。它要求在国外的勘探者接受更多的训练，还要求国内的读者有更多的知识储备。以前，人们仅靠与人、野兽、高烧、饥饿和干旱做斗争，穿过一些野蛮且未知的区域——即使没有什么成果，也可以在地理学领域赢得持久的荣誉。那样的日子已经结束。愿所有荣誉都归于英勇完成了第一份探索性工作的先驱们！他们的后继者们会发现桂冠越来越难得到，因为这个抱有更多期待的种族将在多样化、数量和细节方面做出补充——这些都是初探新土地时所缺乏的。

地理学和地质学的联系最为紧密，并且这个联系一定会越来越深，越来越紧密。用哈克卢特的话说，人类知识的这两个分支是对地球的表面特点和历史的所有卓有成效的研究的“日与月，左眼和右眼”。我们知道，除非追溯一个民族的历史，并且找出每一个进步因素的兴起和影响，否则我们就不能理解该民族的天赋秉性、法律制度、礼仪、习俗、建筑和工业，也正因如此，除非我们了解到特征的原始模样，否则我们对山岳、峡谷、河流、平原以及所有表层特征的掌握就会格外的不充分和不完美。土地的历史比生活在土地之上的人类的历史更长。

如果不相信人类探究的这一分支即将得到广阔发展，我们就不能潜心思考地理学将来的进步。它前进的主要方向肯定是“地理演化”。地理学家将不再满足于把大陆和岛屿、山脉和河谷、平原当作初始的或最早就有的地球表面的概貌，地理学家希望知道这些概貌增长的信息，会尝试追溯一块大陆逐渐演化的过程，并构思出一幅该大陆发展的阶段图示。与此同时，地理学家还得寻找关于那个地区的动植物历史的信息，探寻的报酬是发现大量动植物群，包括人类自身早期的迁徙信息。因此随着地理学家将现今活生生世界的图画描绘得越来越详细和精确，这些图画包括的过去的地理条件也越来越清楚。从过去的地理条件里，现在的地理条件也将浮现出来。

今晚我打算大概讲一下演化地理学这一派在某些方面的提纲。我希望，首先，找到我们建立“任何一个国家或者大陆现在所在的表面都不是它出现时的那个表面”这一基本事实的证据，以及我们追溯陆地起源的数据；其次，用图解的方式来思考欧洲大陆形成过程中的一些突出特点。

这个主题的两个分支中的第一个是关于一般原则的，并可分为两个部分：第一，陆地的材质；第二，陆地的构成。

一、大陆演化的一般原理

1. 陆地的材质

为了尽快了解，我不准备对这一点进行详细讲解，只准备对陆地的材质进行宽泛而有用的分类，我将其分为两种——碎屑状的和晶状的。

（1）碎屑状的材质

粗略调查世界任意一处的岩石，我们发现大多岩石都是由碎屑状的材料构成的。纹理和色彩变化无穷的页岩、砂岩和砾岩，堆积形成了平原和山区的结构基础。这些岩石都是由不同的粒子构成的，由以前的岩石被雨水、霜、泉水、河流、冰川、海水打磨而成。因此它们是衍生的地岩层，其来源和起源方式都能够确定，其组成颗粒大部分是圆形的，而且已有证据证明这些颗粒曾在水中翻滚。于是我们很容易得出第一个基本的结论：固态陆地的主要部分最初是沉聚在水底的。

这些水成岩所覆盖的面积本身就说明，它们一定是在海中沉积的。我们无法想象河流或湖泊可以遍布现在的所有陆地，然而我们可以很容易地设想海洋的水域已在不同时间漫到了现在的旱地之上。的确，碎屑岩就是证据，它们的起源主要是海洋，而非湖泊或河流。它们保存着大量孔虫、珊瑚、海百合、软体动物、环节动物、甲壳类、鱼类的遗骸，还有其他无疑是海洋栖息的生物，这些生物肯定曾生活和死亡在痕迹清晰可见的地方。

这些生物体不仅分散在沉积岩中，而且自身就形成了厚厚的矿物质。例如英格兰中部和爱尔兰的石炭纪或石灰岩山区，其厚度达到了2000英尺到3000英尺，覆盖了数千平方英里的地表。然而，它几乎完全由海百合的茎、节理和板块组成，还有孔虫、珊瑚、苔藓虫、腕足类、瓣鳃纲软体动物、腹足纲软体动物、鱼的牙齿和其他海洋生物。它曾经必定是一个清澈海洋的底部，一代又一代的生物在其中生活和死亡，直到它们的遗体聚集成一块深而紧密的岩石板。有了分层的地岩层内部的证据，我们可以满怀信心地宣布第二个结论：坚实陆地的很大一部分是由海底的材质组成的。

这些遍布陆地的海洋地岩层是在什么情况下形成的？很多地质学家都持有一个看法，即陆地和海洋一直不断地交换位置。据推测，一方面，海浪席卷过大陆所有的地方，另一方面，任何一个荒凉的海洋深渊曾经都可能是宽阔的大陆。检测表明这个观念出自对事实的错误解释—— 一是对陆地岩石的检测，二是对海洋底部的检测。

① 在大量最厚的沉积岩中，没有比不同沉积物的蚀变更加持续地反复出现的特征。岩石表面覆盖着完好的波纹痕迹、环节动物的足迹以及洞穴、多边形和不规则的干燥痕迹——像被太阳晒干的泥泞水池底部的裂缝。这些现象无疑指的是平静的浅海岸水域，它们从底部到顶部出现几千英尺厚的沉淀物。只能用一种方式来理解这些现象，即它们的沉积从浅水中开始，在其形成过程中，沉积的范围减少数千英尺，但泥沙淤积的速度整体上与减少的速度一致，因此原浅水处的沉积特征依然存在，甚至在原来的海底被埋在大量沉积物质之下后依然如此。好了，如果这个解释成立，即使是较古老地质时期相当厚、相对统一的系统，和晚些时期相对薄、更多样化的分层组，也不会引起任何理解上的困难。总之，越是专心地研究地壳的分层岩石，就越会发现，它们之中缺乏深海的沉积物，它们都被埋在相对浅的水里，这个事实值得关注。

从对沉积环境的思考，也可能得出相同的结论。很明显，所有时期的沉积岩都是从沉降了的陆地衍生出来的，其中包括砾石、砂、泥，其以前是山地、丘陵或平原的一部分。这些构成地质的材料被带到海里，在海里沉积下来，现在也如此。较粗糙的部分离岸边最近，细的淤泥和泥沙离岸最远。从最早的地质时期，大面积的沉积物就已经是——现在依然是——环绕陆地的海床边际带。在那里，大自然一直把“将成为大陆的灰尘”散落下来。古老岩石在陆地上持续不断地风化，而新的岩石在毗邻的海域底下持续不断地形成。这两种现象是一个过程中互补的两个方面，该过程属于地球表面的陆地和浅海的海洋部分，而不是宽而深的海域盆地。

② 最近对全球深海底的探究又使这个问题更加明了。对地质学家和地理学家来说，在“挑战者”号考察所取得的成果中，没有任何一部分比他们提供的证据更让人产生兴趣。证据表明，海洋盆地的底部没有沉积岩的物质。现在我们通过实际疏浚和检查知道，普通沉积物在到达更深的深渊之前，从陆地被冲刷，沉入海底，而且只有较细的颗粒能被冲到离岸几十公里的地方，这是一个规律。海底的极深处大面积地被各种有机淤泥覆盖，有的是由极小的钙质有孔虫组成，有的是由硅质放射虫或硅藻组成，

而不是由我们在土地的沉积岩中大量发现的沙质和卵石组成。大量延伸的黏土显然是来自漂离火山岛的火山碎屑的分解物，其中大部分可能是由海底火山产生的。大片土地上是从最遥远的陆地上冲刷下来的沉积物，它们很少像废弃大厅地板上的灰尘一样迅速地安定下来。“挑战者”号成员中的默里先生，描述了鲨鱼牙齿和鲸鱼耳骨是如何被翻出来的。我们不能假设这些地区的鲨鱼和鲸鱼的数量远远大于那些其尸骸少得多的地方。它们不同的腐烂和保留条件，解释了其遗骸非常多的由来。有些是比较新鲜的，其他却非常腐朽并且结了垢，甚至完全埋在锰土的沉积物里。然而，挖泥船撒下的一次网从海底表面带起这些不同阶段的腐烂物。随着一代又一代海洋生物的骨头落到海底，这里那里的沉积物的沉积速率是如此微不足道，以至于它们躺着，毫无覆盖物，或许已经几个世纪了，现在下沉的遗体能与几百年前腐朽、结垢了的尸骨躺在一起。

默里先生还提请人们注意另一个引人注目的现象，即在深渊中发生沉积的速度很慢。他在底部的泥土里发现许多当地的球状铁粒，他认为这些铁粒肯定大多来自流星——来自星际空间的流星碎片，它们是流星冲进我们的大气密度层后爆炸成碎片的球形颗粒。在海底淤泥增长过慢的大片地方，这些陨石的细小颗粒四下分散，可能数量可观。在这种情况下，不必去猜想陨石在海洋深处消失的数量大大超过了在地球表面消失的数量。虽然铁颗粒还不能那么容易地在沉积的泥沙中被检测到，但它们无疑被大量冲刷到了别处。我知道，自然地理学最近没有什么观察结果比这来自最遥远的海洋深渊中的陨铁的证据更能深深地引发想象力。据说，泥土以极其缓慢的速度沉积在深渊底部。这也仅仅传达了一个“过程缓慢”的模糊概念。它积聚得如此缓慢，以至于来自外太空的星尘形成了它的一个可观的部分。

根据所有的证据，我们可以得出结论，虽然有大量海成层形成，现在全球的陆地未曾处于深海之下，但它所处的位置必须始终靠近陆地。即使厚厚的海洋石灰岩也是比较浅的水域的沉积物。无论现在是否可以发现最原始陆地的痕迹，海成层的最明确的特征就是陆地表面临近程度的有力见证。现在的陆地边缘或许以一定的形式一直存在，并且我们可以推断出，目前的深海盆地同样起源于最古老的地质时期。

（2）晶状的材质

虽然大部分陆地的框架已经由沉积材料慢慢地构成，但是它随着晶状物的出现而发生了大量变化，其中许多已经以熔融状态被注入到地下裂缝里去了或被倒在表面的熔岩流里。

这一点都没有涉及地质明细，但已经足以让人们识别两个类型晶体材料的特征和起源，这两种材料分别被称为喷发岩和变质岩。

① 喷发岩。喷发岩或火成岩是从地球炽热的内部喷射出来的。在现代火山中，熔岩从中间通道上升，再从火山口喷出，或从横向裂缝——沿数块熔岩中的锥形斜坡——倾泻而下。在火山里，熔岩柱的上部表面由于蒸气弥漫，一直保持沸腾状态。伴随着可怕的爆炸，一个巨大的蒸气团不时奔涌而出，将熔化的熔岩散射到细微的灰尘里，空气中满是灰尘和岩石，灰尘和岩石像暴雨一样降落到周边地区。因此，在喷发岩的表面，其部分以凝固熔岩块的形式出现，部分以混合了灰尘和石块的形式出现。但在表面之下，一定有一个向下延伸的熔岩柱，毫无疑问延伸至地下岩石的裂口。我们可以推断，在一定深度下凝固的熔岩的性质一般会与在地面凝固的熔岩有所不同。

由于地壳的演化，许多古老的火山根被掀了开来。在某种程度上，我们已经有了探查这些地下实验室的秘密的资格，并知道了很多火山的作用机制，这是我们从来没有从现代火山发现的。因此，一方面，我们见到的熔岩床和稳固的火山灰无疑是远古时期的地表喷发的火山灰烬，后来深埋于现在已被移开了的沉积物的下面；另一方面，我们发现大量绝不会出现在接近地表的火成岩，其一定是上升时在一个较深的深处被困住了，当我们把上面的石堆移开后，它们就露了出来。

地质学家们通过这些特征和其他特征了解到，除了火山仍然活跃的地区，地球表面很少有大片区域，其中以前火山活动或喷发岩的证据不被发现。可以这么说，从下面喷发的熔融物质一直将起皱和有裂缝的地壳凝结在一起。

② 变质岩。陆地的沉积岩自从其形成以后，经历了许多变化，其中一些变化仍然远没有令人满意的解释，术语“变质”就体现了这些变化之一，经历了这个过程的岩石被称为“变质岩”。该现象似乎已在很多不同的条件下发生，偶尔被局限于某一地，一般则绵延横跨陆地的大部分地方。它由岩石的构成材料重组而成，在特定的路线中或在薄层的再结晶中这更为显著。通常有证据证明它曾受巨大的压力。出现这种现象的岩石不仅表现为绵延整个山脉的巨大褶皱，而且表现为小到只能被显微镜观察到的褶子。在更古老的地质构造中或在被深深埋在更近时期的岩石下的地质结构中，这种现象更加明显。后者由于覆盖在其上的沉积物的消逝而显露出来。毫无疑问，一旦变质岩形成，属于砂岩、页岩、糁、砾岩和灰岩的原始特征就或多或少地被抹去了，它们让位于奇特的结晶夹层或由于变质而产生的明显的叶片状结构。

对变质岩地区的仔细考查显示，处处的变化和再结晶的历史如此久远，以至于这些岩石被浓缩成花岗岩和所谓的喷发岩。一系列可收集的样品显示，一端是未改变的、或多少可辨认的沉积岩，另一端却是彻底结晶的喷发岩。因此，事实让我们重新意识到：普通砂岩、页岩和其他沉积的材质，随着时间的推移，可能被地下的变化转换成结晶花岗岩。土地的框架除了正被大量从地下冒起的喷发岩结合在一起外，已因最低岩石的熔解和结晶而被巩固了。这些沿着山脉中央区域上升的岩石，随着时间的流逝，已经露出地面，将被霜冻，被暴风雨漂白、粉碎。

2. 陆地的构成

现在让我们开始考虑，这些材料、沉积物和结晶是如何被放在一起，从而构成全球坚实的陆地。

粗略检查一下，就知道大量沉积物没有随机挤成一团，相反，它们是大片大片重叠在一起的。这样的结构显示着年月顺序，这些岩石不可能都同时形成，最底下的岩石肯定比顶层的岩石先形成。它是调查任何一个国家的地质历史的基础。这些岩石是否以最初形成的样子一块块重叠着静静地躺在各处？它们清晰的连接顺序就是它们自带的解释。但是，这种情况已经出现变化，由于下面的力的作用和力在表面的作用。一系列岩石的真实顺序并不总是那么容易被确定。然而，从正常、完整接续的地方开始，地质学家可以满怀信心地去研究那些被完全中断的区域，那些岩石已被震碎、揉成一团，甚至倒置的区域。

把我们带出迷宫的是一条很简单的线索，这条线索由被保存在陆地岩石框架中的曾经鲜活的植物和动物的遗体提供。每一系列标记明显的沉积物都包含独具特色的植物、珊瑚、甲壳、贝壳、鱼，或其他有机遗骸。我们可以通过观察它们如何重叠，弄清楚岩石真正的重叠顺序，这样，化石的先后顺序也就确定了。地壳的沉积部分已经以这种方式被分成了不同的地岩层，每一个地岩层都以其独特的有机遗骸组合为特征。在最近年代的地岩层里，这些遗骸的物种大多和活着的植物和动物的物种是相同的，但当我们越过这些物种继续向下，就看到更古老的沉积物——濒临灭绝的物种，直到看到已经灭绝的物种。位置越低，揭示生物体的类型和组合的岩石就越古老，其与现在的种类就越发不同。

因此，即使在岩石的顺序混乱得不能追溯其历史的地区，地质学家根据地岩层化石的内容也可以自信地把它们分配到每个断裂的岩层。如果使用英文字母来表示岩层的序列，含化石的石灰石块的典型B类岩层，一定比另一块包含A类的化石地岩石更新。在C类化石的地层上面是H类型的，应与C类明显地分开，中间是D、E、F、G类地岩层。如果山的上面部分充满D类化石，而在较低的山坡只有E、F和G类化石，这表示组成山的材料实际上已被颠倒了，最古老的本应在最底下的地岩层已经到山顶上来了，而最年轻的本应在最顶上的地岩层却到了最下面。

迄今为止科学还没有办法确定这些问题里的绝对年代。每一层地岩层的产生需要多少年的时间，每一特定化石组的纪元要上溯到多久以前，除了猜测，就没有答案了。但是，这是一个比相对年代短很多的时间问题，通常可以进行准确计算。如果要追溯陆地的历史，也必须以其为基础。

那么，当固态陆地的大部分材料确实已在连续的时期内被埋在海下面，也可确定它们相对的沉积时期时，可以肯定的是，这些材料的形成没有不间断地进行，它们最终没有被某一次运动推进到陆地。当然，它们是海洋的渊源这一事实仅仅表明，陆地的起源是由于某种地面紊乱。但是，对沉积层进行了详细的检查后，我们发现，它们呈现出地壳长期持续反复、极其复杂的运动及其精彩的编年史，它们表明，每个地区都历史悠久，充满了变故。总之，要不是经过一系列漫长的地质演化，陆地的任何部分几乎都不可能达到目前的状态。

陆地结构最明显的特点是岩石的倾斜频率。最初岩石是横向的或者接近水平的，而现在则以不同的角度倾斜，甚至被倒置了。起初，由于地下的力的不规律作用，人们可能会认为，这些被扰乱的位置是随机分布的，它们似乎不遵循什么顺序，还经受得住任何使之成系统的努力。然而，通过一个更加仔细的调查，人们建立起了它们之间真正的连接。人们发现它们虽然断裂，但大部分还是在一条巨大的曲线上，地壳已被包围在其中。在远离所有大山脉的低地国家，岩石极少呈现出被干扰的痕迹，或者，即使它们受到了影响，也主要是受轻微波动的影响。然而在更高的地方，它们表现出越来越多的混乱迹象，它们的波动变得更加频繁和急剧。直到进入山区内，我们发现岩石弯曲、起皱、断裂、倒置，把彼此扔进裂开大口的海湾，推上高耸的山顶，就像巨浪被猛烈的暴风雨所吞噬。

然而，即使在这种明显混乱的状态之中，追溯岩石隐伏的规律和秩序也不是不可能的。值得注意的是，普遍的细褶皱和岩石的垮塌最先是接近水平方向的。从平原下方地层的轻微波动，到它们在山峰间猛烈的扭曲和倒置，都有不易被察觉的微妙层次，它们把所有地壳的局部运动——作为共同进程的组成部分——连接起来。尽管这样的运动发生了很多，但它们不能仅仅用当地的运动来解释。山脉的存在不能用一次特定的地壳隆起来解释，也不能用下面扩张力的作用引起一系列的隆起来解释。显然，隆起只是一次广阔的陆地运动的一个阶段，该运动已经扩展到整个大陆，并影响了平原和高地。

以我们目前的知识来看，产生如此广泛变化的唯一原因，是地球的普遍收缩。毫无疑问，我们的星球一度以气态形式存在，然后处于液体状态。从初期起，它就持续失去热量，因而收缩，并且固态越来越多，直到现在，正如物理学家坚持的，它已经和玻璃球或钢球一样坚硬了。但在收缩的过程中，外部的固体地壳形成后，内部的热核失去热量的速度比地壳快得多，并倾向于向内收缩。这个内部运动的结果是外层固体壳在收缩的核上面下沉了。这样，它当然要使自己适应减少的区域，而这只能通过形成细褶皱和断裂来完成。我们可以把地球比喻成一个干瘪的苹果，虽然这不是一个非常准确的类比。苹果皮并不是均匀收缩的，由于内部水分流失，果实体积变小，曾经光滑的外观变得到处都是皱痕和小坑。

如果不在物理和地质的范畴考虑这个问题，如果我们相信这个观点，可能也就够了，即地球曾经的直径比现在的直径更大。其外层起皱，无论是否仅仅由于收缩，或者如有人认为的那样，也由于地下蒸气的漏出，起皱本身就证明了地球在缩小。稍稍回忆一下，我们就知道，即使没有任何关于收缩的史料可查，我们也可以预见这些影响，收缩既不是连续的，也不是到处都整齐划一的。我们确信，固态的地壳不会沉降得和地球内部的物质一样快。至少有一段时间，它会附着并支撑自己，直到最后，引力大得令它支撑不住，它才会沉下来。下沉的面积和数量很大程度上取决于地壳各处不同的厚度和结构。并不是处处都发生下沉，因为当地壳沉到较窄的地方，有些地方会被推挤上来。这些情况在地球的历史中似乎已经出现过。有证据表明，地面干扰在暂停了很长一段时间后，已一次又一次地重新出现。大洋盆地整体上成为受压区域，而陆地则已成为起伏的路线，此间岩石被挤皱、推开。尽管这个论述可能有些奇怪，但是如果把地球表面作为一个整体来考虑，那么坚实的陆地是下陷的结果而非隆起的结果，这绝对是真的。

掌握了这个形成地球目前表面轮廓的运动的真正特点，我们就可以进一步探讨固态的陆地的古历史和发展。陆地上巨大的脊状突起带，似乎差不多都位于最早的由于地壳收缩放松而形成的地势起伏线附近。它们本处于下沉的洋盆之间，在地质历史上很早的时期就被挤上来了。在每一个前后相连的地壳运动时期，它们很自然地再次变换位置，并得到一个附加的向上的推力。因此我们就知道了，沉积岩的意义在于它提供了关于浅海海域和近陆海域的证据。否则，这些岩石就不可能产生。它们来自土地的风化物，并沉积在附近的土地里。要记住，每一大块土地，只要出现在水面之上，立即就会被流动的水和大气不断地侵蚀，并开始提供陆地形成的材料，这些材料将来又会被推出海面。

在每一个重大的收缩期，破旧的陆地隆起后，又显得焕然一新了。同时，沉淀堆积在一起的海洋沉积物作为新的陆地表面的一个部分又被带到水面上。之后又是很长时期的间隔，以陆地和海底的慢慢沉降为标志。同时地表形成海峡和低谷，其岩屑遍布海底，直到下一个干扰发生的时期它再一次随着周围海床的一部分而提高。这些连续的上下运动解释了为什么沉积层不以连续的系列出现，而往往各自出现在之前翻起和边缘被磨损的岩石上。

现在我们回到以有机体表示的历时排序，有机体仍然保存在沉积岩中。我们看到，有机体是如何确定陆地隆起的顺序的。例如，如果一组岩石——像以前那样可能被称为A岩层——被发现已经被翻起并被未受干扰的C层岩石覆盖，可以肯定的是，干扰发生在这个纪元的某个时段，而能代表这个时段的B系列岩层在其他地方消失了。如果C组岩层之后被观察到已倾斜，并从稍微倾斜或水平的地层E通过到其之下，又一个时期的干扰将被证明发生在C和E岩层产生的时期之间。

我曾提到陆地表面从浮现出海面时就不断经受的破坏。一般来说，我们对于这一退化的速度的概念是非常模糊的，然而，我们可以通过考虑地表目前的变化而很容易使之变得更加明确。每一条河每年把大量的沙和泥带入海洋，这个数量是可以测量的。当然它表明，河流的流域面的总体水平线，在某种程度上每年都在降低。根据已有的测量和计算，一条大河流域的水平线每年会降低大约1/6000英尺。这似乎是一小部分，但随着量的渐渐增加它很快会变得很大。假设欧洲的平均海拔为600英尺，如果它所有的地方都以目前似乎正常的平均速率被磨损掉，那么在比350万年多一点的时间内，欧洲的表面将下降到海平面。

但是，整个表面的损耗当然不会都一样。斜坡和溪谷处的损耗最多，高处的损耗最少。几年前，在估算这些区域之间的损耗速率比时，我认为侵蚀更快的地方只占受影响的表面的1/9，但在这些地方，破坏的速率是海拔更高的地方的9倍。我们要是接受上述比例，并承认1/6000英尺是整个表面的准确的损失数值，通过简单的算术我们就可以了解到，在75年的时间里，1/12英寸的高度从平原和高地流失，而同样的减少量在溪谷仅需要八年半的时间。平原和高地在10800年中一定降低了1英尺，溪谷在1200年内就降低了1英尺，因此，以目前的侵蚀速率，一个溪谷可在120万年内被挖掘到1000英尺深，这在大多数地质学家的概念里并不意味着很长一段时间。

我提供的这些数字仅是推测的结果，然而，它们不仅仅是靠猜测，而是以数据为基础的。它们虽然可能会被之后的调查纠正，但确是目前可利用的最好的数据，很可能离真相不远。它们的价值在于它们使我们更清楚地认识到，随着时间的流逝，陆地在遭受着巨大的损耗——大量沉积岩的存在证明了这一点，而且损耗是如此的安静，以至于从结果来看，我们很难相信这个损耗作用是如此缓慢而温和。

正是这个温和的衰变和流失过程造就了陆地的鲜明特征。当陆地第一次从海面升起时，就整体而言，其表面特征相对不那么明显。也许可以把它比作一块高出石场的大理石，轮廓粗糙而原始，非常坚硬牢固，但并不给人以美的迹象。自然对陆地表面产生影响，自然的工具数量大而且种类繁多——空气、冰、雨、泉、山洪、河流、雪崩、冰川，还有海洋，它们都在这块大理石上留下了各具特征的痕迹。自然女神使用这些工具把大陆板块切出了深深的峡谷，铲出了湖泊流域，勇猛地挥手砍出巨大山脉的轮廓，雕刻出山峰和峭壁、嵴和悬崖，凿出洪流的水道，分裂开两侧的悬崖，铺展开河流的冲积层，堆积起冰川的冰碛。从陆地从海面出现起，这位大地雕塑家就不停地耐心地、进行着她的工作，把劳作产生的岩屑冲入海洋，以形成后来的国家。只要高山还屹立着，雨还会下，江河依然流淌，她的工作就会继续。

二、欧洲大陆的形成

现在，从我们一直在论述的一般原则出发，我们可以寻求这一般原则在一大块陆地的历史中的应用实例。为此，我请大家注意欧洲大陆的一些比较突出的特点。这块大陆没有可以辨认的简单结构，但不用纠缠细节，也不必追寻重大事件持续的后果，仅靠欧洲大陆在连续的地质时期里其地区环境的轮廓，就可以达成我们现在的目的。

大陆的第一个起源注定被藏在迷雾深处，当夜幕降临在我们远古的欧洲大陆时，欧洲大陆呈现出一幅和现在的大陆很不相同的景象。当时主要处于北部和西北部的陆地可能延伸到海底高原的边缘，在此，欧洲脊延长到大西洋下面，向爱尔兰的西方延伸了230英里。在芬兰和苏格兰西北部磨损了的陆地片段，有些似乎有中欧，特别是波希米亚和巴伐利亚的一些孤岛的痕迹。我们可能永远无法知道其原来的高度和广度，但考虑到因土地流失而形成这么多的坚硬岩石，我们可能会产生一些想法。我发现，如果我们取下一部分从它表面冲刷下来并沉到海底的岩屑——包含在志留系里的岩屑，仅仅是一部分，假设我们把岩屑在英国6万平方英里的地面上铺开，平均厚度为1.6万英尺或3英里——这可能要根据事实决定，那么，我们就得到一个体积为18万立方英里的巨大岩石块。我这样描述这堆材料，可能会使你们更好地理解它的庞大规模：如果形成山脉，它比阿尔卑斯山长3倍；或者，它可以从挪威北角绵延到法国马赛（1800英里），广度超过33英里，平均高度16000英尺，也就是说，它比勃朗峰之巅还高。这堆巨大的沉积岩是原始时期的北部斜坡和海滨被磨损掉的部分，它代表的不过是被带走材料的一小部分，因为那个古老时期的海洋几乎漫过整个欧洲，向东漫延到亚洲，沿途从邻近的海岸卷走泥沙。

总的来说，也许没有岩体像欧洲北部初期包含的岩体那样引人注目。它缺乏各种各样的组成要素、结构、色彩和形式，从这些方面我们能将它与近代形成的岩石区分开，但它承受的巨大力量是无可匹敌的。作为一种令人生畏的、目空一切的大陆元素，其从赫布里底群岛的海岬到遥远严寒的挪威峡湾崛起。每一个岩瘤和砂质泥灰岩突出的石英、长石和角闪石等岩脉，就像健壮躯干上扭曲和交错的肌腱。北方古老的片麻岩无愧于成为一块陆地的基石。

覆盖欧洲大陆最早的原型植被的特征是什么？这个问题到目前还没有明确的答案。然而，我们知道，从大西洋向南和向东，漫延过欧洲大部分地区的浅海区中有大量具有特色的无脊椎动物——三叶虫、笔石、海林檎类、腕足类和头足类，其整体上和现在水域中生活的生物都不同，这简直不可思议，但当时这些动物沿着现在美国和欧洲之间的北极土地的海岸自由自在地迁徙。

这个浅海底继续下沉，直到超过英国，它至少下沉了好几英里。然而，水仍然浅，因为沉积物不断从西北方向流进，填补的速度和底部下沉的速度一样快。这种缓慢的地下运动由于各处的隆起——尤其是在威尔士湖泊地区上边的隆起，和爱尔兰南部一个较活跃的海底火山在连续时期里的喷发有所不同。但在接近志留纪时期发生了很多干扰，这样，欧洲大陆的最初轮廓出现了。海底升高变成了陆地的长脊，其中一些是阿尔卑斯山脉、西班牙半岛、英国西部和北部的丘陵之所在。大量厚厚的海洋沉积物垮掉后，形成了各处坚硬的结晶岩石。封闭的大块盆地逐渐与海洋分离，像当代的里海和咸海，从爱尔兰以西延伸跨越到斯堪的纳维亚，甚至到俄罗斯的西边。这些湖泊中存在大量表面是骨头的奇怪鱼类，其现在已经灭绝很久了。其周围的土地覆盖有大量的苔藓和苇状植被——裸蕨、封印木属、芦木，等等，关于这些古老的陆生植物的大量记录在欧洲还没有被发现。点缀着无数岛屿的海洋，似乎已覆盖这块大陆中心的大部分区域。

在此，一个有趣的事实值得注意。在志留纪时期的剧烈震动中，海底沉积物起褶皱、结晶、升高至陆地，而俄罗斯似乎一直不受影响。不仅如此，在所有后续的地质时期里，其广阔的领土都具备对剧烈干扰的防御能力。在东部的乌拉尔山脉一次又一次地成为减少损坏的防线，而且不时重新起皱。西边的德国的领域同样遭受剧烈震动的影响，但中间辽阔的俄罗斯高原，无论是作为海底还是陆地平原，显然始终都保持其平整度。正如我说过的，这里持久地暴露于陆地干扰，但同时对陆地干扰又具有免疫力，这一现象非常突出。沿最小抵抗线的地区，连续遭受多次地质演变，然而在剧烈震动带以外的大片地区，只是轻轻往上或向下移动，而没有产生细褶皱和断裂。

在煤炭增长期，欧洲地区有了进一步改变。当时，它由一系列浅海里的低脊，或岛屿，或广阔的环礁湖组成。一群岛屿占据了现存的大不列颠高地的位置。一条长长的不规则的山脉横跨在现在从布列塔尼到地中海的地方。西班牙半岛作为一个隔离的岛立于水域上。阿尔卑斯的前身作为长长的低岭隆起，直到东部另一个岛屿的边缘以北，现在我们在那里发现了巴伐利亚高地和波西米亚。被包围在这些分散的小块陆地中间的浅水域逐渐淤塞，其中很多成为沼泽，长满了繁茂的隐花植物——特别是石松属植物和蕨类植物。而干燥的土地上满是绿色的针叶林形成的波涛。随着一次缓慢的、间歇性的塌陷，一个个小岛沉到青翠的沼泽地下面。每个新的凹陷淹没成列的丛林，并把它们埋在泥沙下面，在那里它们最终凝缩成煤。欧洲把它的煤场归功于密集的植物的生长、泥沙淤积、缓慢的地下运动的综合作用。

一直以来，欧洲的主要高地仍然在北部和西北部。该地区古老而粗糙的片麻岩虽然在不断的磨损中为每一个新的岩组提供材料，但其仍作为陆地在升高。毫无疑问，它在干扰期间连续升高，这或多或少补偿了其表面持续的损失。

下一个我们要思考的场景是盐湖，它们覆盖了从爱尔兰北部到波兰中心这块大陆的中央地区。这些水域是红色的，并且水是苦的，非常不利于生存。其较低处生长着针叶树和苏铁类的植被，数量足以为形成煤层提供材料。这些盐湖中最大的湖从法国旧中央高原的边缘开始，沿阿尔卑斯山山脉基地延伸到波希米亚高地，还包括从巴勒到马扬斯以外的山脊的莱茵河流域，莱茵河贯穿马扬斯以外山脊进入宾根和七峰山之间的峡谷。这个湖被红沙、泥、石灰石、岩盐床填满了。东阿尔卑斯山现在升起更广阔水域的地方，曾是白云石长期持续增长的地方。在后来的地质时期里，蒂罗尔著名的白云石山脉就是由此而来的。

一次分布广泛的地质下沉，使主要海洋的水再次漫过了欧洲大陆的大部分地区，因而三叠纪时的盐湖似乎也都被悄然抹去。这种缓慢的沉降持续了如此之久，使大量石灰石、页岩、砂岩的积聚物形成，并可能使大多数欧洲大陆中心的大片岛屿地区浸到水下。从英格兰中部的低平原到北阿尔卑斯山的山嵴，现在大陆表面岩石的一大部分的起源，都可以追溯到这一时期——被地质学家称为侏罗纪的时期。然而在地中海盆地，相同年代的岩石覆盖了西班牙高原的很大面积，并形成亚平宁山脉的中央部分。虽有南部和东部发生的所有地理变化，英国西北部仍然作为陆地在继续上升，了解到这一点是很有趣的。我们甚至可以找到沿斯凯和罗斯郡山脉带的侏罗纪海沿岸。

下一个历时很长的时代被称为白垩纪，在这个时期，海洋下面岩石的缓慢积累和新的陆地的形成同样很显著。在这个时期内，大西洋的水域横跨整个欧洲，进入亚洲。但它们在我们大陆的根基之上，也没有哪部分超过几百英尺深，即使是最深的部分。在它们的底部沉积了大量的石灰泥块，很大一部分由有孔虫、珊瑚、棘皮动物、软体动物组成。英国白垩地层横跨法国北部、比利时、丹麦，还有德国北部，是那片海底沉积物的一部分，可能是由北方孤立的盆地积累起来的，而南欧大量的马尾蛤灰岩是更广的海洋沉积。一些岛屿的空地虽然在很长一段时期内都保持在水面上，但它们依然在下沉，并为连续的地址岩层的沉积物提供原料。这些岛屿空地现在已经沉到白垩纪海以下了。古时候的波西米亚、阿尔卑斯山脉、比利牛斯山脉的高地，还有西班牙高原，要么完全被淹没，要么面积大大地减少。淹没同样影响了英国西北地区，当时苏格兰西部高地比目前的高度低1000多英尺。

当我们转向后继的地质时期，始新世时期，证明遍布着淹没的证据仍然引人注目。大部分欧洲大陆似乎已经沉了下来，因为我们发现，一个宽阔的海域漫延整个中欧和亚洲。正是在这极度下沉的时期结束时，造就欧洲现在的轮廓的地下运动开始了。比利牛斯山脉、阿尔卑斯山脉、亚平宁山脉、喀尔巴阡山脉、高加索和小亚细亚高地在某种程度上标志着地球褶皱上的嵴，欧洲大陆坚实的框架也形成于其中。我们沿北阿尔卑斯山脉看到的扭曲是如此巨大，以至于数千英尺的岩石完全倒置了，这种倒置伴随着最为巨大的交叠和扭曲现象。大量沉积地层被扭弯并相互交叠，就像我们折叠一堆布一样。在这些持续反复的运动中，欧洲大陆西部一直未被干扰。想到伦敦下面的软黏土和砂子跟阿尔卑斯山北侧面山峰上硬化了的岩石一样古老，我们会感觉很奇怪。

地面干扰结束后，欧洲大陆的轮廓开始形成其现在的样子。隆起的巨大山脉阿尔卑斯山，其北部接着一个宽阔的湖——湖的面积覆盖了瑞士现在所有的低地，向北铺展在汝拉山脉的一部分上，向东直到德国。我们可以从一个事实推断出淡水流域的大小，即积累在其中的沙子和砾石的一部分，现在也有6000英尺厚。周围的土地被植被密集地覆盖，这些植被标志着比欧洲现在足以自傲的气候更温暖的气候。椰枣、桂树、柏树、美洲棕榈树、巨大的加州松树（红杉）与许多其他的常绿栎木、常绿乔木，使这些植被有了鲜明的特征。这些树中间有悬铃木、杨树、枫树、柳树、橡树，还有其他我们现有的树木和森林的前身，许多蕨类植物生长在丛林中，而铁线莲和藤蔓缠绕在树枝上。水域中经常有庞大的厚皮动物出没，比如恐兽和河马，而犀牛和乳齿象则在林地四处游荡。

欧洲大陆这一时期的一个显著特征是火山多而且极其活跃。在匈牙利、莱茵兰、法国中部，许多火山口被冲开，喷出熔岩流和火山灰。同时，从安特里姆南部，包括苏格兰西海岸、法罗群岛和冰岛，远到极冷的格陵兰岛，一系列裂隙喷出连续的玄武岩流，其部分断片现已形成了这些地区广阔的火山高原。

瑞士湖中沉积物里的植被所表明的温和气候，甚至在极地纬度也同样盛行，因为在遥远的北格陵兰，甚至在极地8度15分的地方，许多常绿灌木、橡树、枫树、核桃、榛子和其他树木的遗体被发现。海洋依然占据着欧洲大陆的很多低地。因此，作为比斯开湾和地中海之间的一个海峡，它把比利牛斯山脉和西班牙从这块大陆中切了出来。它遍布法国北部，覆盖都兰肥沃的田野和荷兰宽阔的平地，它翻滚奔流至远远的多瑙河平原，从那里向东延伸，遍及俄罗斯南部，再到亚洲。

到这个时候，现在仍布满欧洲海域的有壳软体动物的一些种类出现了。很久以来，它们已经是我们这一地区的当地物种，因此它们目睹了很大一部分大陆的隆起。它们所见到的最惊人的变化，是在一个较近期的地质时期，地中海盆地的部分海底隆起3000英尺高。就在那时，与亚平宁山脉相连的低山带拓展了意大利半岛的宽度。那时，维苏威火山和埃特纳火山也开始喷发了。在后来的地理事件中，我们必须提到咸海、里海和黑海是如何逐渐地从其他海域里独立出来的。根据相关信息，当时的海洋从北极地区下到西亚，沿着乌拉尔山脉的基地进入欧洲东南部。

在这漫长的历史中，最后一个场景是我们最意想不到的。已经有目前高度和轮廓的欧洲被发现深深地裹在冰雪当中。斯堪的纳维亚和芬兰是一块巨大的冰板，悄悄从分水岭进入到一边的大西洋，然后进入另一边的波罗的海盆地。英国的所有高地同样被埋在冰雪之中。北海和波罗的海的河床在很大程度上塞满了冰。阿尔卑斯山、比利牛斯山脉、高加索、喀尔巴阡山，让大片冰川流到它们根基上的平原。北半球的植物传播到了南方，甚至到了比利牛斯山脉，而驯鹿、麝牛、旅鼠和它们的北极同伴则在法国大范围地漫游。

由于大量坚硬的冰长期从陆地表面的岩石上面通过，当它们再次裸露在阳光下时，它们显现出一个磨损了的、光滑的轮廓。它们已被掏空成地面平滑，并被打磨光的盆地。长丘和宽阔的黏土层、砾石层、砂层被留在低地，它们之间的坑充满了无数湖泊。一堆堆的巨石一直矗立在丘陵的侧面，后来掉到平原上。随着更温和的气候的到来，寒带植物从平原逐渐消失。在向温暖气候挺进的植物群面前，寒带植物一步步被驱赶上升，进入山区。在那里，它们存活至今。因此现在比利牛斯山、阿尔卑斯山、英国和斯堪的纳维亚的高山植物区系，是冰河时代的天然记录。驯鹿和其伙伴则被迫返回它们北边的家园。

在漫长的一系列自然演化之后，欧洲已经适宜人类生存，人类也作为欧洲的居民出现了。最早的记载显示，人类作为渔民和猎人存在，以尖燧石制的矛和鱼叉为工具。无疑，这种状况持续了许多个世纪。人类的外表特征和他们追赶的野兽没有什么区别。但随着时间的流逝，文明的发展，人类声称他们是全球地理的推动力之一。因不满足于收集水果和捕捉动物，人类逐渐进入了征服大自然、控制地球的竞争中。没有哪个地方的竞争像欧洲大陆表面的这么强劲，一方面，广阔幽深的远古森林地区让位给了玉米地，泥炭和沼泽让位给了牧场和耕地；另一方面，因为开垦林地，降雨量减少了很多，以至于干旱和贫瘠蔓延到了曾经满是草木和植被的地方。河流变得很窄，但河槽还保留着，海已从昔日的海岸退回。很长时间以来大陆表面布满了村庄、城镇、道路、桥梁、水渠和运河，而这个世纪增加了许多铁路、路堤和隧道。总之，无论人类生活在哪里，脚下的土地都能证明他们的存在。那土地慢慢地被覆盖上岩层，全部或很大程度上是由于他们的行为而形成的。老城市下面的土壤已由于建筑垃圾，其深度增加到好几英尺；现代罗马街头的海拔比恺撒时期路面的海拔高，而恺撒时期的海拔又高于早期共和国的道路的海拔。在种植作物的土地上，大量早期人类使用的陶器碎片被犁出。随着一代又一代的人因腐朽而变成灰尘，人类墓地墙壁的壤土也越来越高。

不得不承认，在人类与周围世界的大部分斗争中，人类盲目地为自己的最大利益奋斗。人类暂时成功的竞争往往导致不可避免的、悲哀的灾难。砍光山间的森林，在拥有丰足的木材时，人类得到了即时物品，但人类使山坡处于炎热和干旱的烘烤中，或使山被雨水冲刷个精光。一度充满美好的事物、富有必需品的国家，现在已被烧焦，变得贫瘠，或几乎没有了土壤，仅有裸露的岩石。渐渐地，人类被自己的痛苦经历所教导，而其目标仍然是征服地球，人类可以实现它，不是通过挑战自然和自然规律来实现，而要通过使自然为自己服务来实现。最后，人类明白了要做大自然的管理者和解释者，这样，人们会发现自然是个现成的而且毫无怨言的奴隶。

总之，回首长期的变化，土地被塑造成目前的形式，这让我们意识到地质演化不是完全过去了，而是仍在进行中。演化的进程缓慢而有节奏，从最早的人类历史来看，它们似乎没有什么进展，但它们仍然稳步地发生在我们周围，在雨水的下落和河流的流动中、在温泉里的冒泡声和冰霜的静默中、在冰川安静而缓慢的行进和海浪的喧哗急流中、在地震发生时的震颤和火山的爆发中，我们可以看到与陆地力量——使陆地轮廓一点一点演变的力量——相同的力量。从这个角度上讲，我们日常看到的现象便具有了历史的尊严。通过这些现象，我们能够把遥远的过去生动地展现在眼前，并满怀希望地期待美好的未来。到那时，人在物质和精神两方面，都是上帝的合作者。